# 口述上海科创中心建设

中共上海市委党史研究室
中共上海市科学技术工作委员会
编

上海人民出版社

# 编委会

目录

Contents

# 前　言

科技兴则民族兴，科技强则国家强。党的十八大以来，以习近平同志为核心的党中央审时度势、高瞻远瞩，把科技创新摆在国家发展全局的核心位置进行系统部署。习近平总书记亲自作出一系列前瞻性、战略性、全局性谋划，把上海建设成为具有全球影响力的科创中心就是其中有力的关键“一子”。

十年来，连续多年参加全国两会上海代表团审议，先后多次到上海考察，习近平总书记始终关心关注上海科创中心建设，从2014年5月在上海提出“加快向具有全球影响力的科技创新中心进军”目标，要求上海“抓住时机，瞄准世界科技前沿，全面提升自主创新能力，力争在基础科技领域作出大的创新、在关键核心技术领域取得大的突破”；到2018年在上海考察期间要求上海“在增强创新策源能力上下功夫”，“成为科学规律的第一发现者、技术发明的第一创造者、创新产业的第一开拓者、创新理念的第一实践者，形成一批基础研究和应用基础研究的原创性成果，突破一批卡脖子的关键核心技术”，“聚焦关键领域发展创新型产业，加快在集成电路、生物医药、人工智能等领域打造世界级产业集群”；再到2023年底考察上海时强调“推进中国式现代化离不开科技、教育、人才的战略支撑，上海在这方面要当好龙头，加快向具有全球影响力的科技创新中心迈进。要着力造就大批胸怀使命感的尖端人才，为他们发挥聪明才智创造良好条件”。正是在习近平总书记的亲自擘画指引下，上海科创中心建设在非凡的十年里以非常的智慧和勇气加速发力，“踏平坎坷成大道”，实现了科技综合实力和创新整体效能的大幅跃升。

上海市委、市政府用一年的时间就如何建设科创中心开展调研，统一思想，制定《关于加快建设具有全球影响力的科技创新中心的意见》(简称“科创22条”)，明确了科创中心建设“两步走”规划。上海科创中心建设坚持科技创新和体制机制创新双轮驱动，深入推进全面创新改革试验，创新创业普惠税制、股权激励机制等在全国复制推广；制定实施科技成果转化、金融服务创新、支持外资研发中心参与科创中心建设等一批重大政策；制定实施人才政策“20条”“30条”，加快构建更具竞争力的人才集聚制度；以张江综合性国家科学中心建设为核心，开工建设超强超短激光、转化医学等大科学设施，挂牌成立张江实验室、李政道研究所，启动建设智能制造、类脑芯片等技术研发与转化平台，启动实施北斗导航、人类表型组等一批重大战略项目和基础工程，努力搭建起上海科创中心的“四梁八柱”。

党的十九大提出加强国家创新体系建设，强化战略科技力量，实现科技实力的大幅跃升，跻身创新型国家前列的目标后，上海市委、市政府紧紧围绕在增强创新策源能力上下功夫的新指示，研究制定《关于进一步深化科技体制机制改革 增强科技创新中心策源能力的意见》(简称科改“25条”)，推动上海科创中心建设进一步瞄准世界科技前沿，立足上海优势特色，加快创新突破。到2020年底，上海科创中心基本框架如期形成。张江综合性国家科学中心建设取得重大进展，形成了全球规模最大、种类最全、综合能力最强的光子重大科技基础设施集群。面向世界科技前沿，涌现出全球首个节律紊乱疾病克隆猴模型、全球首例人工单染色体真核细胞、世界首次10拍瓦激光放大输出等一批首创成果。集成电路、生物医药、人工智能等重点领域关键核心技术加快突破，“全脑介观神经联接图谱”大科学计划筹备工作进展顺利，国际大洋发现计划（IODP）、平方公里阵列射电望远镜（SKA）等大科学计划（工程）参与工作不断深化。上海科创中心建设进入从建框架到强功能的新阶段。

党的二十大以来的三年间，上海市委、市政府加快实施创新驱动发展战略，以国家战略需求为导向，切实找准发力点、突破口，下好科技创新“先手棋”、抢占科技发展“制高点”。聚焦高校院所、企业、新型研发机构和科技人才等创新主体关注的重点环节，发布实施《关于本市进一步放权松绑激发科技创新活力的若干意见》（简称“放权松绑18条”），以关键点的突破引领科技体制改革向纵深推进。制定实施《关于支持在沪全国重点实验室建设发展的若干举措》，通过优化人才计划、学科建设、国资国企、科研资金、市重点实验室培育等资源配置，全方位服务保障全国重点实验室重组，国家实验室体系建设初步呈现“3+4”总体格局。推进实施“基础研究先行区”“探索者计划”，数学与交叉学科研究院、科学智能研究院等高水平研究机构落户，元宇宙、区块链、高温超导等领域关键技术攻关行动启动实施，未来科技龙头企业快速成长。修订《上海市科学技术奖励规定》《上海市科学技术进步条例》，为科技创新发展提供更好的法治保障；印发《上海外资研发中心提升计划》，吸引支持外资研发中心在上海集聚和提升能级，更好服务上海国际科技创新中心建设；推动上海国有资本投资有限公司与上海科技创业投资（集团）有限公司联合重组，以集聚更多资源服务上海科创中心建设等重大战略。深化教育、科技、人才一体推进，开展基础教育扩优提质行动，深入实施“双一流”、高峰高原学科、高水平地方高校建设等计划，发挥教育在创新人才培养中的基础性作用；积极推进科技人才评价综合改革试点，成功举办“海聚英才”全球创新创业赛会，人才对“五个中心”建设的赋能作用进一步增强。2023年11月，习近平总书记在上海考察上海科技创新成果展，了解上海推进国际科技创新中心建设情况时有感而发，“上海取得的这些科技创新成果，让我感到很踏实，有了更大的信心、更足的底气”，并要求上海当好龙头，加快向具有全球影响力的科技创新中心迈进。

2024年7月，举世瞩目的党的二十届三中全会召开，审议通过的《中共中央关于进一步全面深化改革、推进中国式现代化的决定》对构建支持全面创新体制机制作出重要部署，体现了以习近平同志为核心的党中央对创新本质和规律的深刻洞察，是上海全面推进上海科创中心建设的根本遵循。十年磨剑，矢志不渝追梦途。随着新时代新征程进一步全面深化改革、不断开辟中国式现代化的广阔前景的徐徐开启，上海的科技创新发展一定能够以更大魄力和务实行动再创新的辉煌。

寻找现实问题的答案，离不开对历史的回顾。十年虽短，但发生的变化、取得的成就、积累的经验十分丰硕。本书立足上海科创中心建设十年历程，邀请50多位亲历上海科创中心建设的参与者，以口述史的形式回顾上海科创中心建设十年来诸多重大决策出台的过程和重大实践过程中许多鲜为人知的细节；既有对史实的回顾，也有亲历者和见证者心路历程的呈现，是广大党员、干部、群众了解新时代上海在党中央坚强领导下勇于担当作为、贯彻落实习近平总书记关于科技自强自立重要论述的党史读本。

# 深入贯彻习近平新时代中国特色社会主义思想 加快推进上海科技创新中心建设

【口述前记】

吴信宝，1965年1月生。曾任电子工业部第二十二研究所副所长，信息产业部电子第二十二研究所副所长，信息产业部电子第五十研究所党委书记、所长，中国电子科技集团公司第五十研究所党委书记、所长；浦东新区区委副书记、虹口区委书记等职。2013年7月至2016年5月，任中共上海市科学技术工作委员会书记。现为上海市政协副主席、党组成员。

口述：吴信宝

采访：严爱云、郭继、董奇、王佳祺

整理：董奇、王佳祺

时间：2024 年 3 月 1 日

我长期在科技一线工作，2013 年市委决定我担任市科技工作党委书记。此时，正值党的十八大召开不久，加强党的集中统一领导，坚持党要管党、从严治党的任务很艰巨；我国经济经历多年以要素驱动为主的中高速增长后进入新常态，如何把发展动力转换到创新驱动上来，在全社会层面思想还不够统一，步调也不太一致；习近平总书记对科技创新高度重视，对上海提出了“排头兵、先行者”的殷切期望，但各方面还没有形成很好的工作合力。此时重返科技战线，深感责任重大。四年的时间里，我们市科技两委一班人，坚持把学习贯彻习近平新时代中国特色社会主义思想作为政治引领，把推进具有全球影响力的科技创新中心作为奋斗目标，发挥大口党委总揽全局、协调各方的领导核心作用，扎扎实实地推进各项工作，在党的建设和科创中心建设等方面取得了新突破、新成效。

## 忠诚践行，沿着总书记指引的道路前行

上海在中国近代历史上，在工业、商业、文化、艺术等方面一直都占据着重要的作用，是中国的经济中心和对外交流的窗口。作为我国改革开放的前沿阵地、长江经济带发展和长三角一体化发展等国家战略中的重要城市，上海的发展在我国区域协调发展的空间格局中具有特殊重要的地位。随着我

国经济由高速增长阶段转向高质量发展阶段，对区域协调发展提出了新的要求。党的十八大以来，习近平总书记提出了一系列新战略、新思想、新论述，其中就包括连续几年在全国两会期间到上海代表团参加审议，对科技创新提出一系列重大要求。2013 年 3 月，习近平总书记在参加十二届全国人大一次会议上海代表团的审议时就指出，要突破自身发展瓶颈、解决深层次矛盾和问题，根本出路就在于创新，关键要靠科技力量。2015 年 3 月，习近平总书记在参加十二届全国人大三次会议上海代表团审议时又强调，适应和引领我国经济发展新常态，关键是要依靠科技创新转换发展动力。必须破除体制机制障碍，面向经济社会发展主战场，围绕产业链部署创新链，消除科技创新中的“孤岛现象”，使创新成果更快转化为现实生产力。特别是 2014 年 5 月亚信峰会期间，习近平总书记在上海考察工作时对上海作出“加快向具有全球影响力的科技创新中心进军”的重要指示。这就要求我们必须从更深层次去理解领会习近平总书记战略思考的精髓要义。

习近平总书记要求上海建设具有全球影响力的科技创新中心，是着眼强国建设与区域发展全局、把握经济发展与科技创新规律所作出的战略谋划。当今世界，科技强，则国家强。科技是一个动力源，对人类经济社会发展有巨大推动作用。上海建设科创中心，肩负国家使命，开展关键核心技术攻坚，就是要参与全球竞争，助推科技强国建设。同时上海加快建成国际科技创新中心，在关键核心技术攻关方面有新的突破和提升，也能为上海在国际经济、金融、贸易、航运中心建设方面提供新的驱动力。

为更好地学习领会和贯彻落实习近平新时代中国特色社会主义思想，我们结合党的群众路线教育实践活动，对市科技机关和市科技系统的相关会议制度进行了调整和优化。一是建立了科技机关季度工作例会制度，每季度召开一次机关季度工作例会，及时传达学习和贯彻落实习近平总书记重要讲话精神，市委、市政府重要部署，总结前一季度工作，部署下一季度工作，突出一个“快”字。二是完善了科技系统党政负责干部会议制度，每年举行市科技系统党政负责干部会议，把学习贯彻习近平总书记重要讲话精神与上海科技系统的实际结合起来，总结上一年度的工作，部署当年的重点任务，突出一个“实”字。三是优化了党委中心组学习制度，按照“联分结合”的原则，形成“4 + 12”的中心组学习模式，每季度组织一次全系统的中心组学习，每个月系统各单位自己组织有特色的学习，既做到共享学习资源、保证学习时间，又提高了学习的针对性、有效性，突出一个“融”字。

在习近平总书记重要讲话精神的指引下，我们结合上海科技工作实际，逐步明确了大科技、大党建、大服务的“三个大”工作理念。“大科技”就是着眼于国家创新体系和全球创新网络，打造区域创新体系，既关注归口部门和单位的科技创新资源，也关注全社会的科技创新资源；既关注传统的基础研究、应用研究、开发试验，也关注创新链的延伸，培育发展战略性新兴产业；既关注重大科技项目的布局和推进，也关注发展众创空间，营造创新创业环境，加快向具有全球影响力的科技创新中心进军。“大党建”就是充分发挥党委总揽全局、协调各方的领导核心作用，全面加强系统党的政治建设、思想建设、组织建设、作风建设、纪律建设，同时把党的工作与优势向高科技园区、民营科技企业、科技民办非企业组织、众创空间等新兴的创新主体拓展，加强行业党建、学会党建与区域党建的互联互通。“大服务”，就是紧紧围绕建设具有全球影响力的科技创新中心，把服务各类科技人员和各类创新主体，加快推进科创中心建设作为根本取向，把服务科技改革发展作为第一要务，充分发挥党的思想优势、政治优势和组织优势，着力创建服务型基层党组织，牢固树立服务理念，积极拓展服务载体，统筹整合服务资源，建立健全服务机制，切实增强服务成效。

## 全力以赴，加快推进科创中心建设

习近平总书记2014年5月提出“加快向具有全球影响力的科技创新中心进军”的要求后，作为科技工作党委的书记，既倍感激动，也非常着急。要知道，党的十八大以前的上海科技创新氛围还不是很浓厚，有240多家部委的研究所转制交给地方，上海也有很多所，在这个过程中很多事情还都处于起步阶段。对这些情况，当时的市委领导有清醒的认识，也一直在考虑这个问题。记得在向市委领导报告工作的时候，市委领导就讲，要用一年左右的时间进行调研，静下心来想清楚、看明白。

解放日报
JIEFANG DAILY
2014年6月24日 星期二

全面准确阐述习近平系列重要讲话精神
总书记重要讲话《读本》出版
中宣部中组部发出通知要求认真组织学习

习近平：努力培养数以亿计的高素质劳动者和技术技能人才
让每个人都有人生出彩机会
要求高度重视加快发展职业教育，李克强会见全国职业教育工作会议代表并讲话

依据现有法律资源解拆违难题
江桥镇六十一家重大安全隐患单位中违法建筑已全拆除

地铁15号线公示
线路全长40公里29座车站

中国南方喀斯特二期申遗成功

上海市全国人大代表专题调研启动
聚焦四个题目专题调研
市人大召开动员会，殷一璀讲话

到2020年建成计量支撑体系
杨雄召开市政府常务会议，研究落实计量发展规划工作

醉驾盗窃或将速裁
全国人大审议，18城市试点

以房养老下月试点

克里昨突访伊拉克

市科技党委、市科委和本报联合举办专家研讨会
上海如何迈向科技创新中心

2014年6月23日至24日，市科技党委、市科委和解放日报社联合举办两场“上海建设全球科技创新中心专家研讨会”

从8月份开始，时任市委书记韩正带头开展调研。8月19日，韩正书记到市科委调研正式打响发令枪，强调“不创新，上海就没有出路。创新驱动发展、经济转型升级，是上海重大而紧迫的任务”，指出上海要按照中央和习近平总书记的要求，加快向具有全球影响力的科技创新中心进军，最根本的一条是进一步解放思想、更新观念。市场、社会、群众的创新能量和创造力巨大，要全面激发市场能量，积极调动社会资源，充分发挥群众的创新创造力。随后，市长、市委副书记，包括市人大、市政协的主要领导都参与到大调研中，可以说是全市一起来调研，每个领导都有题目。2015年，市委将建设科创中心确立为一号课题，由市委书记韩正任课题组组长，市长杨雄和市委副书记应勇任副组长。我们市科技党委在市委、市政府的坚强领导下，也积极参与到市委一号课题的调研中。杨雄市长有一次开会，让我们抓紧到武汉去调研。他布置完任务的第二天，我们就去了武汉的“光谷”（即武汉东湖新技术开发区）实地调研了。当时那里比较先进的是事业单位的科研人员可以离职创业，高等院校、科研院所等事业单位的科技成果可以自主处置，科技主管部门和资产管理部门不再审批和备案，很好地调动了科研人员的积极性，这是武汉的机制创新。我们调研回来后，就吸收了他们好的做法，结合上海实际写进“科创22条”里。

我们会同有关部门，广泛调查研究，开展专题讨论，充分征询意见，顺利完成了各项调研任务，为全市谋划建设具有全球影响力的科技创新中心提供了重要支撑。在人才发展专题调研中，承担了“2 + 3”的研究任务，包括国外主要国家和城市的创新人才政策、国内重要城市的创新人才政策2项专题研究任务，以及建立职务发明制度、改进科研经费管理模式、建立科技创新人才双向流动机制3项政策突破研究任务。在调研过程中，先后举办了10余场“科学家月度座谈会”，问政、问需、问计于科学家。我们梳理的问题、提出的思路和举措基本被市委组织部报告所采纳，为形成人才发展“20条”意见作出了积极贡献。

2015年5月25日，十届市委八次全会正式通过了《关于加快建设具有全球影响力的科技创新中心的意见》后，我们及时通过宣讲会、座谈会、研讨班及各类媒体，全方位、立体化、针对性地宣传贯彻全会精神，不断统一思想、凝聚共识，增强干事创业的激情与勇气。针对系统各单位和有关创新主

市科技党委、市科委举行“科学家月度座谈会”

体负责人，举办一号课题专题研讨班，邀请市委、市政府分管领导进行动员和辅导，帮助大家认清使命、抢抓机遇；针对45岁以下海外留学归国人员，开展全覆盖培训，宣讲科创中心建设的政策、机制和环境，激发他们的创新创业激情；针对一线科技工作者，策划了系列宣教活动，大力弘扬人工合成牛胰岛素重大科技事件背后展现的创新精神，引导广大科技人员增强创新自信；针对广大市民群众，推动实施公民科学素养三年行动计划，上海市公民具备科学素质比例连续几年位居全国第一。

在参与全市大调研的过程中，市科技两委逐步明确了“五个一”的工作目标，即建设一个政治坚定、团结协作、善于领导科技工作的领导班子，走出一条符合创新规律、体现上海特点的科技创新之路，打造一支信念坚定、为民服务、勤政务实、敢于担当、清正廉洁的干部队伍，构建一套体现科技创新特点、科学规范高效的工作机制，培育一种勇于创新、善于创新、鼓励成功、宽容失败的科技创新文化。以“五个一”目标为导向，我们加强组织协调，全面落实科创中心建设“22条”意见和相关配套政策。强化人才支持力度，使得2016年自然科学基金计划、启明星计划、扬帆计划等的资助经费均实现翻番。2015年，共资助扬帆计划150人、启明星计划100人。提高科研经费中劳务费的资助比例，修订了《上海市科研计划专项经费管理办法》，将劳务费资助占项目（课题）总经费的比例由原先的20%提高至30%，将基础研究领域项目（课题）的劳务费资助比例由20%提高至50%，将劳务费资助标准统一提高至每人每月8000元。原来的标准是课题责任人每人每月不高于5000元、高级研究人员每人每月不高于3000元、参与人员每人每月不高于2000元。成立“服务中央在沪单位办公室”，搭建合作交流平台，完善服务机制，引导“国家队”深度融入上海区域科技创新体系。

我们通过大力打造“三大平台”，充分发挥科技系统在科创中心建设中的主力军作用。一是打造了“科学家月度座谈会”平台，建立定期交流沟通机制，与200余名知名科学家、党外科学家、科技劳模、优秀科研院所长、青年科学家和老科技工作者等进行座谈交流，与科学家交朋友，问政、问需、问计于科学家。二是打造了科研院所与高等院校对接平台（“学研对接”平台），聚焦重大前瞻领域和重大关键技术，组织了10余次对接，举行了学研工作推进大会，促进科研院所与高校加强协同创新，知识创新体系与技术创新体系有机互动。三是打造了科研院所与企业对接平台（“产研对接”平台），聚焦产业共性技术，深入走访相关创新主体，梳理大量技术需求，举行了产研工作推进大会，成功促成10余家单位签订战略合作协议，引导科研院所与企业加快科技成果转化转移和应用，促进创新链与产业链的紧密对接。

我们着力培育一种勇于创新、善于创新、鼓励成功、宽容失败的科技创新文化。通过行之有效的思想政治工作和激励创新机制以及宽容失败的制度设计，引导广大科技人员增强自主创新的责任感和自信心，培育严谨求实、和谐民主的学术风气。充分运用好文明单位创建的载体，认真总结上海科技系统创新文化建设的成功经验，进一步凝练科技事业发展的核心价值观，不断丰富勇于创新、善于创新的思维方式和价值观念。支持各方发挥主动性，不断增强社会支持创新、勇于创新的活力。如现在已经形成一定集聚效应的G60科创走廊，就是由松江区先提出并大力推动形成的，科技党委发现这一具有创新的探索实践后，高度重视并给予他们大力支持。同样，对于闵行区的“大零号湾”，上海交通大学和闵行区的积极性都比较高，科委也是给予了大力的支持。

## 党建引领，不断加强党对科技工作的领导

科技工作党委是市委的派出机关，根据市委授权，负责全市科技部门和单位党的工作，联系指导有关中央在沪科技单位党的工作。在上海建设具有全球影响力的科技创新中心的进程中，对科技系统来说，责任重大、使命光荣。为此就必须要加强党对科技工作的领导，充分发挥党建引领作用，强化干部队伍的担当意识，动员方方面面的力量，鼓舞士气、提振精神，形成广泛的思想共识和强大的行动合力。

2013年，我刚到科技党委工作不久，就迎来了党的群众路线教育实践活动。时任市委副书记的李希，把市科技党委作为党的群众路线教育实践活动基层联系点，多次深入一线指导，为我们加强党的领导，推动科创中心建设打下扎实基础。我们加强制度建设，在认真落实“两个工作规则”（市科技党委工作规则和市科委工作规则）和“两个制度汇编”（《市科技机关内部管理规范》和《市科技系统党建工作制度汇编》）的基础上，不断创新领导推进工作

的机制。成立科技综合党委，实现党的组织全覆盖；成立中央在沪单位服务办公室，推动中央在沪单位与地方经济社会发展紧密融合；建立健全领导干部对口联系基层单位制度，班子成员分别走进实验室、走近科技人员，在基层一线总结经验、在科研现场发现问题、在第一时间解决困难，把市委、市政府的要求落到实处。

我们通过强化“三个联”，充分发挥党委的领导核心作用，大力支持系统各部门、各单位大胆开展工作。一是强化党政群的联手，围绕重点任务，把党组织的优势、行政部门的力量和群众团体的作用叠加起来，立体式推进。二是强化系统内各部门之间的联动，聚焦中心工作，既发挥各自优势，又相互密切配合，打造“集团军”。三是强化中央在沪单位与市属单位的联合，通过干部交流、人才流动、项目合作等方式，带动地方单位提高科技创新能力，促进中央在沪单位融入上海区域创新体系，实现了合作共赢的良好局面。

在加强基层基础方面，鉴于科技系统有53家单位，单位之间的性质、功能、体量差别很大，我们探索建立了党建工作责任体系，实行分类管理。我们按照党政机关、中央在沪单位、市属单位、转制院所的不同特点，通过夯实党建工作目标责任，分片进行部署、推进、总结，落实基层联系点制度，开展党建专项调研等举措，在党建模式、任务、内容、特点等方面，既强调了党建工作的规定动作和规范要求，又进一步加强了分类指导和个性化服务。这在当时全市是第一家，还得到了市委组织部的充分肯定。为保障科技事业的健康发展，还成立五个检查组，由经验丰富的退休局级干部担任组长，对系统各单位进行“全面体检”，在科研管理、对外投资、党风廉政等六个方面梳理了42类问题，并认真对照整改，制定了对外投资专项清理方案，解决管理链过长、回报率低、资产贬值等问题，并建立健全了重大事项决策、财务管理、内部运行管理等一批规章制度，及时补齐了短板。2016年，时任市委书记韩正主持召开了第一次大口党委书记季度例会，从思想认识和工作实践等方面，对如何发挥好大口党委作用提出了明确要求。这个会上我们作了交流发言，畅谈了在市科技党委工作的体会，得到了领导的充分肯定。

回顾2013—2016年在市科技工作党委工作的这段时间，是非常充实的，个人也充满了激情和自豪。能取得这些成绩成就，离不开习近平总书记对上海工作、对科技工作的高度重视，离不开市委领导对大口党委工作的悉心指导，也离不开同志们的密切配合和大力支持。我们牢牢把握科技进步大方向、产业变革大趋势和人才成长规律，抓住信息化技术发展机遇，按照当时的设计一步步走过来，达到了预期效果。在新时代的新征程上，我们要迎头赶上，继续稳步朝建设具有全球影响力的科创中心的目标迈进。

# 习近平总书记亲自擘画
# 上海科创中心建设蓝图

【口述前记】

寿子琪，1963年6月生。曾任上海材料研究所副所长。2004年2月至2008年3月，任上海市科学技术委员会副主任；2008年3月至2018年2月，任上海市科学技术委员会主任。现任第十四届全国政协常委，全国工商联副主席，上海市政协副主席，上海市工商联主席。

口述：寿子琪

采访：王旭杰、郭继、严亚南

整理：严亚南

时间：2024 年 2 月 4 日

从 2014 年习近平总书记要求上海加快建设“具有全球影响力的科创中心”至今，上海科创中心建设已走过十年历程。回顾我本人在上海市科委工作的经历，对于能亲身参与这项伟大的事业感到非常幸运。今天，上海科创中心的框架体系已经基本形成，站在一个新的历史起点上建设具有全球影响力的科创中心依然任重道远，但是我对我们的未来充满希望。

## 从应变到求变　总书记交给上海新使命的深意

自 2004 年起至 2018 年，我在科委工作近 15 年，其间任市科委副主任近 5 年，2008 年起任市科委主任 10 年，可以说是见证了新时代以来，在习近平总书记的亲自谋划、亲自部署、亲自推动下，上海在科技创新领域自立自强、不懈奋斗的历程。现在回顾这一过程，我深切感受到习近平总书记对科技发展规律性、趋势性问题的深思熟虑，牢牢把握科技发展大趋势和我国发展全局、布局建设上海具有全球影响力的科技创新中心的高瞻远瞩，以及对上海科技创新始终寄予厚望的殷切期待。正是习近平总书记举旗定向，才有了今天上海科创中心基本框架的形成。

2010 年 9 月 25—27 日，时任国家副主席的习近平同志到上海考察调研，在时任市委书记俞正声陪同下专门参观了上海高新技术产业化展览。那是一个很大的展览，地点在虹口区花园坊。那天，他花了一下午的时间了解上海九大高新技术产业的发展情况。当时我也在现场，向他汇报了上海生物医药产业的创新情况，他听得很认真，并在参观时指出：提高自主创新能力是加快转变经济发展方式的重要途径和关键环节，要充分发挥上海科技和人才密集等综合优势，加快构建以企业为主体、以市场为导向、产学研相结合的技术创新体系，推进原始创新、集成创新和引进消化吸收再创新，力求掌握更多重要关键技术、获得更多自主知识产权。

2013 年在全国两会期间，习近平总书记出席了全国政协十二届一次会议的科协、科技界委员联组会。这是他在这届两会看望委员并共商国是的第一站。我当时是第十二届全国政协科协界委员。习近平总书记选择首站到科技条线，足见他对科技工作的重视。会上，他还强调“实施创新驱动发展战略，是立足全局、面向未来的重大战略，是加快转变经济发展方式、破解经济发展深层次矛盾和问题，增强经济发展内生动力和活力的根本措施”。大家听了都很受鼓舞。

根据习近平同志在上海工作时的要求，包括他到中央工作以后对上海科创工作的要求，我们一直在考虑上海的科技创新工作如何推进，也希望中央能给上海一个更加明确的定位和方向。中国经济发展到新常态，确实需要动力转换，但是大家心里都没底。到了 2014 年 5 月，习近平总书记在上海考察。这次考察，他看了三家单位，一是大飞机，二是新能源汽车，三是联影。就在这次考察时，他要求：上海要努力在推进科技创新、实施创新驱动发展战略方面走在全国前头、走在世界前列，加快向具有全球影响力的科技创新中心进军。这是习近平总书记准确识变、科学应变、主动求变的深远谋划，是亲自对上海科技创新工作把舵定向并交给上海的重大战略使命。同年，习近平总书记为“浦江创新论坛”发来贺信，提出要全方位加强国际科技创新合作，积极参与全球创新网络，同世界各国人民携手应对人类面临的共同挑战，以实现各国的共同发展。科技创新的国际合作是构建人类命运共同体的实现途径之一，需要大家一起进行开放合作，这个站位和立意是很高的。特别是习近平总书记还提出了科技进步大方向、产业革命大趋势、集聚人才大举措“三个大”的要求，基本把我国科技创新的方向、目标、路径都说清楚了。

对于当今世界的科技发展趋势，习近平总书记认为，现代科技发展已经到了变革的临界点，大的变革要来了，而且各学科之间还存在交叉、融合的趋势，我们感觉总书记看问题真的非常敏锐、精准。他要求上海建设具有全球影响力的科创中心，以时不我待的劲头和舍我其谁的担当，在科技创新领域勇挑重担，当好开路先锋，这是经过了综合研判、缜密思考后对上海提出的要求，而且他能在十年前做出这样的战略判断，下这样的战略决心，充分体现了习近平总书记高屋建瓴的宽广视野和战略决断力。

习近平总书记把建设科创中心的任务交给上海，我个人理解是基于以下几个原因：首先，上海具有服务国家重大战略的传统与担当。在我印象中，大概在 20 年前，科技部牵头搞了 12 个重大项目，很多项目如新能源汽车、光刻机、磁悬浮、信息安全等就放在上海。当时做这些项目根本见不到效益，但上海全力以赴，坚决服务、服从国家战略和国家使命。第二，上海的科技资源和人才较为集聚。上海大约有 60 所高校，数量是除北京以外全国最多的，而且科研院所专业布局广泛、综合性强，涵盖物理、化学、材料、生命科学、天文等各方面。另外，上海的科技人才比较集聚，两院院士人数一直在 170—180 人之间，基本上占到全国总数的 10%左右。第三，上海是个开放、多元的国际化大都市。现代科技已经不能关门搞创新了，而是需要在与国际交互中创新，这对于科技创新非常重要。改革开放以后，大量外资外企进入中国，尤其是很多外资研发中心来了以后，在创新管理方式和创新人才方面产生了很大溢出效应。世界500强企业在上海几乎都有研发中心，而且外资研发中心在中国经历了一个“在中国为中国”到“在中国为世界”的发展过程，从原来致力于研究开发符合中国市场需求的产品，发展成为全球研发中很重要的一部分。第四，上海是长三角发展的“龙头”，拥有广阔的腹地，长三角一带在中国的科技创新版图上，无论是产业配套还是创新条件，相对来讲都是比较丰富和集聚的。

## 举全市之力　密集调研谋篇布局科创中心建设

2014年5月，习近平总书记对上海提出加快向具有全球影响力的科创中心进军的要求后，上海市委、市政府全面启动调研部署工作，举全市之力谋划与建设具有全球影响力的科技创新中心，并将“实施创新驱动发展战略、建设具有全球影响力的科技创新中心”作为2015年度市委唯一的重点调研课题，由市委研究室、市发展改革委、市科委总牵头，相关部门和单位共同参与。

我在机关工作这么长时间，像这次调研发动范围之广、速度之快、效率之高是很少见的。围绕科技创新中心谋划与建设，全市近50个部门和单位以及各区县、大学、科研院所、企业积极行动，结合各自领域和特点开展深入调研和思考，重点就体制机制改革、科技布局、人才发展、环境营造等开展前期研究，形成调研报告。同时，科技部、国家发展改革委等国家部委和单位主动了解上海的改革需求和政策需求，从国家层面给予全力指导和支持。

什么是“科创中心”，什么叫“具有全球影响力的科技创新中心”？为厘清其中的内涵，通过全面深入调研，我们花了近一年时间，对标国际上创新国家的做法，提炼出核心要义。2015年5月27日，市委发布了《关于加快建设具有全球影响力的科技创新中心的意见》（以下简称“科创22条”），确定了到2020年基本建成科创中心的框架，到2030年形成科创中心城市的核心功能，最终全面建成具有全球影响力的科技创新中心和全球创新城市的目标。

在参与全市大调研的过程中，市科委早在2014年5月根据全市统一部署，会同市发展改革委等有关委办局正式启动《上海市科技创新“十三五”规划》（以下简称“十三五”规划）研究编制工作。规划于2016年8月16日正式发布，是“十三五”期间推动、落实科创中心建设的具体实施方案。以前上海历来制订的都是科技规划，但那一年，我们制订的是科技创新规划。这是我们在学习理解习近平总书记的指示后，在新的认识基础上拿出的跳出“就科技谈科技”范畴的全新规划。我们认为，当今世界科技创新的内涵、外延及范式都发生了变化。“十三五”规划应该牢牢把握“三个大”的要求，结合上海实际，破除一切制约创新的思想障碍和制度藩篱，增强创新驱动和全球资源配置的能力，成为全球创新网络中不可或缺的重要成员。因此，在制订《上海市科技创新“十三五”规划》的时候，我们“聚焦一个中心、围绕一条主线、贯彻三个坚持、提升五个力、实施四大战略任务、深化改革四大举措”进行谋划和布局。

“一个中心”就是习近平总书记提出的建设具有全球影响力的科创中心的目标。“一条主线”，即价值实现、创新驱动。科技创新不仅仅是为创新而创新，一定要有价值实现，也就是说它的最终落脚点是驱动发展。“三个坚持”就是坚持前瞻引领、坚持深化改革、坚持开放共享。另外，我们还从创新的基本要素考虑，提出了增强和提升“五个力”，即全球创新资源集聚力、科技成果国际影响力、新兴产业发展引领力、创新创业环境吸引力、科技创新辐射带动力。

与“五个力”目标相对应，我们提出了一系列具体发展指标，并在某些指标上自我加压。如到2020年，全社会研发研究与开发（R&D）经费支出占全市生产总值（GDP）的比例达到4.0%左右，基础研究经费支出占全社会R&D经费支出比例达到10%左右，每万人研发人员全时当量达到75人年，每万人口发明专利拥有量达到40件左右，等等。特别是基础研究经费支出占全社会R&D经费支出比例要达到10%。这是在过去所有的科技规划里，从来都不敢写的一句话，是要“跳一跳”才能达到的。当然，我们也知道这很难。但是习近平总书记多次强调，谁牵住了科技创新这个牛鼻子，谁走好了科技创新这步先手棋，谁就能占领先机、赢得优势。因此，重大核心技术发达国家是不可能给我们的，我们幻想从他们那边取得，无异于与虎谋皮。我们必须要有自己的、原创的成果，我们必须要自我加压才行。

接着，我们研究部署了一系列具有战略和前沿导向的重大科技任务。考虑到上海要建成的是具有全球影响力的科创中心，因此必须要投入、布局一批影响长远的科技项目。在“十三五”规划中，我们先后布局了机器人、集成电路、脑科学与类脑智能、合成生物学、细胞治疗、量子信息等重大项目。记得当年与复旦大学校长许宁生等科学家讨论的时候，大家就认为，我们起步就应该发展类脑人工智能，从更深更基础层面进行布局。虽然这更花钱，但这钱一定要花，我们输得起钱，输不起时间。所以我们布局了脑科学，包括脑图谱解析，那都是很基础的研究，既为类脑人工智能，亦为疾病预防治疗，提出了让人类永远没有盲人、聋人的美好愿景。另外，关于合成生物学，我们的愿景是能够逐步实现生命再造。还有海底观测网的建设等。在我印象里，在“十三五”规划中，我们布局了50多项任务。

2016 年 12 月，由上海海洋大学科研团队研制的“彩虹鱼”万米级着陆器成功进行万米级海试并采样

## 打造“四梁八柱” 科创中心“规划图”变“实景图”

上海历来重视科技工作，以前也提过“科教兴市”“科技创新驱动”等发展战略，但建设具有全球影响力的科创中心，是中央赋予上海标杆性、旗帜性的功能定位。国家把这么重要的任务交给上海，我们觉得很自豪，同时也感到压力大、责任重。因为搞科技创新是个系统工程，有很多不确定性，可变因素很多，不是那么容易的。因此，我们花了相当长的一段时间进行研究。后来，在市委、市政府领导下，确定了上海科创中心建设的大“四梁八柱”和小“四梁八柱”，把基本框架搭建起来。

所谓大“四梁八柱”，就是根据科技创新规律，在最高层面建一个国家科学中心，也就是上海张江综合性国家科学中心，主要聚焦原始创新。在第二个层面，就是打造一批研发与转化的功能平台，主要围绕现代产业发展的大趋势，培养核心产业，促进成果转化。从国际经验来看，研发与转化功能型平台是连接基础研究与产业化的有效桥梁，是解决科技成果从实验向市场转化这一世界性难题的途径。围绕产业发展和科创服务布局18个功能平台，这是我们对标世界先进水平，学习很多国家的经验和做法后提出的。在第三层面，就是鼓励大众创业、万众创新，建设一批国际化、专业化、多元化基地加基金的创新创业空间，以激发全社会的创新创业活力。在第四层面，是建设科技创新集聚区。因为科技创新要能落地，必须要有载体，所以我们选定浦东新区的张江、临港，闵行区的漕河泾、紫竹，杨浦区、嘉定区建设科创集聚区，后来又加上了松江G60科创走廊。上述几个层面，政府的投入是逐层递减的。基础研究方面，政府投入最多；研发与转化这方面政府要先期投入，并逐步适当退出，让社会力量、市场力量加入；大众创业、万众创新就要通过社会运筹；集聚区是科创载体，主要依靠区域的功能、产业和创新的生态来实现。

在大“四梁八柱”中，最重要的是上海张江综合性国家科学中心。为建设好这个国家科学中心，我们当时又提出建设小“四梁八柱”的概念。其第一个层面是建国家实验室。上海当时在国家还没有投入的情况下，就下定决心建设张江实验室。2017年该实验室正式挂牌。第二个层面是建一批国家重大科技基础设施。现代科学研究离不开工具，工具越好，成效就越好；没有好的科研设施和研发平台，也很难吸引、集聚顶尖科技人才。以前我们很多科学家想法很好，但因科研设施跟不上，实现不了。所以，我们抓紧建设了像上海光源二期、转化医学、硬X射线自由电子激光、软X射线自由电子激光、超强超短激光、活细胞成像平台、海底长期观测网等一批重大科技基础设施。第三层面，是牵头做大科学计划。我们当时就提出了人类表型组计划、全脑神经联结图谱计划等大科学计划。这些大科学计划难度高、风险大，可

位于张江的鹦鹉螺造型的上海光源

能短期内看不到结果，但是意义和影响深远，要以“功成不必在我”的态度去推进，并为全球科技创新作出贡献。第四个层面是坚持开放共享、开展国际合作，形成创新网络。

那小“四梁八柱”怎么落地呢？我们考虑到，任何一件事，都需要人来做，衣食住行工作缺一不可，最终是要营建一个良好的创新和生活环境，所以就提出建设张江科学城。过去的张江高科技园区，在人们的概念中仅仅是工作的地方，我们要把这个地方建成既适合创新，又适宜生活的地方，让各路科技大咖近悦远来。在科学城的规划建设中，我们根据科技创新的基本规律来进行设计，并总结了三句话：科技特征、生态宜居、开放共享。首先，这个城不能脱离科学特征；其次，能很好服务于生活工作在此的人，让他们感觉舒适；再次，科学城的设施要符合科技创新的基本活动规律，能够开放共享。在讨论规划的时候，我们就提出，在这个城里要有小公园、小咖啡馆、小影院、小图书馆，占地可以不大，但一定是个开放空间，能让科学家和工程技术人员聚在一起，通过线下交流进行思想碰撞、产生火花，相互启发并诞生新的想法和创意。

总之，从“科创22条”到“十三五”规划，上海明确了科创中心建设的“四梁八柱”，国家也批准同意了一批重大科学任务，随后上海配套出台了各种各样的政策，包括科技成果转化、科创中心建设条例等一系列政策和政府规章，推动上海科创中心建设不断取得新进展。

## 对标世界一流　科创中心建设任重道远

虽然2018年后我调离市科委到市环保局、市工商联等部门工作，但我始终关注着上海科创中心建设。对标习近平总书记提出的“具有全球影响力”的要求及世界一流的标准，我认为上海建设科创中心在战略愿景驱动、创新人才和创新型企业培养、创新环境和制度建设、金融与科技结合、国际交流合作深化等方面还有进一步提升的空间。

第一，要以战略愿景驱动研发，并做超前布局。很多科学问题，是靠愿景推动和产生的，这是一种战略驱动力。科学问题由科学家解决，但是政府部门要能提出宏观、前瞻的愿景。要实现愿景，需要很多技术支撑，也就能带动很多技术的产生，这就是靠战略愿景驱动的创新。除了战略科学家，我们还需要培养一大批战略管理者。

第二，要下决心加强高端人才培养力度。从总量来看，我们中国R&D研发的当量和人数，在全球是多的。但是，搞最前沿的科技创新需要最顶尖的人才，我们在各个领域的领军人物、战略科学家、顶尖科学家还不够多。这类人才靠引进是很难的，一定得靠我们自己在年轻一代中培养，要有百年树人的耐心和信心。

第三，要培育更多一流的创新型企业。就目前的情况来看，企业在驱动创新上的作用越来越大，这是现代科技发展到一定阶段的趋势。我们需要培育更多真正有理想、有抱负的创新型企业。

第四，需要不断完善适应科技创新的管理制度和环境。创新生态是个很复杂的系统，不是仅靠“放权”“包干”等局部政策就能解决问题，要靠系统的制度创新来适应科技创新的基本规律。

第五，上海金融中心建设要很好地服务科技创新。在“科创22条”中，我们曾经提出要对标世界最高水平，发展科技金融，设立战新板，发挥资本的推动力量。这也是国外科技创新的一个重要经验。所以，当习近平总书记在第一届进博会上提出在上海设立“科创板”的时候，我作为一个老科技工作者听了非常激动。习近平总书记是看到了问题的本质，所以我们一定要把金融与科技很好地结合起来。

第六，在当前环境下，要研究一些方法和措施巩固和扩大国际交流与合作。我们要实事求是地承认，国外的很多研究成果确实是多年积累起来的。我们必须以更开放的胸怀积极主动融入全球创新网络。

第七，要高度重视知识产权保护。如今，很多企业已经走上了自主创新之路。要推动科技创新，我们现在必须要好好研究如何保护知识产权，尤其是保护企业的知识产权。

第八，要关注和紧跟科研范式的变化，尤其是弱人工智能向强人工智能转换时代的到来对科技创新的影响。

上海科创中心走过了风雨十年，前路更为艰辛。我想我们唯有只争朝夕、踔厉奋发，才能无愧于习近平总书记的殷殷嘱托，无愧于我们的使命，无愧于这个伟大的时代。

# 我亲历的上海“科创22条”出台过程

【口述前记】

俞北华，1961年1月生。曾任上海市虹口区人民政府区长、上海久事公司党委书记等职务。2013年3月至2015年12月，任上海市发展和改革委员会主任、中国（上海）自由贸易试验区推进工作领导小组办公室主任。2015年10月至2017年7月任上海市人民政府副秘书长。现任上海国际集团有限公司党委书记、董事长，上海市十五届人大常委会委员。

口述：俞北华
采访：严爱云、郭继、周春燕
整理：周春燕
时间：2024年1月18日

“加快向具有全球影响力的科技创新中心进军”是习近平总书记2014年在上海考察中作出的重要指示，是习近平总书记亲自交给上海的重大国家战略。因为当时在国家层面，主要是国家发改委负责创新驱动发展战略规划等的制定，相对应的，市发改委也参与上海科创中心建设的许多前期研究工作，我当时任市发改委主任，参与和见证了上海科创中心建设从理清思路到形成“科创22条”的过程。

## 深刻领会习近平总书记交予的科创中心建设决策

习近平总书记2014年对上海提出建设科创中心的要求是有宏大战略考虑的。从全球看，当时国际金融危机阴霾未散，经济全球化遭遇逆流，世界处于大发展大变革大调整之中。从国内看，我国发展进入战略机遇和风险挑战并存、不确定难预料因素增多的时期。同时，新一轮科技革命和产业变革方兴未艾，全球创新版图、全球经济结构加快重构。因此，习近平总书记在2013年就指出要把科技创新潜力更好释放出来，并提出实施创新驱动发展战略。基于对上海各方面条件与基础的了解和信任，习近平总书记向上海提出了建设科创中心的目标。这是习近平总书记对我国科技创新发展作出的前瞻性、战略性、全局性谋划。

2014年5月习近平总书记在上海考察交给上海这一重大使命后，市委高度重视，7月召开的十届市委六次全会的主题就是深入学习习近平总书记考察上海重要讲话精神。会议上，时任市委书记韩正指出上海要深刻认识对互联网迅猛发展和科技快速变化带来的挑战和冲击不适应的情况，指出上海已经到了没有改革创新就不能前进的阶段。市发改委作为全市经济发展的重要部门，第一时间学习领会习近平总书记考察上海重要讲话精神的深刻含义，从全局和战略高度充分认识上海加快向具有全球影响力的科技创新中心进军的重要意义与深刻内涵。

首先，建设具有全球影响力的科技创新中心是一项国家战略。上海作为我国建设中的国际经济、金融、贸易和航运中心，一直肩负着代表国家参与国际竞争与合作的重任。习近平总书记曾说过创新能力不强是我国发展的“阿喀琉斯之踵”，要克服这个难题，需要上海带头探索创新驱动发展、获取持续动力，为中国创新驱动发展提供范本。可见，建设具有竞争力的全球科技创新中心，不仅是上海加快创新驱动发展战略的现实要求，更是利用上海优势带动全国创新发展的要求。上海要围绕国家核心利益，服务国家重大发展战略。上海必须站在国家发展全局的高度，谋划科技创新中心建设。

其次，什么是“具有全球影响力”？科创中心的定位与先前提出的上海“四个中心”建设不同。上海国际经济中心、国际金融中心、国际航运中心、国际贸易中心这“四个中心”都是以“国际”作为定位，而科创中心则是“具有全球影响力的”。如何理解好“具有全球影响力”至关重要。从世界趋势看，科技创新不仅成为拉动经济增长的新的核心动力，也日趋成为国家间综合国力竞争的主攻方向。从参与国际竞争的角度来看，一旦赶不上这个“窗口期”，难免未来遭遇落后甚至掉队的风险。那么，作为中国面向世界的窗口和牵引中国经济的龙头，上海就需要作为中国参与国际竞争的代表，努力实现“全球城市”和“中心城市”的站位，进而集聚和配置全球创新资源，甚至成为全球性的技术研发、成果转化、知识创造和传播的中心。

再次，必须聚焦科技创新，突出创新驱动发展。中国正向世界经济的舞台中心迈进，经济发展进入了新常态，支持未来发展的动力正从要素驱动向创新驱动转换，这就需要科技创新。上海当时正处于创新驱动、转型发展的关键时期，而加快转型发展，最根本的是依靠科技的力量，最关键的是大幅提高自主创新能力。因此，建设具有全球影响力的科技创新中心是上海实施创新驱动发展战略、突破自身发展瓶颈、重构新发展动力的必然选择。无论是应对瞬息万变的外部环境，还是适应和引领我国经济发展新常态，或是参与更高层次的国际竞争，核心动力都必须来自科技创新，也只能来自科技创

2021年10月21日，“上海国际科技创新中心”亮相国家“十三五”科技创新成就展

新。而当举国都需要问创新要动力，作为“先行者”的上海，毫无疑问地应当率先牵住科技创新的“牛鼻子”。

## 在大调研中理清思路、凝聚共识

党的十八大报告指出，要实施创新驱动发展战略，强调科技创新是提高社会生产力和综合国力的战略支撑，必须摆在国家发展全局的核心位置。2013 年 3 月，习近平总书记参加十二届全国人大一次会议上海代表团审议时强调，我国经济发展的根本出路在于创新、关键要靠科技力量。可见，习近平总书记对科技创新问题很早就开始思考谋划，作出让上海加快向具有全球影响力的科创中心进军的指示也是经过深思熟虑的。

对此，市委、市政府高度重视，切实把思想认识和行动统一到中央对形势的判断和工作部署上来，着手进行大调研。市委、市政府主要领导韩正、杨雄等分别到市发改委、市科委等委办局，交大、复旦、同济、上海科技大学等高校科研院所，华虹、上汽、大电器、华谊等国企，以及大量的高科技民营企业进行密集调研。我们部门的优势在于，我们较早地参与到国家层面一些关于创新驱动发展战略的课题中，能够较快一步了解到中央有关部委贯彻落实习近平总书记关于科技创新重要讲话精神的有关情况。

比如，在 2014 年 2 月，市发改委参与中央财经领导小组办公室组织开展的“实施创新驱动发展战略”课题研究，这个课题主要是针对制约创新驱动发展战略，尤其是科技和经济密切结合的体制机制的障碍问题进行研究，为后来中央财经领导小组研究部署创新驱动发展战略提供了重要的研究支撑。当年 8 月，中央财经领导小组第七次会议召开，在这次会议上，习近平总书记发表重要讲话，进一步阐明了实施创新驱动发展战略的重要意义，明确了实施创新驱动发展战略的着力点和主攻方向。同年，我们还参与了由国家发改委牵头负责的《中共中央　国务院关于深化体制机制改革加快实施创新驱动发展战略的若干意见》的部分起草工作。这是一个具有顶层设计作用的文件。

2014年8月，时任市委书记韩正专门到市发改委调研，听取关于建设具有全球影响力的科创中心的若干考虑和建议，明确上海要全力争取国家首批重点创新改革试点省市。韩正书记指出，上海打造具有全球影响力的科技创新中心需要聚焦的四个方面，即创新工程和创新项目、创新体制机制、创新软环境、创新人才集聚，其中体制机制的突破最难，也是最关键的。市发改委根据韩正书记的指示，会同市科委等部门进一步就体制机制改革、政策突破、创新项目和工程筛选等进行深入调研、认真梳理，形成一批政策建议和争取国家全面创新改革试点方案。

2014年12月，市委在前期持续不断调研的基础上，于15日至16日举行“深入实施创新驱动发展战略学习讨论会”，围绕加快向具有全球影响力的科技创新中心进军主题开展学习讨论与工作务虚，进一步提高认识、明确思路。讨论会整整用了四个半天。市委、市人大、市政府、市政协以及全市各部委办局、各区县、部分高校科研院所和企业的代表出席了会议。会议分成了三个专题，分别为“上海推进创新驱动发展战略面临的新形势”、“加快推进具有全球影响力的科技创新中心建设”和“坚持以深化改革激发创新创造活力”。三个专题各用半天时间，安排了主旨发言和自由发言。主旨发言的人员，有学者、区县主要领导，也有来自企业和高校科研院所的负责人。第四个半天，由市委、市政府主要领导和相关市领导针对大家的发言，作回应、谈想法。我也在讨论会上作了交流发言，主要谈及上海建设科创中心存在的“四缺”问题，即“缺气”，体现在现有收益分配制度不合理；“缺氧”，体现在现行政府管理体制不适应；“缺血”，体现在市场化投入与退出机制不完善；

“缺筋”，体现在产业链、创新链还不健全等问题。这次学习讨论会讨论研究的很多问题涉及十年、十五年之后的上海发展，所说的也并非自己任期内便能实现的事，但大家都非常投入地在思考在谋划。通过这次集中讨论，进一步统一了思想、深化了认识，特别就科技创新主战场、着力点、关键环节和方式方法、创新文化和创新环境等，达成了共识。

12 月 22 日至 23 日，十届市委七次全会召开，韩正书记在会上指出“加快向具有全球影响力的科技创新中心进军，这既是中央和习近平总书记对上海工作的新要求，也为我们当好科学发展先行者指明了主攻方向”，“明年市委将围绕这个重点课题，深入开展破解难题的系统性调研并拿出成果，举全市之力抓部署推进和落实”。

## 被列为市委 2015 年唯一重点调研课题再聚焦、出成果

根据十届市委七次全会精神，2015 年 2 月 25 日，我记得很清楚是春节后的首个工作日，韩正书记主持动员会，在 2014 年工作的基础上，进一步动员部署，聚焦重大问题、推进专题研究、拿出重要举措，并将“大力实施创新驱动发展战略，加快建设具有全球影响力的科技创新中心”作为 2015 年市委一号调研课题。

市委成立了由韩正书记任组长的总调研组，市委副书记、市长杨雄，市委副书记应勇任副组长。总调研组下设两个分调研组，一组由市长杨雄牵头，聚焦科技创新相关的管理体制、重大项目、平台工程。另一组由市委副书记应勇牵头，专门聚焦人才。2015 年的一号课题贯彻落实习近平总书记对上海发展的定位和工作要求，牢牢把握科技进步大方向，瞄准世界科技前沿领域和顶尖水平；牢牢把握产业革命大趋势，面向经济社会发展主战场，围绕解

决好“由谁创新”“动力哪里来”“成果如何用”三个基本问题，全面调研、摸情况找问题，把切入点放在查找现存的主要问题上，聚焦重点、抓住关键。一号课题最后形成了上报市委的一个调研课题总报告和两个专题调研报告。这些为后面制定出台的一个意见即“科创22条”和两个方案即科技创新中心方案和张江综合性国家科学中心建设方案奠定了一个很好的基础。

以一号课题调研报告为基础，市委副秘书长、市委研究室主任张道根负责组织起草了市委《关于加快建设具有全球影响力的科技创新中心的意见》(以下简称《意见》)，市发改委参与了相关的工作。《意见》初稿形成后，市委又专门召开2次常委会、4次专题会进行集中讨论，对一些重大提法和突破性举措反复斟酌和修改，并对进一步落实《意见》的一系列实施意见和具体行动方案进行认真研究。同时，市里还充分听取各部门、区县、高校、科研院所、企业和党外人士及社会各个方面的意见和建议，市人大、市政协组织研究讨论，很多人大代表、政协委员提出许多很好的意见和建议。杨雄市长等市领导还专门带队赴京，就一些重大改革和制度创新的问题，征求国家发改委、科技部、财政部等国家有关部门意见，争取支持。

在《意见》起草过程中，市委研究室总的把握了4条原则，第一个是全面、准确、深入体现和落实习近平总书记对上海加快向具有全球影响力的科技创新中心进军的要求，紧密结合上海实际，贯彻落实《中共中央 国务院关于深化体制机制改革加快实施创新驱动发展战略的若干意见》等文件精神；第二个是坚持问题导向，围绕解决影响我们建设科技创新中心的瓶颈难题和各种制约，抓住重点，聚焦突破，有序推进；第三个是找准方向、路径，聚焦主战场在哪里、关键抓什么、用什么方法，实事求是提出目标、路径和任务举措；第四个是以创新精神和务实态度，出台一个改革创新文件，一个能引领行动、推动工作的实施意见，有实实在在的举措，可操作管用，能落实落地。

2015年5月25日，十届市委八次全会举行，议题就是一个：审议《关于加快建设具有全球影响力的科创中心的意见》，汇聚智慧，完善举措，扎实推进科技创新中心建设。这次召开的八次全会是专门加开的全会。印象中上一次上海市委打破惯例加开一次市委全会专门讨论的事，还是上海世博会。

《意见》放眼国际、服务国家、立足上海，明确提出“以开放促改革，破除一切制约创新的思想障碍和制度藩篱”。围绕这一主线，《意见》确定了“1 + 4”的结构，共5个部分、22条。“1”为第一部分，就是明确上海未来要建设一个什么样的科技创新中心及如何推进的基本思路和主要路径。目标清楚，路径明确，才能部署好重大任务举措。“4”包括第二到第五部分，就是聚焦上海科技创新中心建设的4个重要方面和关键领域，提出推进体制机制改革、集聚和用好各类人才、营造良好创新环境、布局重大创新工程和项目的任务举措。《意见》首先从突破制度瓶颈入手，就是要通过解决体制机制问题来激发各类创新主体的创新创造活力，让市场在配置创新资源中发挥决定性作用，突破科技创新成果产业化过程中的阻断，就重大创新工程、重大项目作了全面布局，形成了科创中心建设的“四梁八柱”。

## 一分部署、九分落实

会议审议通过的《意见》，也就是我们现在简称的“科创22条”，是一个统筹推动全市创新驱动发展的纲领性文件。

当时，全市上下贯彻落实的行动很迅速，委办局也好、区县也好、高校也好，大家都在按照“科创22条”研究出台新的创新的政策或举措。韩正书记、杨雄市长也都亲力亲为。韩书记每次开会，要求很明确，你有什么好的建议，他也会采纳。杨市长对一些需要中央去推动的政策和项目，比如张江综合性国家科学中心到底怎么建设、国家实验室怎么落地等也想了很多办法。分管相关部门的市领导就科创中心建设涉及的一些需要中央部委给予支持的问题，更是带队到中央汇报沟通，获得了国家相关部门的有力支持。2016年，国务院印发了《上海系统推进全面创新改革试验加快建设具有全球影响力的科技创新中心方案》；国家发展改革委、科技部同意上海以张江地区为核心承载区建设综合性国家科学中心，这对我们上海科创中心建设是很大的支持。

在贯彻落实《意见》的过程中，市发改委也一直主动积极、攻坚克难，对具体实施中碰到的问题主动协调，对科创中心的“四梁八柱”工程和项目主动推进，对需要国家部委支持的改革措施主动争取。2015年上海开始编制“十三五”规划，按照韩正书记关于认真学习、深刻领会、全面把握党的十八届五中全会精神的要求，指出要按照市委的部署和要求把全会精神全面落实到“十三五”规划的制定中，结合上海实际，将形成具有全球影响力的科技创新基本框架作为“十三五”上海奋斗的总目标之一，规划重点部署未来五年建设具有全球影响力的科技创新中心的各方面任务。

“科创22条”的落地实践与成果也十分丰富，比如建设国家科学中心和国家实验室。当时全国没有，国家也在研究方案，如果能建成几个成型的国家级实验室，出最先进的成果，建最先进的设备，就能吸引国际上顶级的科学家。这不是封闭的，要全球开放，最终要能够提出在全球有影响力的大科学计划，例如欧洲提出来的伽利略计划等，只有出诸如此类的研究成果，才能有全球影响力。“科创22条”里设计了一系列大项目，需要全市有关部门共同协作推动落地落实。如和辉光电的面板、联影的CT和核磁共振、集成电路的华力项目、光源二期、软X射线、转化医学等。再比如嘉定的瑞金质子医院的设备，依靠中国科学院的力量研发成功，现在已经投入使用。

瑞金医院肿瘤质子中心

十年磨一剑，从党的十八大报告提出“实施创新驱动发展战略”，到习近平总书记提出上海要“加快向具有全球影响力的科技创新中心进军”，都注定了建设“科创中心”不是上海一城之事，而是一项国家战略。对于作为改革开放的排头兵、创新发展的先行者的上海而言，“走在全国前头、走在世界前列”赋予的是通过先行先试打造创新机制的落地源头，以科技创新找到经济社会发展的动力源，参与全球竞争，为世界科技强国建设探路。

# 亲历上海市委《关于加快建设具有全球影响力的科技创新中心的意见》的调研起草和落实

【口述前记】

沈立新，1974 年 12 月生。长期在上海市委研究室工作，曾任市委研究室副主任。现任上海市政协副秘书长、市政协研究室主任。

口述：沈立新

采访：唐洪涛、孙宝席、董奇

整理：孙宝席

时间：2024 年 2 月 8 日

2014 年 5 月，习近平总书记在上海考察时部署了一项任务：上海要加快向具有全球影响力的科技创新中心进军。此后，他一直关心和指导上海科创中心建设，并强调推进中国式现代化离不开科技、教育、人才的战略支撑，要求上海强化科技创新策源功能，当好全国创新发展先行者。我长期在市委研究室工作，亲历了上海市委为贯彻习近平总书记重要指示要求，调研起草发布《关于加快建设具有全球影响力的科技创新中心的意见》（以下简称《意见》或“科创 22 条”）的全过程。

## 三个“牢牢把握”——制定上海科创《意见》的根本遵循

上海长期以来一直是我国重要的经济中心，科创资源确实很多，然而当时就全国来说，上海的科技创新活力，跟一些兄弟省市相比，还是有差距的。从 2012 年起，习近平总书记多次与参加全国两会的上海代表共商国是，并多次到上海考察调研，为上海的发展作出重要指示，其中要求上海当好创新发展先行者是一以贯之的。特别是 2014 年 5 月，习近平总书记在上海调研时强调，谁走好了科技创新这步先手棋，谁就能占领先机、赢得优势。希望上海努力在推进科技创新、实施创新驱动发展战略方面走在全国前头、走到世界前列，加快向具有全球影响力的科技创新中心进军。习近平总书记的重要指示无疑抓住了上海发展转型的关键问题，更赋予了上海城市新的功能定位和使命任务，为上海进一步推进创新驱动、转型发展指明了方向。

习近平总书记在上海调研时，针对上海科创中心建设，讲了三个“牢牢把握”，即要牢牢把握世界科技进步大方向、牢牢把握全球产业变革大趋势、牢牢把握集聚人才大举措，加快建设具有全球影响力的科技创新中心。三个“牢牢把握”不是口号，针对性很强，是一个完整体系，为上海擘画科创蓝图提供了根本遵循。

第一个“牢牢把握”：牢牢把握科技进步大方向。要瞄准世界科技前沿领域和顶尖水平，力争在基础科技领域有大的创新，在关键核心技术领域取得大的突破。这“两个大”是很关键的，基本上我们现在所做的事都是围绕这“两个大”来开展。习近平总书记反复强调，“关键核心技术是要不来、买不来、讨不来的”。上海一方面要着力发展大科学设施，推进大科学计划，强化基础研究能力；另一方面要着力突破关键核心技术，全面增强自主创新能力，实现从跟跑、并跑到领跑的突破。当时许多专家有一个预判，就是新一轮科技革命和产业变革正在孕育兴起，在一些科技领域里，比如说在人工智能、材料基因组、量子通信等方面，可能有大的创新突破，上海应该迎头赶上。当时就这些领域做了一些筛选，确定了一些具体项目、具体工程等。总体而言，上海建设科技创新中心，要树立全球视野，对标国际领先水平，着力推进基础科技领域创新和关键核心技术突破。

第二个“牢牢把握”：牢牢把握产业革命大趋势。要围绕产业链部署创新链，把科技创新真正落到产业发展上。这也很有针对性。当时习近平总书记指出，科研创新及其成果决不能仅仅落在经费上、填在表格里、发表在杂志上，而要面向经济社会发展主战场，着力实现产业化。同时，他还对发展产业链、创新链进一步作了深入阐述。韩正书记对此也有一个形象的说法，不能总把政府科研经费的“钱”变成论文、研究报告的“纸”；要通过推进科技成果转化，把研究成果的“纸”变成可以生“钱”的产品和服务。就是说，要把握产业革命大趋势，把经费变成成果，再把成果转移转化，变成现实生产力。

第三个“牢牢把握”：牢牢把握集聚人才大举措。因为我们的科技人才、创新资源，很多集中在高校和大院大所里面。所以要加快高等院校、科研院所创新条件建设，要把活力释放出来。要完善知识产权运用和保护机制，让各类人才的创新智慧竞相迸发，真正聚天下英才而用之。引进集聚人才，也要引进集聚海外高端人才。为此，上海提出简化外籍高层次人才申办永久居留证的程序，优化外籍人才创业生活环境，实现从短居住到长居住，并提供更方便的服务，以择天下英才而用之。

“三个牢牢把握”，是习近平总书记综合分析国内外大势、立足我国发展全局作出的重大判断。当前，国际科技竞争日益激烈，大国博弈不断加剧，不仅是因为科技创新已成为提高综合国力的关键支撑，成为社会生产方式和生活方式变革进步的强大引领，谁牵住了科技创新这个牛鼻子，谁走好了科技创新这步先手棋，谁就能占领先机、赢得优势；更重要的是当前突破“卡脖子”问题，尤为需要加快实现高水平科技自立自强，打赢关键核心技术攻坚战。再次重温这些科学判断和战略布局，更加深刻感到，以习近平同志为核心的党中央高瞻远瞩、决策英明。从2014年提出上海要建设科创中心之后，习近平总书记多次在全国两会期间参加上海代表团审议时，都要求上海当好改革开放排头兵、创新发展先行者。一方面要求以推进自贸试验区建设为突破口，当好改革开放排头兵；另一方面要求以建设科创中心为载体，当好创新发展先行者。2023年底，习近平总书记在上海考察时进一步强调，“推进中国式现代化离不开科技、教育、人才的战略支撑，上海在这方面要当好龙头，加快向具有全球影响力的科技创新中心迈进”。

## 一号课题调研——理清推进科创中心建设的基本思路

为贯彻习近平总书记的重要指示要求，上海决定研究制定文件，并成立课题组进行深入调研。调研由时任市委书记韩正总牵头，分两块展开：一块是时任市长杨雄负责，主要是对体制机制和创新政策的调研，以及遴选工程项目；另一块是时任市委副书记应勇牵头，主要研究人才高地建设。从2014年5月起，韩正书记、杨雄市长、应勇副书记围绕习近平总书记的要求，深入区县、园区、企业、高校、科研院所开展密集调研，并多次召开专家、院士、企业家等座谈会听取建议。

其中，韩正书记带队调研，着力理清科创中心建设思路，全力谋划科创蓝图。第一是到相关部门、研究机构、高校、企业等调研，进行摸底。第二是找关键问题，比如，韩正书记很关心高校和科研院所的财物投入分配，他认为“创新不是管出来的，而是放出来的”，要放开机制搞活。第三是统一思想。当年年底举办的“深入实施创新驱动发展战略学习讨论会”就是统一思想的过程。会上，大家围绕上海坚持以深化改革激发创新创造活力等专题，放开讲思考、提建议，并特别就科技创新主战场、关键环节和方式方法等达成共识。

为进一步贯彻落实习近平总书记对上海发展的定位和工作要求，2015年，市委、市政府把“大力实施创新驱动发展战略、建设具有全球影响力的科技创新中心”作为2015年度唯一的重点调研课题。2月25日，韩正书记主持召开课题动员会，部署推进全年一号课题专题研究。围绕科技创新中心谋划与建设，全市近50个部门和单位、各区县、大学、科研院所、企业积极行动，结合各自领域和特点开展深入调研和思考，重点就体制机制改革、科技布局、人才发展、环境营造等开展前期研究，形成调研报告。5 月，在前期调研、座谈和研究的基础上形成《大力实施创新驱动发展战略，加快建设具有全球影响力的科技创新中心》调研课题总报告，以及相关的分报告，明确要形成创新人才、科技成果转移转化、科技金融、财政科技投入统筹、外资研发中心等 9 个配套文件。

在前期基础上，市委研究室、市发改委、市科委作为牵头部门，会同有关单位起草加快建设具有全球影响力的科技创新中心的意见。应该说，这个文件最大的特点，就是原则性的描述比较少，任务举措很具体，政策突破力度很大。《意见》出台之后，社会反响很好，也被称为“科创 22 条”。文件之所以突破力度很大，一个是有基础，之前国家发改委曾和市发改委就实施创新驱动发展战略做过一个课题调研，对科技创新体制机制改革等问题作了深入研究，形成了一些政策举措。再一个是调研很深入，问题研究得很透彻，制定的政策举措都是直奔问题、打通瓶颈堵点、激发创新活力的。还有一点，就是有很多创新措施，都是积极争取到了国家有关部委的支持。我举一个例子，《意见》快要提交市委常委会审议时，当时的市食品药品监管局局长阎祖强还专门给起草组打电话，建议在《意见》中加几句表述，即“争取设立国家食品药品监管总局药品审评中心上海分中心，争取试点开展创新药物临床试验审批制度改革，争取试点推行上市许可和生产许可分离的创新药物上市许可人持有制度”，他说这些创新举措总局刚刚同意了，可以写进文件了。类似的重大突破还有很多，再比如“加快在上海证券交易所设立‘战略新兴板’，推动尚未盈利但具有一定规模的科技创新企业上市”，这也是得到国家有关部门的支持才写进文件的，其实就是现在推出的“科创板”。

2015 年 5 月 25 日，十届市委八次全会审议并通过了《中共上海市委　上海市人民政府关于加快建设具有全球影响力的科技创新中心的意见》。韩正书记指出，市委研究提出的《关于加快建设具有全球影响力的科技创新中心的意见》，是一个统筹推进全市创新驱动发展的总体性意见，重在明确大的目标方向，理清基本思路和重大举措，聚焦难点推动改革创新。我们必须全面增强自主创新能力，努力打造代表国家参与全球经济科技合作与竞争的科技创新中心，在新一轮全球科技竞争中赢得战略主动。

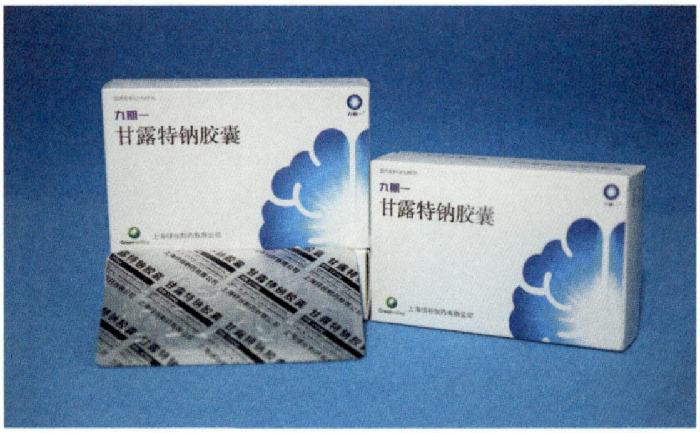

抗阿尔茨海默病原创新药“九期一”——GV971

## 绘就奋进蓝图——制定发布具有全球视野、体现中国特色、上海特点的科创建设《意见》

2015年市委发布的《意见》(“科创22条”)，绘就了上海科创中心建设的根本蓝图。《意见》对标国际领先水平，充分体现了世界科技进步的大方向，充分体现了服从服务国家发展战略的需求，充分体现了时代特征和上海特点，共22条内容，可以概括为“一个目标、四个方面”。“一个目标”就是加快建设具有全球影响力的科技创新中心，跻身全球重要的创新城市行列。“四个方面”分别从体制机制、人才高地、创新环境、创新布局等方面提出要求。这是我到市委研究室工作以来市委、市政府出台的一个既深入、又很具体的文件，虽然是地方层面的《意见》，但是很多创新措施是得到国家有关部委支持的，在全国都有复制推广的意义和价值。

先说“一个目标”。奋斗目标和总体要求主要是体现习近平总书记对上海作出的建设具有全球影响力的科技创新中心的重要指示。奋斗目标最核心的就是“努力把上海建设成为世界创新人才、科技要素和高新科技企业集聚度高，创新创造创意成果多，科技创新基础设施和服务体系完善的综合性开放型科技创新中心，成为全球创新网络的重要枢纽和国际性重大科学发展、原创技术和高新科技产业的重要策源地之一，跻身全球重要的创新城市行列”。

第一句话，即建设科创中心，首先必须要有人才支撑，其次要有资金、制度等要素，再次还要有企业等创新主体。第二句话也很关键，就是创新创造创意成果多，你要研究生产出成果。第三句话“科技创新基础设施和服务体系完善”也很重要。科创设施包括硬件和软服务体系和制度。后面还有建成“综合性开放型科技创新中心”。这就体现了上海的特色。上海有很多高校、科研院所、创新人才的资源积聚，有比较高端的制造业、金融服务业以及创新型企业等。所以，“综合性”就是体现创新资源、创新领域、创新制度、创新转化等综合集成，形成综合优势；开放型就是体现国际科技创新合作，既要能积聚全球性的创新要素，也要能辐射带动全球性的创新活动。

最后一句话，“成为全球创新网络的重要枢纽和国际性重大科学发展、原创技术和高新科技产业的重要策源地之一，跻身全球重要的创新城市行列”，这是给科创中心的定性。

奋斗目标提出上海要跻身全球重要的创新城市行列，也就是建成了科创中心。这个目标分三个阶段完成。2020 年前，形成科技创新中心基本框架体系。第二阶段，再用 10 多年时间，着力形成科技创新中心城市的核心功能。第三个阶段，到 2050 年左右最终全面建成具有全球影响力的科技创新中心，为实现“两个一百年”奋斗目标和中华民族伟大复兴的中国梦，提供科技创新的强劲动力。

再说“四个方面”：一是体制机制改革，二是建设人才高地，三是营造创新环境，四是优化创新布局。

第一个方面：建立市场导向的创新型体制机制。首先，是要着力推进政府管理创新。随着“互联网 +”的发展，以及“四新经济”（新技术、新产业、新业态、新模式）的出现，原来的体制机制在一定程度上抑制了创新的活力。为此，《意见》提出要针对企业创新投资难、群众创业难、科技成果转化难，加快政府职能转变，放宽“互联网 +”等新兴行业市场准入管制，促进产业跨界融合发展。包括提出争取试点推行上市许可与生产许可分离的创新药物上市许可人持有制度，深入推进地理位置类、市场监管类、民生服务类等政务公共数据资源开放应用等。为此，我们的职能部门都会充分利用数据资源，促进科技开发和场景应用。

其次，要进一步改革财政科技资金管理，建立跨部门的财政科技项目统筹决策和联动管理制度，充分发挥财政资金促进科技创新的真正作用。

再次，要深化科研院所分类改革。下放高校和科研院所科技成果的使用权、处置权、收益权；进一步促进技术类无形资产交易，逐步开展知识产权证券化交易试点等。

第二个方面：建设创新人才高地。人才政策内容分为三大类，包括人才的引进、人才的使用、人才的激励。

首先是人才引进，分为两类：一类是海外人才的引进，比如推出永久居留证的政策。另一类是国内人才的引进，要充分发挥户籍政策在国内人才引进集聚中的激励和导向作用，突出市场发现、市场认可、市场评价的引才机制。其次，是人才的使用，提出拓展科研人员双向流动机制。第三，是人才的激励。简单来说，就是让创新创业人才实现财富事业双丰收。为此，提出允许高校和科研院所科技成果转化收益归属研发团队所得比例不低于 70%，以及科研人员取得股权奖励收入时递延缴纳个人所得税等政策。

第三个方面：营造更好的创新创业环境。这里的创新环境，除了支持双创、孵化器之外，特别强调科技与金融的紧密结合，发挥上海金融中心的优势。从扩大政府天使投资引导基金规模，政府投资要投早投小，帮助最缺钱的科技型创业中小型企业；到支持商业银行设立全资控股的投资管理公司，实行投贷联动；再到设立“战略新兴板”，支持科创企业上市，目的是形成一个全流程的金融支持科创的政策体系。还有对各类研发机构的发展，分别都提出了有针对性的举措，包括支持外资研发机构参与本市研发公共服务平台建设，承接本市政府科研项目。这些政策支持力度都是非常大的。

第四个方面：优化重大科技创新布局。上海的科创布局主要是坚持三条原则，一是瞄准世界科技前沿和顶尖水平，有国际影响力和竞争力的；二是瞄准国家迫切需要、核心利益所在、解决国家“卡脖子”问题的；三是瞄准

张江国际创新港

上海有基础、有能力、合力能够突破问题的。重点是强化两个方面的布局，一是在若干重大创新功能型平台方面，建设张江上海光源、蛋白质科学设施、超强超短激光等新一批国家大科学设施，着力形成具有世界领先水平的综合性科学研究试验基地。二是在布局战略项目和重大基础工程方面，重点推进民用航空发动机与燃气轮机、大飞机、北斗导航、集成电路制造及配套装备材料、先进传感器及物联网、智能电网、智能汽车和新能源汽车、智能制造与机器人、原创新药与高端医疗装备、大数据及云计算等一批重大产业创新战略项目建设。积极推进脑科学与人工智能、干细胞与组织功能修复、国际人类表型组、材料基因组、量子通信等一批重大科技基础前沿布局，以更好地把握世界科技进步大方向，服务国家战略。

总之，进入新时代，上海认真贯彻《中共中央　国务院关于深化体制机制改革加快实施创新驱动发展战略的若干意见》，全力落实习近平总书记考察上海重要讲话精神，制定实施《关于加快建设具有全球影响力的科技创新中心的意见》，提升城市能级和核心竞争力。踏上新征程，上海需要立足推进中国式现代化，把握当前全球经济科技竞争的最新态势，全面落实习近平总书记关于“要当好龙头，加快向具有全球影响力的科技创新中心迈进”的指示要求，为全面建成社会主义现代化强国作出独特而重要的贡献。

# 锚定创新策源能力　推动上海科创中心建设阔步前行

【口述前记】

张全，1964年1月生。曾任上海市环保局局长。2018年2月至2023年2月，任上海市科学技术委员会主任、上海市外国专家局局长。现为上海市人大常委会副主任，农工党第十七届中央副主席、上海市委会主委，第十四届全国政协人口环境资源委员会委员。

口述：张全
采访：王旭杰、郭继、董奇
整理：董奇
时间：2024 年 2 月 2 日

党的十八大以来，习近平总书记多次强调要强化科技创新源头供给，提升创新策源能力。2018 年 11 月，习近平总书记在考察上海时特别要求要“在增强创新策源能力上下功夫”。五年来，上海以改革开放排头兵、创新发展先行者的姿态和担当，按照习近平总书记的要求，努力实现科学新发现、技术新发明、产业新方向、发展新理念从无到有的跨越，成为科学规律的第一发现者、技术发明的第一创造者、创新产业的第一开拓者、创新理念的第一实践者，加快向具有全球影响力的科技创新中心进军，为强化我国科技创新策源能力、实现高水平科技自立自强作出上海贡献、交出上海答卷。我很荣幸能够亲身经历这段历史。

## 三个基于：上海为什么要“在增强创新策源能力上下功夫”

虽然我担任市科委主任的时间是在 2018 年 2 月，但出于工作原因，我对习近平总书记亲自交给上海建设科创中心重大战略使命的过程是了解的。2013 年 3 月，我作为十二届全国人大代表有幸参加了习近平总书记出席的十二届全国人大一次会议上海代表团审议，现场聆听了习近平总书记关于科技创新的重要讲话，就是在这次会上，习近平总书记指出，我国经济已由较长时期的两位数增长进入个位数增长阶段。在这个阶段，要突破自身发展瓶颈、解决深层次矛盾和问题，根本出路就在于创新，关键要靠科技力量。2014 年 5 月，习近平总书记在上海考察时提出了加快向具有全球影响力的科技创新中心进军的重要指示。从 2014 年到 2017 年，习近平总书记每次参加全国人大会议上海代表团审议时都强调了科技的重要性。

2018 年 11 月，习近平总书记在上海考察期间专程到张江科学城考察，强调科学技术从来没有像今天这样深刻影响着国家前途命运，从来没有像今天这样深刻影响着人民生活福祉，要求上海在增强创新策源能力上下功夫。2019 年，习近平总书记进一步要求上海要强化科技创新策源功能，努力实现科学新发现、技术新发明、产业新方向、发展新理念从无到有的跨越，形成一批基础研究和应用基础研究的原创性成果，突破一批卡脖子的关键核心技术。这为上海科技创新中心建设赋予了新的内涵，也为上海科技创新工作进一步明确了发展方向。

我理解下来，习近平总书记之所以在 2018 年进一步向上海提出增强创新策源能力的要求，是基于以下三点考虑的：

首先是基于国家的重大战略需求，上海在实现国家战略需求中有基础。当今世界，科技创新对经济社会发展的支撑引领日益突出，科技的发展决定着经济发展的实力和社会进步状况。我们比历史上任何时期都更接近于中华民族伟大复兴的目标，也比历史上任何时期都更需要建设世界科技强国。上海一直是我国重要的科技创新高地之一。所以国家需要上海、北京等科技力量雄厚的地区发挥自身独特优势，率先形成具有创新示范和带动作用的区域性创新平台。

第二是基于上海在全国经济社会发展大局中的重要使命。改革开放以来上海作为我们国家的经济重镇，发挥着重要的龙头带动作用。党的十八大以来，以习近平同志为核心的党中央要求上海当好改革开放排头兵、创新发展先行者，在推进中国式现代化中充分发挥龙头带动和示范引领作用。上海要承担好中央交予的重要使命，必须在发挥创新策源功能上下功夫，打通科技创新链的各个环节，只有这样，上海才能始终走在前列，代表国家参与国际合作和竞争，在全球竞争中争取更多的话语权。

第三是基于上海自身发展的需要。推动经济高质量发展是上海城市发展的需要，是中央对上海的要求。但要进一步发展，必须进一步发挥科教和人才优势，走创新驱动发展道路，也就是要发挥科技是第一生产力的核心动力作用。科创策源是比科技创新要求更高的一种能力，是一种原创能力，特别是基础理论的原创能力，以及在最新基础理论成果之上应用技术的研发能力。从长远来看，则是形成新技术造就新产业的能力。因此，上海要实现高质量发展，就必须不断提升创新策源力。

## 松绑解绑：科改“25 条”的核心要义

2018 年习近平总书记对上海科创中心建设提出新的重要指示要求后，市委、市政府高度重视，要求市科委会同相关部门深入开展调查研究。在调研的过程中，我们一直在思考一个问题，那就是与国际科创中心城市相比，上海在创新策源能力方面存在哪些短板，破解这些短板的关键是什么？通过对标国际最高标准、最好水平，借鉴兄弟省市先进经验，总结上海以往好的实践，我们意识到科技创新与体制机制改革是推进科技创新中心建设的“两个轮子”，二者相互促进，缺一不可。“由谁来创新”“动力哪里来”“成果如何用”这些科技创新的核心问题，都涉及科技体制机制问题。对此，我们进一步聚焦破解科技体制机制顽瘴痼疾，进一步释放创新潜能，对上海科技体制改革工作再审视、再提升、再突破。

2019年4月，市委、市政府发布了《关于进一步深化科技体制机制改革，增强科技创新中心策源能力的意见》(科改“25条”)。这是继“科创22条”出台后，出台的又一个重磅的事关上海科创中心建设的重要文件，也可以被看作是给上海科技创新再松绑的“操作指南”。科改“25条”坚持增强上海科技创新策源能力这条主线，立足有利于调动科研人员积极性、有利于促进科技经济社会发展，聚焦提升原始创新能力、激发各类创新主体和科技人才活力、促进科技成果转化、优化创新生态，提出了6个方面25项改革任务和举措，激发创新主体活力，增强创新策源能力，使上海努力成为全球学术新思想、科学新发现、技术新发明、产业新方向的重要策源地。

那么，科改“25条”的核心要义到底是什么？我认为主要有四点：一是要对研发机构的主体和科学家给予更多的自主权；二是从政府的角度，就是要“解绑”“松绑”；三是充分提升知识价值，主要是科学家、科技工作者的薪酬制度问题；四是充分保障科技工作者的科研活动和相应的生活条件。针对上面的四点，我们以科改“25条”为指导，重点从三个方面进行改革：

第一，是给予科技工作者更多的信任、宽容和自主权。创新驱动实质是人才驱动，没有人才优势就不可能有创新优势、科技优势、产业优势。过去，我们管理部门对科技工作者的微观科研管理管得太多、太细。比如，买凳子的经费不能买桌子，管得太死。此外，还要宽容失败，科技创新不可能都是成功的，中间是有风险的，我们要包容。总的来看，与我们要大力激发社会创新活力的需要相比，当时我们对科技创新方面的制度管理主要是管多了、管细了、管紧了，所以必须改革。怎么改，概括起来就是“松绑”“解绑”。时任上海市委书记李强强调，科研管理方式、人才使用机制要以信任为基础，在管理上做“减法”，在激励上做“加法”乃至“乘法”，因为充分的信任，是让人才心无旁骛、让全社会尊重人才的关键所在。对此，我们主要推进实施“谁用谁评价、干什么评什么”的评价导向和制度，更加关心和支持青年人才成长，对高层次人才培养探索长期稳定的资助机制，建立健全收入分配政策，努力实现科研人员的“名利双收”。

第二，是建立更加符合创新规律的人才激励机制，提高科技工作者的待遇。进一步加大改革科技成果权益管理力度，积极赋予科研人员职务科技成果所有权或长期使用权，支持高校院所设立技术转移专业岗位并鼓励技术转移服务人才参与激励分配，深化探索建立符合科技成果转化规律的国有技术类无形资产投资监管机制，放宽事业单位领导成果转化激励条件。科改“25条”出台后，各个相关部门都在努力提高科技工作者的待遇。最具有代表性的就是教育部门对博士后的待遇标准作了大幅提高，并先从重要的科研机构开始。只有这样才能从国际名牌学校中招到精英人才。我们提高博士后的待遇标准，幅度很大、提高得也很快。现在国际上也就是这个水平。同时，就医、读书、住房、出境等涉及科技人才生活需求的方方面面的制度设计都有所改革，科技工作者的科研活动、生活条件得到较明显的改进。

第三，是进一步优化人才结构。上海科改“25条”强调：既要重视科学家和科技人员，又要重视企业家，还要重视大众创新创业人员；既要重视高层次创新人才，又要重视青年科技人才；既要重视海外人才的引进，也要重视本土创新人才的培育，实行本土培养人才与海外引进人才平等对待，不得设立歧视性指标与门槛。

当然，科改“25条”的制定也好、落地也好，都不离开市委、市政府主要领导的关心支持。我还在市环保局工作的时候，印象就很深刻，俞正声、韩正、杨雄等都对上海的科创工作非常重视。我到市科委工作后，更是直接与李强书记、应勇市长、龚正市长、尹弘副书记、直接分管的吴清副市长有工作上的接触，这些领导都非常重视科创工作，很多涉及需要协调推动的工作都是亲力亲为。李强书记一直关心关注着几个重点实验室的建设。在制定科改“25条”的时候，尹弘副书记对我们工作中遇到的困难，往往会把主管部门直接叫过来进行深入探讨，帮助解决问题。这给了我们很大信心，当然，好的制度设计和政策出台，更离不开广大科技工作者的集体智慧。

## 四个面向：基础研究、应用基础研究、应用研究优化布局的底层逻辑

科技发展有基本的规律。遵循科技创新规律，是提升上海科技创新策源能力和全面推进科技创新事业发展的前提。科学、技术、产业发展等不同阶段的创新具有不同规律和特点，它们各自独立、相互嵌合、彼此贯通，需要合理地科学布局。习近平总书记提出的科技工作要坚持面向世界科技前沿、面向经济主战场、面向国家重大需求、面向人民生命健康的“四个面向”，为上海思考增强策源能力朝什么方向努力、向什么目标发展等重大问题指明了方向。

众所周知，基础研究、应用基础研究、应用研究是几类不同阶段的研究，有自身的内在逻辑与特点，其中最前端的是基础研究；第二阶段是应用基础研究，核心技术大部分在这个阶段；第三阶段是应用研究，也叫产业技术研究。

首先来看基础研究。基础研究是整个科学体系的源头，是所有技术问题的总机关。习近平总书记非常重视基础研究问题，强调加强基础研究，是实现高水平科技自立自强的迫切要求，是建设世界科技强国的必由之路。上海拥有丰富的大院大所资源，稳居国内前列，为提升基础研究水平和能力创造了条件。根据“四个面向”的工作要求，上海要体现国家总的科技实力，必

须在基础研究方面加大投入、加快布局。不过，因为基础研究的特点是披荆斩棘，往往走在这个领域的最前端、最前沿，因此走到最后就是没什么好比的，就是自己和自己比，不断给自己设置问题、解决问题，是非常艰苦，也是孤独的。这就要求我们在加强基础研究时既要坚持使命导向，又要鼓励自由探索。坚持使命导向是我国科技工作坚持“四个面向”的需要，就是要求上海瞄准世界科技前沿和重大技术发展的源头，以国家战略使命和城市创新发展为导向在基础研究上布局，如我们近几年对脑科学、微电子、量子通信、海洋科技、药物科学等关系根本和全局的科学问题进行的研究部署，就是直接面向后面要攻关的“3 + 6”等产业领域的，也都是国家交给我们的任务。同时，在基础研究上要尊重科学家的自由探索，这点非常重要。题目要自己出，这是基础研究的一个重要特征。我们要呵护好科学家的“好奇心”“卓越心”，给冷板凳多“加加温”，支持他们在基础学科领域提出更多的原创理论、做出更多原创发现。

我们当时提出探索“基础研究特区”，现在进一步深化改革为“先行区”，目的是找出一条改变当初上海基础研究投入相对薄弱、支持方式单一的途径。在一个时期，我们总想着“纸变钱”。这当然也没错，因为当时经济条件实力还不够，只能搞一些相对偏应用的、能够较快“纸变钱”的应用性的基础研究，直接投入基础研究比较少。到了今天，再不提前布局这些基础研究，后面的应用技术、产业技术发展就会乏力。但基础研究不同于应用基础研究，更注重“人选事”，要让科学家自己去设题目。这个制度设计就是要更多地给予研究机构主体和科学家自主权，让科学家能静下心来“坐冷板凳”，当然他们的薪酬要提高，要增加社会地位荣誉感。通过我们的改革，在上海有实力的院所，比如中国科学院、复旦大学、上海交通大学等名牌高校开展探索型的基础研究的积极性得到激发，上海期智研究院、上海树图区块链研究院、李政道研究所等，包括最近刚挂牌的由丘成桐院士担任理事长的上海数学与交叉学科研究院等一批致力于基础研究的研究机构建立并日益成为该领域的研究先行者。此外，我们还非常重视交叉型研究。我们把投入和任务挂钩，2018 年整个上海的科技投入占 GDP 的 3.77%，到 2022 年差不多要到 4.44%，其中基础研究的投入从 7.7%涨到接近 10%，充分体现党和政府对科技的重视，对基础研究的重视。

第二，是应用基础研究方面。核心技术、应用基础研究，是最关乎我们当前“卡脖子”问题的。我们根据习近平总书记提出的要在关键领域、“卡脖子”的地方下大功夫，集合精锐力量，作出战略性安排，尽早取得突破的要求，牢牢把握世界科技革命和产业变革的大趋势，聚焦集成电路、人工智能、生物医药等重大产业领域，以关键共性技术、前沿引领技术、现代工程技术、颠覆性技术创新为突破口，加大投入、加快转化、加速迭代，加强研发与转

上海期智研究院

化功能型平台建设，强化对首台套设备、首批次产品和服务的采购支持，推动技术从突破走向成熟。应该说，这5年是大布局的一个时期，上海正好赶上国家实验室布局建设。党和国家对上海的应用基础研究非常重视，上海的基础比较好，也比较努力，当初在实验室比较少的情况下，第一轮国家总共就布局了9个实验室，上海就有3个，这个比例是比较高的。我们还有4个研究基地，现在2个已经挂牌。再就是全国重点实验室，其体量比国家实验室要小一点，我们抓住全国重点实验室重组的契机，推动22家在沪全国重点实验室通过首批重组评审，推荐集成芯片与系统、集成电路材料、自主智能无人系统等3家全国重点实验室入选“标杆”实验室。这都是重大的战略布局。有了这些实验室以后，加上资金投入，就能吸引优秀的团队、人才，才能增强科创中心策源功能。此外，还有一批省部级的实验室，有的高校、院所、企业原来就都有研究机构、研究中心；当然也有国际的，包括近900家的跨国公司的研发中心，都是应用基础研究方面的生力军。

第三，我们在产业技术上也有很多布局。比如长三角国家技术创新中心，充分体现产学研相结合、区域的结合，充分鼓励企业设立研发机构、研发中心，政府给予很多政策。现在这些攻关研究，有的已经有成果了，有的还在过程当中，有的目前还看不出科技成果的时效和制度的效应。但是科技无论是攻关本身，还是相适应的这些制度，都是一直在持续地改进完善。技术越尖端越敏感，就会遇到更多封锁，要有正常心态，不要抱怨，唯一的解决方法就是自强不息，不断创新。

## 以人为本：营造近悦远来的氛围

最后还有一个问题，就是科技创新要有好的生态环境。这也是我担任市外国专家局局长工作的一个重要内容。上海科技创新工作的一个重要特征是国际化。国外专家、国外科技团队的加入，是上海科创中心建设的重要特征之一。

科技有竞争，但更有合作。合作的前提就是要开放，这是由科技的规律所决定的。全世界的科创中心，无论硅谷，还是波士顿，一定是高度地充分地开放。

当然我们也是下了很大功夫的。我们坚持引进角色转化，以搭建平台为主，通过加强科技创新各类平台建设，实施大科学计划、大工程等国际合作项目，为海外人才创新创业提供更多的事业发展、价值实现机会。只要有好的事业和平台，就会吸引来更多的科学家。我们坚持用好政策工具，创新引才方式，只要是为我所用，可以不拘泥于工作形式和地点，支持用人单位采用“离岸引进”等多种灵活柔性的引才方式。进一步发挥好外国人来华工作许可、人才签证制度的引才和服务作用，吸引更多海外高层次人才，以各种形式来华交流合作。在两证合一、单一窗口方面采取了很多便利措施。我们坚持健全服务体系，建立市、区、用人单位三级海外人才服务体系，为海外人才提供更加精准的社会融入服务。那几年我们把所有公开的文件，从英文开始，逐步到法文、德文、日文等进行翻译，方便他们查阅。对与外国人才工作生活密切相关的社保、医疗、住房、子女教育、申请项目等配套政策，以国民和市民待遇为原则落地落实。我们有的研究机构，如李政道研究所，可以做到外籍人才超过30%的比例，非常国际化。在上海的外国专家，一直是占全国外国专家的22%—24%，高端专家占全国比重达到27%—28%。上海还连续13年入选“外籍人才眼中最具吸引力的中国城市”。

营造良好的生态氛围还有很重要的一条就是提高全社会科学素养。上海的科学素养是有一个评价指数的，是由科技部的权威机构提供，这个评价指

上海天文馆俯瞰

数显示上海排名第一，从中可以看出整个社会对科技的重视。现在，上海的科技场馆数在国内首屈一指，与国际相比有差距，但是差距不大。上海天文馆是世界规模最大的天文馆，成为市民的网红打卡点，“一票难求”已成常态。还有大型科技活动，像浦江创新论坛、世界人工智能大会、顶尖科学家论坛，汇聚了全世界的科学家。

总的来看，这五年是上海大力提升科技创新策源能力的五年，是优化科技布局的五年，是深入探索的五年。在新的历史时刻，在党中央的坚强领导下，在市委、市政府的部署下，在广大科技工作者的不懈努力下，相信上海一定能够早日建成具有全球影响力的科创中心。

# 科改“25条”是上海科创中心建设的润滑剂

【口述前记】

刘岩，1969年7月生。曾任中国科学院上海硅酸盐研究所党委书记。2016年9月至2021年2月，任中共上海市科学技术工作委员会书记。现任中国卫星网络集团有限公司纪检监察组组长、党组成员。

口述：刘岩

采访：唐洪涛、郭继、刘捷

整理：刘捷

时间：2024年2月7日

2014年5月，习近平总书记在上海考察时明确提出，上海要加快向具有全球影响力的科技创新中心进军。当时，我还在中国科学院上海硅酸盐研究所工作，听到这个新闻报道时感到非常振奋，第一时间就邀请当时市科委领导来所里作详细解读。“上海的科研机构如何才能发挥自身优势，积极参与科创中心建设？”当时自己就是这种想法，觉得地处上海的国家级科研机构责无旁贷，更应该勇于担当、主动作为，努力为上海建设具有全球影响力的科创中心做贡献。

## “习近平总书记擘画蓝图”：上海科创中心破浪前行

习近平总书记始终高度重视科技创新工作。党的十八大以来，习近平总书记立足党和国家发展战略全局，深刻把握世界科技发展大势，强调要把创新作为引领发展的第一动力，把科技创新摆在国家发展全局的核心位置，加快推进科技自立自强，加快建设创新型国家，为全面建成社会主义现代化强国、实现中华民族伟大复兴提供重要战略支撑。

上海是幸运的，对于上海科创中心建设，习近平总书记一直念兹在兹。无论在担任上海市委主要领导期间，还是到中央工作以后，习近平总书记对上海的科技创新工作始终高度关注，寄予殷切期望。在2007年上海市第九次党代会的工作报告中，他指出，要按照建设创新型国家的要求，把增强自主创新能力贯穿全市工作的各方面、各环节，加快实施《上海中长期科学和技术发展规划纲要》，突出创新体系和创新环境建设，以自主创新驱动城市持续发展。这一表述阐述了当时对上海科技创新工作的顶层设计、系统谋划，同时也提出了新的更高要求。

2014年3月，习近平总书记在参加全国两会上海代表团审议时，特别对科技创新提出明确要求，他指出："实施创新驱动发展战略，根本在于增强自主创新能力。面对科技创新发展新趋势，世界主要国家都在寻找科技创新的突破口，抢占未来经济科技发展的先机。我们不能在这场科技创新的大赛场上落伍，必须迎头赶上、奋起直追、力争超越，赢得主动、赢得优势、赢得未来。"

2014年5月，习近平总书记出席亚信峰后，在上海考察了商飞公司、联影医疗和上汽新能源等自主创新型企业，参观了科技成果展，对上海科技创新给予肯定，并指出上海要继续发挥自身优势，立足国内、放眼全球，整合上海本地资源、整合国内资源，努力在推进科技创新、实施创新驱动发展战略方面走在全国前头、走在世界前列，加快向具有全球影响力的科技创新中心进军。这就给上海未来更高水平的发展指明了奋进方向。

2023年11月，习近平总书记在上海考察期间，参观了上海科技创新成果展，详细察看基础研究、人工智能、生物医药等领域的科技创新成果展示，并同科研人员代表亲切交流。他指出，推进中国式现代化离不开科技、教育、人才的战略支撑，上海在这方面要当好龙头，加快向具有全球影响力的科技创新中心迈进。

不难看出，上海国际科创中心建设是习近平总书记亲自谋划、亲自部署、亲自推动的一项重大国家战略任务。今年，是上海国际科创中心建设十周年。

十年来，上海按照中央部署，始终坚持“四个面向”，着力强化科技创新策源功能，坚持科技创新与体制机制创新“双轮驱动”，实现了科技综合实力和创新整体效能的大幅跃升。

## “让机器高效运转起来”：科改“25 条”的出台背景

早在 2014 年，习近平总书记就明确提出上海要加快向具有全球影响力的科技创新中心进军，这是一项高瞻远瞩、深谋远虑的英明决策，同时也是托付上海的一项重大战略任务。就上海而言，无论是科技创新工作的长久积淀、创新资源的集聚效应，还是创新成果的持续涌现、开放创新的活力动力，都在国内位居前列。2014 年 5 月，习近平总书记在上海考察作出重要指示之后，上海按照习近平总书记的指示要求，把建设具有全球影响力的科创中心作为重大战略任务来抓。在《关于加快建设具有全球影响力的科技创新中心的意见》(即“科创 22 条”）的强力推动下，上海的科技创新在基础设施、高峰人才和科技成果等方面都取得了重大进展，广大科技人员的创新创造活力也得到了进一步激发。

事实上，深化科技体制改革是实施创新驱动发展战略、建设创新型国家的必然要求。习近平总书记在关心关注上海科技创新事业发展的同时，还特别强调必须大力深化科技体制改革。2014 年 5 月，习近平总书记要求上海探索建立高效协同的创新体系，加快科技体制改革步伐，培育产学研结合、上中下游衔接、大中小企业协同的良好创新格局。2015 年 3 月，在参加全国两会上海代表团审议时他强调，推进科技创新，要消除科技创新中的“孤岛现象”，注重突破制约产学研用有机结合的体制机制障碍，使创新成果更快转化为现实生产力。建设具有全球影响力的科创中心的更高目标追求，对上海当时的科技体制改革起到了推动作用。打一个比方，如果把科创中心建设比作是一台高度复杂的机器，人才、技术、资金、平台等“零部件”全部都组装到位了，软件也设计安装到位了，如果“磨合”得不够好，整部机器还是跑不顺畅，还是难以进入高效协同顺畅运转的状态。这就必须要解决好体制机制方面存在的突出问题。

上海市委、市政府一直高度重视科技体制改革和科技创新体系建设工作，时任李强书记、应勇市长、尹弘副书记、吴清副市长等领导多次作出重要指示、提出明确要求，必须把深化科技体制机制改革摆在更加突出的位置，通过加快推进科技体制机制改革，打破制约科技水平和创新能力提升的体制机制障碍，全面增强创新策源能力，为提升城市能级和核心竞争力提供强大支撑。

通俗地讲，上海科技体制机制改革的重点是能否解决好“肯投入”和“能松绑”这两个突出问题。一方面，无论是哪一类的科技创新主体，肯定都想尽快出成果、出效益，但科技创新往往需要“十年磨一剑”，需要长周期和

全球生命科学领域首个综合性的大科学装置——国家蛋白质科学研究（上海）设施

久久为功。比如，上海张江大科学基础设施的前期投入资金巨大，而且可能在10年之内都看不到成效和产出，而且建好以后运营维护成本也非常高。因此，从体制机制上就必须要解决好“投入”的问题，既包括前期建设投入资金，也包括后续长期支持运行保障资金。另一方面，在科技领域长期存在科研模式创新不够的问题。实际上，科学研究和生产产品是不一样的，生产产品可以把成本核算到最精细化，但科研绝对不能用需要几个螺钉、几个螺帽来计算。对科研工作一定要包容宽容，允许探索、允许失败。跌倒不算失败，不敢奔跑才是。真正的科研，可能前面99次都失败了，但一次成功就是颠覆性的。要实现科技创新突破，需要尊重科学规律，解除对科技工作不必要的约束，给科学家更大的自主权。

正是基于上述背景，从2018年7月中旬开始，市科技两委（中共上海市科学技术工作委员会、上海市科学技术委员会）根据市委、市政府的决策部署和市领导指示要求，会同有关部门，组织专门力量，深入开展调查研究，研究起草《关于进一步深化科技体制机制改革增强科技创新中心策源能力的意见》(科改“25条”)。2019年2月15日，时任市委书记李强主持召开市委常委会，审议通过了这个文件。这次会议强调，要以建设具有全球影响力的科技创新中心为目标，深化重点领域和关键环节改革，加快构建适应创新发展规律、科研管理规律、人才成长规律的科技体制机制；要在配置全球科技创新资源上下功夫，着力增强创新策源能力，激发各类创新主体活力，营造更加良好的创新生态环境。

科改“25条”于2019年2月下旬正式印发，着眼于建设具有全球影响力的科技创新中心，围绕“增强创新策源能力”的政策主线，提出了促进各类主体创新发展、激发广大科技创新人才活力、推动科技成果转移转化、改革优化科研管理、融入全球创新网络、推进创新文化建设等六个方面25项重要改革任务和举措。3 月 5 日，市委、市政府召开上海市深化科技体制机制改革推进大会，时任市委副书记尹弘和副市长吴清对科改“25 条”进行了动员和部署。大会要求，要始终把深化科技体制机制改革摆在突出位置，牢固树立全市“一盘棋”的思想，进一步扫除思想障碍和制度藩篱，改革力度要大、动作要快，充分激发创新主体活力，全面增强创新策源能力，为提升城市能级和核心竞争力提供强大支撑。

总的来说，科改“25 条”的出台，其实就是去润滑上海科技体制机制运转中摩擦阻力大的地方，让整个机器高效运转起来，跑出加速度。

## “把方向盯重点抓落实”：科改“25 条”的制订与推进

在科改“25 条”的制订过程中，市科技工作党委首先把握的一个根本原则，就是坚持党对科技事业的全面领导，发挥好党建引领作用。这些年，市科技工作党委在工作思路上，始终坚持“大党建”的理念。所谓“大党建”，就是打破行业的界限，没有行业、地域、高低之分。我们通过党建纽带，打开党建这张网，只要是党的组织，我们的服务工作都可以切入进去，从而实现把不同的力量联系起来，把需要协调、沟通、统筹的事情打通。针对科技系统所属单位差异性较大的实际，统筹谋划、分类施策，推动各类型党组织均衡发展。比如，以“党建联建共建、干部人才共育、科技创新共促、科技文化共创”为核心，推进与 16 个区科技部门党组织共同建立市区科技部门党建联席会议机制；以“创新机制、协调推动、形成合力”为目标，与中国科学院直属机关党委开展党建工作联动共管机制的探索，促进联动共管。

正是坚持了党对科技事业的全面领导，市科技两委作为推动科改“25 条”落地的重要部门，才能够协调各方，形成强大的工作合力。

一是把准改革方向。深化科技体制改革，必须紧紧围绕建设具有全球影响力的科技创新中心的各项目标任务，对标国际最高标准、最好水平。改革的政策措施要突出问题导向。紧扣科研人员反映强烈的问题，提出一系列体制机制层面的改革实招硬招。要坚持放管服结合，放权要放到位，放出活力，放出绩效；管理要守住底线，为科研活动保驾护航。同时，政策措施要切实做到可操作、可考核、可检验。归根结底，就是要遵循创新发展规律、科技管理规律和人才成长规律，进一步发挥市场机制作用，着力破除制约创新驱动发展的体制机制瓶颈，完善创新治理体系，优化区域创新生态，激发创新主体活力，增强创新策源能力。

二是紧盯改革重点。根据不同创新主体功能定位和使命要求，加快推进分类管理改革。基本原则就是“四个坚持”，其一，坚持目标引领、双轮驱动。围绕科技创新中心的战略定位和核心目标，统筹科技创新和体制机制创新，着力解决“由谁来创新、动力哪里来、成果如何用”的基本问题。其二，坚持人才为要、激发活力。立足调动广大科技人员的积极性，以信任为前提、以激励为重点、以诚信为底线，深化“放管服”改革，持续开展“科创先锋”主题实践活动，推进以“支部建在实验室、支部建在项目上，创活力工程、创标杆工程”为主要内容的“双建双创”党建特色项目，有效促进基层党建与科技创新、管理、服务工作的深度融合，促进创新价值实现。其三，坚持系统推进、重点突破。加强科技体制机制改革的系统设计和分类指导，加强与经济社会领域改革的协同，加大改革重点领域和关键环节的突破力度，提高改革的“含金量”。坚持全球视野、扩大开放。其四，面向全球、面向未来，以更加开放的胸怀和前瞻性的视野，积极主动融入全球创新网络，在更广领域、更大范围、更高层次集聚配置创新资源和要素。重点就是“四个着力”，即着力深化科技创新治理体制机制改革，切实提升科技原创能力；着力

2019年8月，领导干部全面推进科技体制机制改革专题研讨班在市委党校开班

深化科技成果转移转化体制机制改革，切实增强主体内生动力、提升转移转化效率；着力深化科技人才体制机制改革，切实增强广大科技创新人才活力；着力深化科技开放集成体制机制改革，切实优化创新生态环境。

三是狠抓政策落地。持续做好政策宣传和协调，使科改“25条”宣讲进园区、进校园、进院所；在市领导牵头下，建立各部门政策沟通机制，解决政策理解的不一致问题。同时，加强政策落实的跟踪和指导，一方面，要求各单位担起主体责任，建章立制，完善内部治理结构，加强内控制度建设，并将相关情况报主管部门备案；另一方面，积极与市纪委监委、市审计局做好沟通，为各单位的改革提供相关支撑。此外，注重加强调查研究和政策评估，及时发现和研判试点过程中的新情况和新问题，不断优化完善改革举措。组织开展政策执行情况的督查，对于承担试点任务不理想的单位，视情况督促整改、暂停或取消试点单位资格。

正是得益于总书记对上海科创中心建设的深邃思考和前瞻谋划，以及科改“25条”等重大政策的落地实施，上海逐渐涌现出许多重大科技创新布局优化方面的典型事例。由于这样的事例很多，我在这里特别想提一下发源于松江区的G60科创走廊，可以说这是深化科技体制机制改革，推动区域协同创新发展的一个典范，也被国务院评选为全国供给侧结构性改革典型案例。今年是上海科创中心建设10周年，也正好是G60科创走廊建设8周年。G60科创走廊这个通过基层大胆实践、自主探索、创新发展，逐步得到普遍认可的旗帜举得更高更稳了，这一区域也正成为服务国家的增长极、国家经济的“压舱石”。

回顾在市科技工作党委工作的这些年，我深刻感悟到，习近平总书记亲自擘画的上海科创中心建设宏伟蓝图，是一项具有前瞻性、战略性的英明决策。上海国际科创中心建设“十年磨一剑”，十年来上海努力建设重大科技基础设施群，培育世界级高端产业集群，推进长三角科技创新共同体，主动发起高水平大科学计划，打造全球科技创新人才高地。如今，上海已搭建起国际科技创新中心基本框架体系，正在朝着“强功能”的方向厚积薄发。

# 着眼世界百年变局　书写好上海科创中心建设答卷

【口述前记】

彭崧，1970年7月生。曾任上海市发展计划委员会城市发展处处长、城市发展处（交通发展处）处长、固定资产投资处处长、副总经济师、秘书长；浦东新区区委常委、副区长；黄浦区委副书记、副区长、代理区长、区长。2017年4月，任上海张江综合性国家科学中心办公室专职副主任；2018年5月，任上海推进科技创新中心建设办公室党组副书记、执行副主任；2021年11月，任浦东新区区委常委、副区长兼市张江高新技术产业开发区管委会常务副主任。现任市委军民融合发展委员会办公室常务副主任。

口述：彭崧

采访：严爱云、郭继、严亚南

整理：严亚南

时间：2024年2月26日

建设具有全球影响力的科创中心是习近平总书记给上海出的题目。十年来，上海坚持“四个放在”的政治站位，不断加深认识、不断探索前进、不断改革突破，从全过程、全链条创新理念出发，坚持以强化科技创新策源功能为主线，推进科技创新中心建设从“建框架”向“强功能”跃升，更好服务高水平科技自立自强和高质量发展。上海推进科技创新中心建设办公室（简称“上海科创办”）自成立以来，根据市委、市政府的统一决策部署，统筹协调推进上海科创中心建设，积极统筹各方资源，协调集聚各类创新要素，成为科创中心建设的重要力量。

## 打造城市体征：建设上海科创中心的底层逻辑

建设国际经济、金融、贸易、航运、科创“五个中心”是党中央赋予上海的重要使命，其中科创中心建设对其他“四个中心”和整个城市发展具有引领作用。我作为上海“五个中心”建设的一名亲历者、参与者、实践者，在实践过程中深刻领会到：科创中心建设对于上海这座城市的发展具有历史必然性和非同一般的历史意义，以及习近平总书记把建设具有全球影响力的科创中心战略使命交给上海的高瞻远瞩。

上海是全国最大的综合性工业基地，是国家重要的科技教育中心和重要的金融中心，也是全国最大的商业中心。改革开放四十多年，上海的城市功能定位经历了从建设国际经济、金融、贸易“三个中心”，到建设国际经济、金融、贸易、航运“四个中心”，再到现在的经济、金融、贸易、航运、科创“五个中心”的发展过程。这是党中央不断与时俱进、科学判断国际国内发展大势作出的战略抉择，也是上海在不同发展阶段必须承担的使命任务。

1992 年，党的十四大提出“以上海浦东开发开放为龙头，进一步开放长江沿岸城市，尽快把上海建成国际经济、金融、贸易中心之一，带动长江三角洲和整个长江流域地区经济的新飞跃”，即“一个龙头、三个中心”，旨在提高上海的国际竞争力，让中国的产品能更多地走出去，将中国经济融入全球产业经济。1996 年，国务院进一步明确了上海国际航运中心发展的战略目标和任务，2001 年国务院批复的《上海市城市总体规划（1999 年—2020 年）》加上了“国际航运中心”，上海城市定位发展为“四个中心”，意在增强离岸服务能力，提升上海的综合竞争力。

到了 2014 年，上海“四个中心”建设已取得非凡成绩。其中，在航运中心建设方面，上海的集装箱吞吐量已连续多年位居世界第一，硬件设施完全达标，但航运服务方面仍有短板；在金融中心建设方面，上海拥有证券、期货、石油、黄金、外汇等要素市场，是全世界金融要素最集聚、交易量最大的城市之一，但国际化程度还不够；在贸易中心建设方面，贸易规模逐步扩大、贸易主体集聚，但应对大宗商品、储备商品及平台经济发展的新趋势还不够。可以说，上海地方层面能做的事情基本做到了。下一步上海该怎么发展，必须深入思考、提前谋划。就在这时，习近平总书记立足世界正处于百年未有之大变局的历史背景，向上海提出“加快向具有全球影响力的科技创新中心进军”的要求。这是以习近平同志为核心的党中央着眼进一步提高综合国力、为实现中华民族伟大复兴的中国梦而作出的一项重大战略决策，也是上海在新时代为增强核心竞争力而必须承担的重大战略任务。

时代是出卷人，我们是答卷人。对这个问题，我深入学习习近平总书记对上海作出的重要指示精神，结合当时担任黄浦区区长开展的工作开始进行初步思考。2014 年年底，时任上海市市长杨雄主持召开区长座谈会。我在会上简要汇报了黄浦区经济发展指标完成情况后，谈了黄浦区和科创中心建设的关系，也就是结合黄浦区下一步怎么发展、经济发展的持久动力和突破点何在等问题所作的思考。

2017 年，国务院批复同意的《上海市城市总体规划（2017—2035 年）》加上了“具有全球影响力的科技创新中心”。自此，“五个中心”建设成为上海的重要使命。2020 年，党的十九届五中全会明确提出要坚持创新在我国现代化建设全局中的核心地位，把科技自立自强作为国家发展的战略支撑要求后，我们进一步认识到科技创新对上海发展、对中国发展的重要性。那就是，科创中心与之前“四个中心”不是简单的加法关系，而是一种乘数的概念，是做乘法或者呈几何级的关系，是为上海其他“四个中心”建设赋能的崭新课题。科创中心与金融、贸易、航运中心的不同之处在于：搞航运、金融、贸易中心，都是有边界的，但是科创中心是没有边界的；科创中心不是一项专门的功能，而是一种城市体征，是能够渗透到城市肌体的每根毛发、每个细胞，融入区域经济社会发展方方面面的一个综合性的概念。

因此，我们不能简单地理解建设科创中心是科创办、科委的事情，是科技部门、产业部门的事情，我们应该把科技创新作为各项工作的着力点、切入点和逻辑起点，形成抓科技就是抓经济、抓创新就是抓发展的共识。

## 重组科创办："四个注重"强化工作合力

科创中心建设涉及领域广、条线多，是一项系统工程。为不断凝聚共识，市委历任主要领导在科创中心建设的不同阶段提出不同要求，不断将工作向前推进。韩正书记重点推动了科技体制改革。李强书记提出"四个论英雄"理念，切中了当时上海发展的瓶颈问题，体现了上海对高质量发展的深刻理解，统一了大家的思想。现在，陈吉宁书记在强调坚持"四个放在"的基础上提出，一要主动布局，二要培养我们自己的龙头企业。从体制改革到"四个论英雄"，再到围绕国家战略主动布局，不难看出市委、市政府带领大家在深化理解中开展探索，又在创新实践中不断地深化理解，并不断找到突破点。

2015 年 5 月，随着上海"科创 22 条"的出台，上海科创中心建设进入全面落实阶段。为支持上海科创中心建设，2016 年 11 月，国务院发文决定成立科技创新中心建设领导小组。该领导小组下设北京、上海推进科技创新中心建设办公室，分别承担领导小组日常工作。国家发改委领导和上海市市长任双组长，国家科技部、工业和信息化部、中国科学院、中国工程院等有关国家部委作为成员单位，原则上每季度召开会议统筹协调上海科技创新中心建设重大事项。

经过一年多运作，鉴于当时全市各委办、各部门虽然都在非常努力地推动相关工作，但在相互配合、有效衔接方面仍存在短板，2018 年 4 月市委、市政府决定改革管理体制，同意重组上海推进科技创新中心建设办公室，作为上海市人民政府派出机构，实行"四合一"的管理体制，同时挂张江综合性国家科学中心办公室、上海市张江高新技术产业开发区管理委员会、上海市张江科学城建设管理办公室、中国（上海）自由贸易试验区管理委员会张江管理局牌子。重组后的上海科创办为上海张江综合性国家科学中心理事会的执行机构；承担国务院科技创新中心建设领导小组下设的上海办事机构日常工作；承担上海市推进科技创新中心建设领导小组日常工作；承担上海张江国家自主创新示范区领导小组、上海张江高新技术产业开发区领导小组的日常工作。这样做的目的，就是整合多个管理机构职能，建立一套协同高效的推进机制和管理体制。我就是在这次机构调整中被任命为上海科创办执行副主任。9 月 29 日，上海科创办在上海自贸试验区挂牌五周年的纪念日里举行揭牌仪式，也是从这一天起，上海科创办立足国家战略使命，立足上海工作大局，不断优化职能配置、理顺条块关系，加强资源统筹，注重市区联动、注重开拓创新、注重资源整合、注重形成合力，协调推进上海科创中心建设相关规划政策、重大措施、重大项目、重大活动。

六年来，重组后的上海科创办全面贯彻中央、市委对于科技创新工作的

2018 年 5 月，上海市对科创中心管理体制做出重大调整，重组上海推进科技创新中心建设办公室

战略意图和指示要求，把握科技创新的新内涵，加快抓好大科学设施、国家实验室、研究型大学、顶尖科研院所以及科技创新人才等重点基础工作，强化“从 0 到 1”基础研究的前瞻布局，参与推动形成集成电路、人工智能、生物医药“上海方案”。针对实际工作中发现的用地机制不够灵活、用地效率不够高等问题，在张江科学城 220 平方公里内探索产业用地弹性规划创新政策；针对上海市和浦东新区委托张江科学城建设管理办公室实施立项、规划、建设、土地和环保审批事权，建章立制加强事中事后监管，防止只批不管、以批代管。

此外，上海科创办还有一块重要的工作，就是组织召开好由国家发改委牵头的部市联席会议。这个会一般一年开四次，上海有十几个部门参加，主要是讨论部市会商科创中心建设工作。如：2019 年召开的第十、十一次全体会议，分别重点研究推进上海人工智能产业、生物医药产业发展；2020 年召开的第十二次会议重点研究做强创新引擎问题；2021 年召开的第十五次会议就上海科创中心加快形成核心功能进行会商。

## “三个张江”：建好上海科创中心的主阵地、主战场

张江作为上海科创中心的核心承载区，是上海科创办着力抓科学能力建设、抓高新技术产业工作的主要落脚点。2018 年，上海科创办重组时，我曾提出一个目标，那就是要发挥张江高新技术产业开发区管理委员会（简称“高新区管委会”）“不可或缺”的作用。实践下来，“四合一”的管理体制将张江科学城、张江国家自主创新示范区、张江综合性国家科学中心等几个“张江”统筹起来联动发展，让创新要素流动起来，让创新活力激情奔涌，形成强大的集聚效应。

2016年，在一些科学家的建议下，上海争取成立了张江综合性国家科学中心。虽然在综合性国家科学中心前冠以“张江”，但这个“张江”并非地域概念的“张江”，而是上海甚至中国科学能力的代名词。建设张江综合性国家科学中心，就是以张江地区为核心承载区，建立世界一流重大科技基础设施集群，推动设施建设与交叉前沿研究深度融合，构建跨学科、跨领域的协同创新网络，探索实施重大科技设施组织管理新体制，代表国家在更高层次上参与全球科技竞争与合作。这个国家级的科学中心由四个部分组成，包括大科学设施、科技创新的平台和节点、大科学计划、国际合作等。其中，大科学设施是科学研究的利器，特别是搞基础研究要靠大科学设施来支撑。过去，我国很多访问学者、留学生要到美国等国家申请使用大科学设施，排队都排在后面，甚至有些设施还不让我们用。经过多年的深耕建设，张江综合性国家科学中心的上海光源等一些大设施，已逐渐成为海内外学者开展研究的重要平台之一。各国的研究人员可以通过这些大设施相互交流、借鉴。

张江科学城原名张江高科技园区，始建于1992年7月。2017年7月，上海市人民政府批复同意张江科学城建设规划，总面积约95平方公里。科创办成立的一个重要目的，就是要凸显张江科学城的战略地位，推进张江科学城建设，使其成为科学特征明显、科技要素集聚、生态环境优美、充满创新活力的世界一流科学城。我第一次听到张江的名字，是在市计委投资处工作时听说要到国家计委报项目，项目名称叫“上海同步辐射光源”。没想到，自己后来会成为张江的建设者之一。由“园”转“城”以来，为聚焦重点区域，科创办立足推动张江科学城代表上海参与全球科技竞争的定位，协调推进“一批大科学设施、一批创新转化平台、一批城市功能项目、一批设施生态项目、一批产业提升项目”落地张江。印象最深刻的是国家药品监督管理局药品审评检查长三角分中心、医疗器械技术审评检查长三角分中心研究具体落地到哪里的时候，有建议放在临港、虹桥的，也有建议放在长三角创新示范区的，但最后决定还是放在张江，因为张江科学城的创新资源还没有多到不需要再集聚的程度。

张江国家自主创新示范区（简称张江示范区）是 2011 年 1 月国务院批复同意上海依托张江高新技术产业开发区，培育高新技术产业和战略性新兴产业的示范区域。高新区管委会积极助推示范区深化科技体制改革和政策创新先行先试，如率先实施研发费用加计扣除、职工教育经费税前扣除、技术转让所得税减免、创业投资企业税收抵扣等创新政策，有效降低企业研发成本；加快公司型创业投资企业股权转让所得税试点、专利快速审查绿色通道、产业用地弹性规划等在各园区复制推广，加快促进高新区通过“物理整合”或者“化学整合”，形成自己的主导产业等。上海 16 个区创新资源集聚、创新潜力强的区域逐步被纳入张江高新区，建立分园，形成覆盖全市各区的“一区 22 园”格局，成为上海提升产业带动能力的“张江品牌”。2023 年 11 月，

张江国家自主创新示范区

市政府印发《关于推进张江高新区改革创新发展　建设世界领先科技园区的若干意见》，陈吉宁书记要求把这个办法做成改革性文件。这个文件最大的突破就是要求各高新区先确定主导产业，然后围绕主导产业布局专业的孵化器、平台、验证中心，提供专业的标准厂房，避免无序发展。

从2018年到现在，各种科创要素快速向“三个张江”集聚，张江科学城已成为上海乃至长三角创新的“源动力”。2022年，全市的工业总产值是3万多亿元，浦东新区1万亿元，其中张江科学城3000多亿元，工业总产值已占到全市的9%；张江科学城的GDP单独拉出来，在全市可以排到第三位，比很多区都高。如今，张江科学城已经成为全市工业最集中的区域，集成电路、人工智能、生物医药三大先导产业的产值非常高。

## 牢记嘱托：坚定不移打造科创“高地”

2023年11月底，习近平总书记在上海考察时，到张江参观上海科技创新成果展，与在场的科技工作者进行了语重心长的谈话。当时，我有幸在现场聆听了他的讲话。习近平总书记对上海的科技发展充满信心，他认为上海能取得这样的成就，体现出我们的体制优势，再三叮嘱科技工作者紧盯关键核心技术，尽早取得突破。

回顾以往工作，我认为未来上海科创中心建设可以在五个方面继续发力：

第一，要进一步强化统筹协调职能，探索科技创新的新型举国体制。市委在这次机构改革中，将科创办一部分职能交给科委，一部分职能交给浦东。不管将职能交给谁，都要进一步加强统筹协调，坚持全市“一盘棋”，在建立跨部门、跨层级、跨区域、跨园区的协调机制方面持续用力。

第二，要继续聚焦张江科学城建设，加快资源、政策、项目、资金集聚，为发展提供强大合力。张江是科技创新核心区、主战场，只有创新要素源源不断才能搞创新。因此，要继续往前冲，加强张江科学城的集聚度和显示度。

第三，高科技产业要进行有组织的主动布局，根据各区的禀赋条件，围绕产业制定打包政策。各区要立足自己的产业基础和创新优势，围绕某个产业进行立足长远的布局，形成自己的产业高地；要改变围绕物理空间形成政策的传统做法，要围绕产业布局制定打包政策，帮助各高新区一起投资建设公共服务平台、中试平台、验证中心等。

第四，要围绕企业发展做文章。目前企业发展碰到的最大问题是融资难，要完善企业上市政策，继续推动科创板建设。科创板对科创企业非常重要，要注重挖掘科创企业的未来价值，尊重科创属性，避免用条条框框的标准教条地衡量、对待科创企业，要用70%—80%的精力研究政策不能覆盖的部分。

第五，要强化对长三角地区的辐射带动力。以前科学研究和高科技产业是平面分工，现在长三角地区的产业分工是立体分工，你中有我、我中有你。以前上海在长三角的“龙头”作用体现在上海有交通区位优势、教育优势、医疗优势，今后上海的“高地”作用应该体现在科技创新、营商环境等方面。上海在长三角的经济、产业的定位是科创中心的高地，其核心中的核心就是张江科学城。因此，一定要强化科技策源功能，并在产业链、价值链、供应链方面与长三角其他地区形成有机衔接与协调分工。

与十年前相比，上海建设科创中心的目标更加坚定，方向更加明确，建设科创中心应该做什么、怎么做，都已经非常明确。相信有党中央、国务院的坚强领导以及市委、市政府持之以恒地推进，上海科创中心的建设之路一定会越走越宽，上海也一定能为实现中国式现代化作出自己应有的贡献。

# 在上海，探究138亿年前宇宙诞生的那一刹那——记李政道研究所发展历程

【口述前记】

张杰，1958年1月生，物理学家，2003年当选中国科学院院士。2006年至2017年任上海交通大学校长。现任第十四届全国政协常委、科教卫体委员会副主任、中国科协第十届全委会常委、中国物理学会理事长、上海市科协主席、上海交通大学学术委员会主任、李政道研究所所长。

口述：张杰

采访：张悦、董奇、周春燕

整理：张悦

时间：2024 年 3 月 26 日

在位于上海张江的李政道研究所大楼，一幅 600 米长的“天问长卷”在“天问厅”随着步道旋转上升，再现了宇宙从 138 亿年前的大爆炸到今天的演化历史和数千年来人类对宇宙的不断探索。“遂古之初，谁传道之？上下未形，何由考之？……”2300 多年前，屈原在《天问》长诗中，代表人类第一次向苍穹提出了千古之问，也开启了人类对宇宙奥秘的探索之旅。

现代物理学揭示，宇宙的起源可追溯至 138 亿年前的大爆炸，从一个几乎无限小、无限热、无限密的点上发生。大爆炸不仅催生了宇宙的暴涨，也使得温度逐步下降，从而使宇宙从混沌中诞生出四种基本相互作用力，并迅速产生了基本粒子。这个过程虽然被描述为“逐渐”，但实际上发生在瞬息之间，大约只有一个皮秒的时间——即万亿分之一秒。在宇宙的演化史中，暗物质扮演了至关重要的角色。由于它只通过引力相互作用，暗物质比其他物质更易于聚集，成为星系形成的核心动力。它吸引并集结了周围的物质，促成了星系的诞生。经过 138 亿年的漫长演化，宇宙展现出今天的壮丽景象。尽管我们对宇宙的演化有了深刻的认识，但仍有许多基本问题待解。

宇宙里，物质究竟从何而来？为了回答这一根本性的科学问题，我们想要探究 138 亿年前，宇宙诞生的那一刹那究竟发生了什么。回答极端的宇宙环境下物质的起源和演化的问题，需要使用人类不同维度的极限探测能力，理论与实验结合，通过有组织的方式来开展科学研究。

## 做科学问题的答题人，更要做根本性科学问题的出题人

2014年5月，习近平总书记考察上海，明确要求“上海要努力在推进科技创新、实施创新驱动发展战略方面走在全国前头、走在世界前列，加快向具有全球影响力的科技创新中心进军”。

当时，作为上海交通大学的校长，我敏锐地意识到这是上海面向未来转型为创新型城市的一次重要机遇，同时也是一次将上海交通大学的未来发展全面与上海未来创新发展结合在一起的重要机遇，因此我带领上海交通大学战略研究团队，承接了市委一号课题，深度参与了上海国际科创中心建设最初的蓝图绘制，经过半年左右的深入系统研究，于2015年4月向市委提出了“不仅要成为全球科创中心，更要成为新一轮科技革命策源地”的建议。上海国际科创中心建设对中国乃至全世界都有非常重要的意义。在这个过程中，我们也在反复考虑：科创中心的核心究竟是什么？上海建设具有全球影响力的科创中心对我们国家和世界未来发展最重要的贡献是什么？我们要建科创中心，并不是要再去建一个像美国大湾区的科创中心或者美国东海岸的科创中心，而是希望有一个非常独特的、在全世界能够代表中华民族去为人类文明进步做出不可或缺贡献，并成为新一轮科技革命策源地的科创中心。

经过改革开放以来四十多年的快速发展，研发投入稳步提高。我国全社会研发经费从2012年的1万亿元增加到2023年的3.33万亿元，研发投入强度从1.91%提升到2.64%；基础研究投入占全社会研发经费比重由4.8%提升至6.65%，创新发展水平持续提升，创新环境明显优化，创新投入稳步提高，

创新产出大幅增加，创新成效进一步显现，推动高质量发展的支撑引领作用不断增强。但是在创新能力，特别是涉及根本的原始创新能力方面，我们还有欠缺，因此，“基础科学中心”应该成为上海科创中心建设中的一个重要组成部分。

尽管近年来我国基础研究水平取得了巨大进步，但是应该承认我们基础研究中的大部分研究仍处于“别人出题、我们答题”的追热点模式，而鲜有对根本性科学问题的重大发现。对 1901 年以来 117 次诺贝尔物理学奖的分析表明，绝大多数诺贝尔物理学奖授予了对根本性科学问题相关探索的发现。因此，上海建设具有全球影响力的科创中心，其中的基础科学中心，需要有基础研究机构变成“出题人”，在全人类最关心的根本性科学问题的探索上做出重要突破，这也是时代赋予李政道研究所的使命。

1979 年，在邓小平同志第一次访问美国时，李政道先生努力促成了中美高能物理合作协议的签署，这也是后来中美科技合作协议的基础。我有幸在 2003 年至 2006 年间担任中美高能物理合作的中国代表团团长，并在李政道先生的直接指导下工作。在那段时间里，我与李政道先生交往频繁，向李先生学到很多东西。李先生常会讲到玻尔研究所对于人类科技进步的巨大贡献。20 世纪的二三十年代，在丹麦的玻尔研究所，物理学家玻尔带着一群青年学者和学生做研究，创立了解释微观世界运动规律的量子力学，为第三次科技革命奠定了基础。李政道先生认为，当中国经济社会发展到一定程度时，也应该有玻尔研究所那样的研究机构，代表中华民族为人类文明进步作出贡献。

2014 年 12 月，李政道先生致信党和国家领导人，建议成立一个类似于玻尔研究所的基础研究机构，为人类的科技进步作出更大贡献。李政道研究所的建设得到了党和国家领导人的支持，我们的使命就是发挥大科学研究范式

夜幕下的李政道研究所

的优势，开展有组织的科学研究，利用专用科学装置群的极限探测能力，在根本性科学问题的探索上做出重大突破，培养一批世界级的科学家，形成基础科学的上海学派，建成世界一流的基础研究机构。

## 聚焦根本性科学问题，发挥有组织科研优势

在李政道研究所的建设过程中，国家有关部委、上海市给我们的支持非常关键。2016年11月28日，在科技部、教育部与上海市的共同支持下，李政道研究所在上海交大正式成立，我们聘请了2004年诺贝尔物理学奖获得者弗兰克·维尔切克（Frank Wilczek）任所长，李政道先生担任名誉所长。2021年11月30日我受李政道先生和学校之托，就任第二任所长，弗兰克改任首席科学家。李政道研究所刚成立时在位于闵行校区的李政道图书馆4楼，2021年12月3日，李政道研究所整体搬入位于浦东张江的李政道研究所新大

楼，开启了新的发展阶段。

在2022年初面对新冠肺炎疫情的影响，我与李政道研究所以及物理与天文学院的中外学者们通过33次线上讨论，就李政道研究所的科学使命、根本性科学问题（宇宙大爆炸时物质的起源与演化规律的探索）和发展路径达成高度的共识。在这个共识基础上，又经过一年左右的深入研究，形成了指导李政道研究所未来发展的《李政道研究所2035发展规划》。

目前，李政道研究所正在张江大本营建设产生极端条件或者极限探测能力的实验室天体物理平台、拓扑量子计算研究平台，以及高性能计算平台，利用这些平台对高能量密度极端物态开展研究。除了在李政道研究所大本营的研究平台外，我们还分别在青海、四川和海南不同的极端自然环境下布局了三大前进观测基地。第一个前进观测基地在距上海2800公里的西北方向，于青海冷湖海拔4300米的赛什腾山B点，我们正在建设大口径多功能光谱望远镜（简称“JUST望远镜”）；第二个在距上海2000公里的正西方向，埋深达2400米的四川锦屏深地实验室，我们利用PandaX液氙探测器，开展暗物质直接探测研究，下一步我们还将对液氙探测器进行重大升级，进一步提升探测能力；而在上海向南2000公里之外，在海南南海3500米深的海底，我们计划建设一个中微子望远镜，即南海中微子望远镜“海铃计划”，该项目将通过捕捉高能（亚TeV到PeV量级）天体中微子来探索极端宇宙。

面对“确认暗物质的粒子属性”这样重大的基础研究问题，可能是需要5年、10年，甚至更长时间才有可能取得重大突破，但是这对于整个人类对宇宙的理解来说是至关重要的。季向东、刘江来研究团队，已经在锦屏深地实验室进行了15年的努力，尽管暂时还没有“抓”到暗物质粒子，但他们已经在激烈的国际竞争中三次创造了全世界探测灵敏度最高的世界纪录。而更重要的是，在这个过程中，他们完美诠释了科学家的“天问”精神。现在我国各方面的发展速度都很快，社会上可能稍微有一些急功近利的想法，但我觉得科技创新需要多一些定力，要有“十年磨一剑”的精神，我们国家的基础研究才有可能取得更大的突破。

## 在创造力最丰富的前6年，培育青年科学家的科学精神

青年科学家如何成长为资深科学家？长聘制（Tenure-Track）是很多高水平国际科研机构都会实施的聘用机制。对于李政道研究所的青年科学家而言，在前6年的时间内，我们不对他们进行考核。只是到第3年，我们进行一次“诊断”性评估，请青年科学家详细报告他们过去3年内的科学研究工作，然后资深科学家会与他们讨论该科研方向难度如何、世界趋势如何，并给他一些专业发展的建议。到第6年的时间，我们会有一次国际性的聘期（Tenure）评估，将这位青年科学家在6年时间里的有关研究进展等材料寄送给世界一流的科学家们，并问他们三个问题：“第一，在你的单位，根据这位科学家6年来的科研表现，能否成为贵单位的Tenure（长聘）教授？第二，在该科学家所从事的科研领域，他过去6年的科研表现是否能排到全世界前2%或者前5%？第三，未来，这位科学家能否成长为这个小领域的领袖型科学家？”每评估一个人，大概需要送十五六份材料。我们和上海交大物理与天文学院联合组织了一个委员会，这个委员会将对这些国际上返回的评审材料做一次认真的分析和解读。同时根据他未来发展，给出客观的评价与发展建议。

当然，会有人怀疑，科学家一旦通过了聘期考核以后好像就没有人“管”了，那假如他是“懒汉”怎么办？实际上，大多数国际一流学术机构的实践证明，经过这样培养的科学家，他在创造力最丰富的6年时间里，一定会将

李政道研究所长达 600 米的“天问长卷”

他对科学问题的追求形成自己的生活习惯、价值观，所以他以后一定是会将对科学未知的追求，作为他的终身追求的。

## 成为世界公认的暗物质研究高地基础研究需要“板凳要坐十年冷”的治学态度

经过多年发展，李政道研究所已吸引了一批世界级科学家，也已成为暗物质领域科研高地。全所已经汇聚了百余位科学家，来自六大洲的 16 个国家和地区，其中 40%左右的科研人员为国际学者。对于世界范围内想要进入李政道研究所从事科研工作的青年科学家们来说，竞争自然是相当激烈的。

将李政道研究所建设成为世界一流基础研究机构既是李政道先生的梦想，也是我的梦想与使命。2021 年底，在李政道研究所的首任所长、2004 年诺贝尔物理学奖获得者弗兰克因故无法再继续担任所长一职的情况下，李政道先生给我写信说：“尽管我知道你已经全身心回到科研工作，不再担任管理职位了，但是我还是希望你能够再次出山。因为李政道研究所是我们共同的梦想，假如李政道研究所没有发展好的话，我们两个人都会感到遗憾。”

作为李政道研究所的所长，我的主要责任是将研究所未来的发展目标，变成研究所每一位研究人员自觉追求的目标，这就需要制定发展规划，并据此设计合适的体制机制、建设激励大家追求卓越的科研环境，这是所长的职责。当然，在目前情况下，所长更重要的是争取资源，建立一个稳定的经费支持体系。我国科学研究发展速度非常快，科研经费也增长得非常快，但是我们科研经费分配方式的改革相对滞后，几乎全部是竞争性的科研经费分配机制。对于像李政道研究所这样必须发挥大科学研究范式和有组织科学研究优势才能对根本性科学问题形成突破的基础研究机构，完全靠竞争去申请科研经费势必会影响到我们长期坚持的研究方向，特别是我们国际化比例高达40%的优势，对于竞争性经费的争取来说，就成为劣势。

非常可喜的是，在过去的几年时间里，上海市给予了李政道研究所新型研发机构很多发展机遇，并给我们提供了比较稳定的经费支持，在上海市和学校的支持下，我们三个前进观测基地和三个研究平台组成的极限探测能力科学装置群，现在已经开始全面推进了。

我们希望到 2026 年底，我们的研究平台、前进观测基地能全部建成，那个时候，李政道研究所的极限探测能力将会再上一个大台阶。李政道研究所的发展愿景是：在根本性科学问题的研究上取得重大突破，揭示自然界最深刻的规律；产生一批尖端技术，推动相关高精度、高端科研设备研制的自主化；造就一批世界级科学家，形成上海学派；发挥大科学研究范式优势培养国际化研究生，培养高水平后备人才；产出一批诺奖级成果，打造世界一流的基础研究机构。希望我们能够为上海建设成为具有全球影响力的科创中心做出更大贡献。

# 创新，绘就脑科学的宏伟蓝图——记上海脑科学与类脑研究中心发展历程

【口述前记】

蒲慕明，1948 年 10 月生，神经生物学家和生物物理学家，中国科学院院士。1999 年 11 月至 2008 年 12 月，任中国科学院上海生命科学研究院神经科学研究所所长。2012 年，任中国科学院战略性先导科技专项（B 类）“脑功能联结图谱”首席科学顾问。2014 年 1 月，任中国科学院脑科学卓越创新中心主任。2018 年 5 月，任上海脑科学与类脑研究中心主任。

口述：蒲慕明

采访：张悦、周春燕

整理：张悦

时间：2024 年 3 月 4 日

习近平总书记在 2016 年全国科技创新大会、两院院士大会、中国科协第九次全国代表大会上指出，脑连接图谱研究是认知脑功能并进而探讨意识本质的科学前沿，这方面探索不仅有重要科学意义，而且对脑疾病防治、智能技术发展也具有引导作用。

2018 年，经上海市机构编制委员会批准，“上海脑科学与类脑研究中心”（简称“上海脑中心”）正式建立，后落户长三角 G60 科创走廊。2024 年是上海市建设国际科创中心十周年，也是上海脑中心建设的第六年。上海脑中心是上海建设国际科创中心的见证者、亲历者，更是新型研发机构体制机制的探索者、脑科学领域科技创新的突破者。

## “大科学计划”呼唤“大科研合作”

上海脑中心的成立，与“中国脑计划”紧密相关。人为什么会做梦？大脑是如何计算时间的？意识是如何产生的……在脑科学领域，许多悬而未决的大问题尚未得到解答。为了探索人脑的奥秘，也为了在脑科学这一新兴科学领域抢占先机，进入 21 世纪以来，美国、欧洲、日本相继宣布启动“脑计划”。新一轮科技革命蓄势待发。要成为科技强国，中国科学家必须要参与组织并主导国际大科学与大工程计划。2016 年脑科学与类脑研究被纳入“科技创新 2030——重大项目”，科技部建议成立特殊的科研单位来协助中国脑计划的实施。于是，北京和上海分别成立了脑科学与类脑研究中心，作为中国脑计划的南北两大重镇。我担任上海脑中心的首任主任。

从 2018 年到 2021 年，关于如何组建团队承担中国脑计划，我们进行了长久的讨论。当时讨论的主要有两条路线，一条是循规蹈矩，走传统科研机构的模式；一条是破旧创新，探索新型研发机构的道路。我们认为，若采取一般的科研院所模式建设，招自己的科研人员从事各自的工作，没有 10 年时间，很难组建起成熟的队伍承担国家的大科学计划，于是，我们选择了后者。

新的问题接踵而至，应该建设怎样的新型研发机构？我们最终确定下了 3 个关键词：协调、合作、攻关，并定下了上海脑中心的建设目标：打造一个能高效组织科研团队的新型研发机构。大科学计划离不开协调与合作，尤其是数据的共享，但要真正实现并不容易。从国际层面来看，脑科学领域的竞争相当激烈，以美国为代表的许多科学家，并不愿意共享数据。在国内也有这样的问题，以队列研究为例，中国的病人那么多，如果数据能够集合起来，数据量一定是全球最大的，但各单位要留着自己发论文、出成果，即使是已经发表的数据，大家也不一定愿意贡献。作为大科学研究平台的发起者，要让大家参与进来，我们就得让大家相信，参与进来，得到的会比付出的要多。

因此，建立合理的数据成果共享机制相当重要。对此，上海脑中心设立了多重布局与保障：积极与上海市各单位合作共建各平台，织就脑科学的“研究网”。复旦大学、上海交通大学、华东师范大学、同济大学、上海科技大学、中国科学院脑科学与智能技术卓越创新中心、中国科学院上海药物研究所、浙江大学、东南大学、中国科学技术大学、苏州脑空间信息研究院和联影集团等 20 多家高校、科研院所、企业各司其职，又紧密相连。因为各个单位的需求、专长都不一样，我们把公用平台分布在了各个单位，并通过上

上海脑科学与类脑研究中心

海脑中心的平台经费予以支撑，从而形成一个网络。同时，尽管提倡共享数据，但我们对数据是有要求的。对大科学计划来说，没有高质量、统一化的大数据，数据就无法形成一个整体，因此，我们对数据要求统一的标准，只有做到这一点，我们才会给予经费的支持。

## 紧密围绕上海国际科创中心建设，比“中国脑计划”先行一步

上海始终坚定支持脑科学的发展，并由此诞生出一系列成果，说上海比“中国脑计划”先行一步，并不为过。

早在“中国脑计划”项目正式启动1年前的2020年，“全脑介观神经联接图谱”大科学计划在上海便已正式启动，并在科技部与上海市的共同指导

下成立国内工作组，该计划使用最接近人类的非人灵长类等动物模型，在单细胞分辨率上绘制具有神经元类型特异性的全脑联结图谱，建立全脑介观神经联接图谱大数据处理和分享共享平台，具备数据自动化采集、处理、存储、展示等重要功能，建立有多国参与的统一数据平台，以便于协调任务进展，数据集成和共享。

这些年来，包括脑图谱项目、非人灵长类动物模型项目等在内，上海在脑科学领域的一批先行工作，已成为中国脑计划的定点支撑项目。新的成果正不断涌现：成功构建胚胎干细胞嵌合体猴、成功构建强迫症样猕猴模型、领衔绘制猕猴大脑"精细地图"……历经六年发展，上海脑中心已搭建起四个平台：一是脑智发育平台，用以研究脑智是如何发育出来的；二是宏介观脑图谱绘制平台；三是基因编辑平台；四是脑机接口平台。其中，前两个主要从宏观和介观层面研究脑、理解脑，后两个则为研究提供技术支持。

2024 年是上海市国际科创中心建设十周年，对上海脑中心来说，也会是成果丰收、提质换挡的一年：在脑机接口这一国内外竞争相当激烈的领域，上海脑中心将发布重磅成果，而在"中国脑计划"的优势领域脑图谱方面，也将在 2024 年有所显示。2024 年可以充分显示出，作为一个协调、组织团队

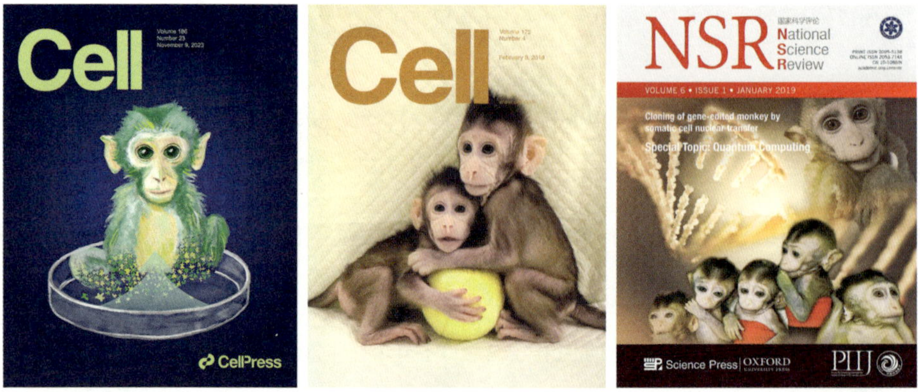


脑科学研究成果

的单位，上海脑中心所发挥出的作用。上海脑中心对于上海脑科学领域的意义，也并不仅仅止于成果与机制创新，同时也作为上海在脑科学领域的“基础设施”，立足根本、服务大局，真正成为上海国际科创中心的一环。上海脑中心正式成立后不久，另一个国家级项目——聚焦生物医药与脑科学领域的临港实验室也在上海落地，但目前临港实验室位于临港的主体还在建设过程中。作为同为上海市支撑的国家项目，我们义不容辞，为支撑临港实验室开展脑科学研究工作发挥作用，上海脑中心为其提供了所有的动物平台和影像平台。现在，临港实验室有一半脑科学研究人员已入驻上海脑中心。

## 体制机制创新求变，鼓励青年科技人才做“冒险家”

自2014年习近平总书记提出上海要“加快向具有全球影响力的科技创新中心进军”的总要求后，上海不断完善科创中心建设工作的政策法规体系，先后出台“科创22条”和科改“25条”等政策。在建设国际科创中心的10年来，上海坚持科技创新与体制机制创新的“双轮驱动”，也为基础研究体制机制求新求变的探索尝试铺平了道路。在这一方面，可以说上海是中国走在最前面的一个城市。

基于这些政策的铺垫与引路，上海脑中心在科研体制机制上也做了相当大的创新尝试。本土顶尖人才的培养，是大科学计划的基石。青年科技人才的培养是重中之重。重要的创新工作往往都是科学家在青年时期完成的。年轻人有着初生牛犊不怕虎的胆气，他们不怕问题难、有胆量去闯，开辟新天地。但过往我们常常看到，年轻人招进来时间久了，反而慢慢失去了自己的创新性与才气，为什么？是“5年要出文章”的环境改变了他们。但一个真正的难题要在5年之内解决是很困难的。要鼓励年轻人做难题，敢坐5年、

10年“冷板凳”，必须有“不唯文章论英雄”的体制机制支撑住年轻人的创新性。

作为新型研发机构，上海脑中心在这方面开展了一系列的探索。在人才支持工作上，2020年上海脑中心启动“求索杰出青年”计划，鼓励青年科技人才做科研工作中的“冒险家”。面向当年度上海脑中心各网络成员单位已招聘或拟招聘的35周岁以下杰出青年人才，提供每年100万（“求索”研究组长）/50万（“求索”青年研究员）/10万（“求索”博士后）的增量经费。事实上，“中国脑计划”中的人才项目，也是参照我们的标准来做的。而许多当年的“求索”研究组长，之后都申请上了国家的青年人才计划。我认为这个项目也是实现了当时的目标了。

同时，在科研成果评价、科研经费管理等方面，上海脑中心也积极探索，赋予科研工作者们更大的灵活性，在科研管理上更符合科研规律。评审不“唯文章”，更看重研究者对其领域的真正创新贡献；对于“难而正确”的工作给予宽容，真正挖掘有创新潜力的年轻人；科研经费不再一次下发，而是通过中期评审决定后续支持力度……创新阻力不小，但依然要往前推进。

## 造就上海在脑科学领域的全球影响力

上海要建设国际科创中心，实力是硬道理。只有科学平台有足够的吸引力，才能够让海外人才下决心来到上海。经过这些年在平台、机制等方面的建设，目前，上海脑中心在全球脑科学领域已占有一席之地，并在非人灵长类研究方面，已实现世界领先：我们做出了世界上最好的基因操作动物模型，做出了世界上最好的嵌合猴，在非人灵长类动物方面，我们建立了最好的平台，有最丰富的数据和最先进的技术。因此，在这些方面，国际上就愿意跟我们合作参与这个国际大计划。

例如，在2018年，由中国科学院与上海市政府联合成立的国际灵长类脑研究中心正式落地，不少海外科学团队已来到上海参与科研工作，其中，一批来自德国马普所的研究团队，由首席科学家带队，带着年轻的科研组长，全职来到上海脑中心工作。

上海脑中心成立六年以来，我觉得我们的方向是符合我们原来的目标的，在脑科学领域，我们取得了相当丰硕的成果。2024年是上海建设国际科创中心的关键节点，面向下一个十年，我希望上海脑中心能“有所为，有所不为”。何为“有所为，有所不为”？我认为，在重要的前沿科学领域，我们要占有一席之地，但我们的人力、资源、高水平的科学家的数目，远少于欧美国家。因此，我们不能把面铺得很广，脑科学有很多可以做的东西，我们不能全都做，这是有所为有所不为第一个原则。在重要的科学领域，我们一定要布局，占有一席之地。比如，何为意识的本质，这一问题相当于人类大脑中的“暗物质”问题，像这样重要的科学领域，我们一定要布局，中美欧三分天下，要做到地位相当，这是第二个原则。在有优势的领域，我们要做到国际领先。什么叫优势领域？举例来说，我们的非人灵长类动物模型、灵长类动物的基因编辑，是全世界最好的；我们有最大的患者人群，在研究疾病的机理治疗上，我们有优势，我们应该最先解决几个脑疾病的问题，这是第三个原则。

我满怀希望和决心在未来10年我们能够做到这一点，我们也将会在各个领域取得丰硕的发展成果。

# 激发基础研究“源动力”服务科创中心建设

【口述前记】

金力，1963 年 3 月生。历任复旦大学生命科学学院院长、研究生院院长，复旦大学党委常委、副校长等职。2019 年 11 月任复旦大学常务副校长。2020 年 8 月兼任复旦大学上海医学院院长、党委副书记。2021 年 11 月起任复旦大学校长、党委副书记。

口述：金力

采访：郭继、刘捷、孙宝席、张宇飞、陶婷婷

整理：陶婷婷

时间：2024 年 5 月 30 日

作为创新发展先行者，上海正以建设具有全球影响力的科技创新中心为目标，加速释放科创动力，提升科创策源能级，持续开辟新领域新赛道，不断塑造发展新动能新优势。

新征程上，上海高校勇担历史使命。作为培养高端人才和创新科技的高等学府，复旦大学主动融入城市发展新格局，充分发挥基础研究主力军、重大科技突破策源地、创新人才培养主阵地的关键作用，为强国建设贡献力量。

## 创新策源，提升科创能级

2014 年 5 月，习近平总书记要求上海建设具有全球影响力的科技创新中心的重要指示，为学校建设与上海科创中心建设指明了方向。学校全面对接科创中心建设，把握上海和复旦“双冲顶”的历史性战略机遇（形成建设世界顶尖大都市与跻身世界顶尖大学的“双冲顶之势”），服务“国之大者”和“城之要者”。

习近平总书记对于上海科技创新中心的建设，提出了“策源地”的关键指标。“策源地”目标的实现不仅要提升科技创新的国际影响力，还要加速科学新发现、研究新范式、技术新发明的出现，加强对国际科技创新发展的辐射作用，对经济、社会、金融、产业、贸易产生引领作用。党的十九届五中

全会提出，坚持创新在我国现代化建设全局中的核心地位。学校努力建设成为原始创新能力顶尖、创新驱动能力强劲的世界一流大学，通过不断创新和持续创新，为上海建设全球科创中心打头阵、当尖兵。学校的发展目标是建设创新型大学，而不仅仅是研究型大学。创新型大学必须成为基础研究的全球高地、原始创新的重要策源地，同时具有推动不断创新、持续创新的能力。

在科技创新的体系和过程中，高校的核心任务是发挥创新策源功能，即在科技创新链中发挥源头作用。全校对学科科研情况充分排摸调研，提出复旦大学融入上海科创中心建设的三个层面：一是在张江建设张江复旦国际创新中心；二是主动与社会力量对接，通过研发与转化功能型平台建设带动经济社会发展；三是在各个区、在原有的科技创新上进一步提升能级。

在功能支撑上，学校注重发挥禀赋，把基础研究作为“源动力”。基础研究是整个科学体系的源头，是科技大厦最重要的地基。作为以基础研究见长的高校，复旦大学坚持把基础研究作为基石，充分激发活力创造力，努力做到世界顶尖，支撑国家创新体系建设。

如果用“果树”来做比喻阐释，基础学科和基础研究是主干和树根，而要实现高水平科技自立自强探索“上海路径”和提供“复旦方案”，必须培育和壮大自己的“果树”。通过嫁接培育的“果实”，类型和品质可能依赖于别人，将来嫁接“果树”也可能会受到限制。所以自主培育“果树”尤其重要。基于基础学科和基础研究的发达“根系”和茁壮“主干”，长出的面向前沿未来的“枝桠”才会更加饱满。

此外，基础研究的成果并不是为了解决单一应用问题，而是解决很多应用问题。基础学科与应用学科的发展互动是非线性的。比如，数学和物理研究的理论模型和计算方法，为机器学习、计算机视觉、自然语言处理和量子计算等领域提供了底层的核心理论支撑。基础研究孕育重大突破，催生变革性技术和颠覆式创新。从这个意义上说，基础学科发展的深度可以衍生更多赛道，实现发展的质变与飞跃。

在以基础研究提升创新策源能力的过程中，学校始终在思考其中的逻辑机理，"没有顶尖人才，就没有顶尖水平；没有科学问题，就没有科学进步；没有创新生态，就没有创新驱动；没有范式变革，就没有科技革命"。因此，学校在推动"第一个复旦"建设和上海科创中心建设的过程中，聚焦"人才引领、问题导向、创新驱动、范式变革"的逻辑链条，通过链式创新、模式创新、范式创新等开展探索。

## 深度融入，打好"张江牌"

2016 年 4 月 12 日，国务院印发《关于上海系统推进全面创新改革试验加快建设具有全球影响力科技创新中心方案的通知》，在关于建设上海张江综合性国家科学中心任务中，提出"依托复旦大学张江校区，重点推动复旦大学建设微纳电子、新药创制等国际联合研究中心"。

如何聚焦张江综合性国家科学中心建设，着力提升集中度和显示度？为了贯彻落实国家要求，按照上海市委、市政府的要求，学校主动调整张江校区功能布局，经过多次会议研讨，提出了在张江科学城建设张江复旦国际创新中心的重大决策。

2017 年 9 月 10 日，时任上海市市长应勇主持召开专题工作会议，听取张江校区建设方案的专题汇报，批准学校启动"张江复旦国际创新中心"建设。2017 年 10 月正式启动了"张江复旦国际创新中心"建设，原来的张江校区在空间上、功能上做了重大调整。把校区变成科技园区，原本在张江校区四个学院的教育空间搬迁到别的校区，让出了 300 多亩土地，学校先后完成信息

张江复旦国际创新中心

科学与工程学院、计算机科学技术学院两个学院的搬迁，微电子学院和药学院也陆续整体迁出，保障重大关键领域的创新空间。

学校前瞻性提出，中心要以“一计划两中心”[国际人类表型组重大科学计划（生命与健康）、微纳电子与量子国际创新中心（信息技术）、脑与类脑智能国际创新中心（交叉）]为核心，针对国家重大需求和科研发展新趋势，探索融合创新的体制机制，深度融入张江综合性国家科学中心和张江科学城建设。“一计划两中心”相互之间既有相关性，又各自瞄准国际前沿，可以协同孕育重大原始突破。着重提升科研原创能力，聚焦于重大重点领域科技创新和实现“从0到1”的突破，切实解决国家发展和人类进步中的实际问题。

依托张江复旦国际创新中心，学校积极参与打造国家战略科技力量，深度参与国家实验室建设。在人员互聘、研究生培养、资源共用、成果共享等方面探索与国家实验室的合作机制，推进与相关实验室的人员双聘事宜。学校加快推进全国重点实验室重组，集成芯片与系统、脑功能与脑疾病等 2 个牵头的全国重点实验室重组已获批准，作为共同依托单位建设获批心脏病、光伏科学与技术、克服递药屏障高端制剂等 3 家全国重点实验室，目前正在推进基础领域和综合交叉领域的国重重组与新建工作。

2012 年以来，复旦大学获批新建了 17 个国家级科研平台。学校还积极对接全球科创中心承载区布局，大力建设张江复旦国际创新中心，积极筹建青浦复旦国际融合创新中心。其中，张江复旦国际创新中心以重大项目为牵引，聚焦国家重大需求导向的生命健康和新一代信息技术前沿，以国家重大科技基础设施为依托，开展全链条、有组织的科研攻关。目前，全国只有复旦和北大分别获批 3 个国家产教融合创新平台。在人工智能领域，聚焦实现引领性突破和攻关“卡脖子”方向，建设全国高校最大规模的 AI 智算集群，在人工智能计算基础硬件、大规模底座关键算法等领域形成突破，为上海市打造人工智能高地、脑与类脑智能国际创新高地提供有力支撑，助力我国抢占世界科技前沿。

## 基础研究，人才培养为主抓手

基础研究能不能出成果，关键靠高水平人才。学校把人才工作和人才培养放在核心位置，厚植基础研究人才成长和基础学科人才培养的沃土。教育、科技、人才三位一体，人才是根本、教育是基础、科技是关键。基础研究的发展与竞争，归根到底靠高水平人才。上海全面落实新时代人才强国战略，把建设高水平人才高地作为人才工作的总抓手、总牵引，学校切问“城之要者”，实施“大人才战略”，主动服务融入上海加快建设高水平人才高地的战略任务，找准契合点，善用上海优势，充分依托上海各类政策和平台引育人才，力争成为上海向全球引才引智的重要窗口、拔尖人才培养的重要基地、创新驱动发展的重要源头、人才政策改革的重要场景。

复旦大学把人才工作和人才培养放在核心位置，坚持引育并重、养用结合，面向全球引进战略人才和青年英才，围绕顶尖人才建设创新平台和团队，为国家为社会源源不断培养造就拔尖人才，让更多基础研究拔尖人才竞相涌现。

学校坚持引育并举，深化改革。围绕顶尖人才建设创新平台和团队。抓住国际人才转移“窗口期”，提高精准荐才引才能力，千方百计引进全球优秀人才。同时，尊重人才成长规律和科研活动规律，根据人才发展不同阶段需要和个性化需要，全周期、全方位培育人才。学校用好国际学术人脉和教育交流管道，做好人才开放工作，彰显海纳百川、海聚英才的特色优势。实施“卓越 2025”战略人才培育计划，设置卓著顶尖、卓越领军、卓识杰出、卓学优秀 4 个层次，通过“四卓人才”设置，构建全周期、个性化人才培育体系。在基础研究领域，每年评选一批富有创造力和创新精神的杰出领军人才及青年人才，支持杰出领军人才“一人一策”勇闯“无人区”，支持青年人才专注自由探索、提出重要科学问题、开拓学科前沿。

在强化引育的同时，人才队伍建设的制度核心是评价。抓住评价改革“牛鼻子”，改革评价指挥棒。以创新能力、质量、贡献为导向，推行以综合准入标准为基础的“代表性成果”评价机制，优化分类评价标准，更好发挥同行评价、市场评价作用，实现从“量化导向”向“质量导向”的转变。完善“预聘—长聘”制度，将职称晋升与准聘期青年教师选留脱钩，实现从“非升即走”向“绩优则留”的转变。为科研人员松绑，健全以信任为基础的人才使用机制，建立非共识项目评价机制、科研人员专心保障机制。让人才评价抓住人才发展这一关键环节，让人才跟着学科布局和学科发展走、让资源跟着人才走，根据人才配置资源，把自主权放给院系。

学校探索实施基于国内外同行评价的长周期学术评价，并面向全球启动首批“相辉学者”招聘。这是第一个承接上海高校基础研究高地建设任务的新型管理服务平台。研究院营造最宽松的学术环境，聚焦攻关前瞻性、挑战性、高价值的关键科学难题，提供10年以上的长周期支持和个性化、人性化服务，5—10年不考核，为人才“十年磨一剑”提供制度保障，营造宽容、开放、活跃、自由的学术环境，让人才心无旁骛、自由探索。相辉研究院将建立健全校内优秀青年人才发掘聚集机制，从学校内部主动发现、追踪、遴选出一批富有科学理想和情怀、淡泊名利、甘坐“冷板凳”、在基础研究领域有明确研究方向或具有独立选题和研究能力的优秀青年科研人员。

培养造就拔尖创新人才。学校面向基础学科拔尖人才培养，汇聚包括“两院”院士、长江学者、国家杰出青年基金获得者等在内的全校顶级师资，持续加强培养力度，保障拔尖人才培养质量。健全本科阶段的多样化导师制，为每名拔尖学生配备学业导师，由学生根据兴趣和志向自主选择导师，引导学生积极投身学术研究，拓宽学术前沿视野。如，物理学系实行全覆盖与分类配备的导师制，以寝室为单位为全体学生配备导师，并为拔尖学生专门配备“拔尖计划导师”，通过“寝室导师”课题组会、全过程一对一指导等方式，确保学生培养稳得住、上得去、行得远。

自2019年教育部基础学科拔尖学生培养计划2.0启动以来，复旦大学先后获批数学、物理、化学、生物、基础医学、哲学、中文、历史、经济、药学、计算机等11个拔尖2.0基地，目前总计培养学生约1290余人。学校文社理工医五大学科门类竞速发展，基础学科优势明显。入选“双一流”建设学科数20个，其中基础学科10个；第五轮学科评估中共有12个学科表现特别优异，其中基础学科8个；入选国家级一流本科专业建设点61个，覆盖全部11个拔尖计划2.0基地。学校先后成立党建和思政工作领导小组、全面深化改革领导小组、课程思政建设领导小组、教材建设领导小组等，加强对拔尖人才培养过程的价值引领和组织保障。

## 学科交叉，创新融合发展

今年1月，学校成立了四大创新学院（集成电路与微纳电子、计算与智能、生物医药工程与技术、智能机器人与先进制造学院），面向全国各省市参加高考、符合要求的学生，以“产教融合、科教融汇、育人融通”为特色，基于复旦大学“2+X”人才培养体系（“通识教育与专业培养相结合”为“两翼”，“X”为多元发展路径），着力造就“干细胞式”拔尖创新人才。四大学院在培养模式上全程实施本科生导师制，提升学生的科技写作等核心能力，推动长学制，积极探索“本硕博”贯通培养机制，深化与国际顶尖高校和研究机构的合作。

复旦大学计算机科学技术学院的团队讨论“AI大课”的建设

把人才引育和人才发展作为强校之本，聚天下英才而用之，揽天下英才而育之。依托相辉学堂，复旦大学启动了“香农计划”，打造未来智能领域的拔尖创新人才试验区、拔尖班。今年，“香农计划”将招收首批学生，实行一人一策的培养方案，建设具有最先进国际视野、基础课程精炼扎实、专业课程精准聚焦的课程体系，汇聚顶尖师资力量，培养领跑国际的高端人工智能领域拔尖人才。学校还部署 AI 课程体系建设与 AI+ 教育模式改革（简称“AI 大课”），围绕通识课程、学科课程、核心课程、垂域课程四类，全校建设 100 门核心人工智能课程，并结合学科进展变化，不断调整升级。

融合创新是实现劳动者、劳动资料、劳动对象优化组合和跃升的重要路径。今年 6 月，复旦大学发布 2024 年招生培养政策最新举措，加大新工科专业布局，同时提升学生在校求学期间的修读、分流、转专业和升学自由的自由度，给学生更多成长的空间。除了新设的四大工科创新学院原有的工科试验班（新工科本研贯通拔尖班）之外，还设置有本博贯通、本研贯通的新工科大数据方向、微电子方向等多个工科实验班。融合创新是实现劳动者、劳动资料、劳动对象优化组合和跃升的重要路径。

如何走出融合创新之路？不仅学科要交叉融合，更要推动创新链各环节诸要素的融合发展。学校对标服务上海三大先导产业发展，在集成电路、生物医药、人工智能领域先后获批 3 个国家产教融合创新平台，以三个平台为支点做出 3 条创新链，形成示范效应。通过新工科直接孕育培植新质生产力的交叉学科，发展模式是科教融汇、产教融合。复旦发挥基础学科优势，到头部企业身边办新工科，协同攻关、合力育人，共同发挥创新主体作用。

## 基础研究先行，促原创出成果

“基础研究先行区”的前身是“基础研究特区”，设立于2021年，是上海市政府《关于加快推动基础研究高质量发展的若干意见》推出的创新举措。在全国率先进行这类试点，旨在选择基础研究优势突出的高校和科研院所，面向重点领域和重点团队给予长期、稳定的支持，引导科研人员心无旁骛地从事前沿探索。为了推动科研组织模式和管理体制机制改革，市科委赋予充分的科研自主权，支持机构自由选题、自行组织、自主使用经费。

复旦大学入选了首批试点单位。市政府每年向每个特区投入2000万元，持续5年。试点特区实行“区长”负责制，拥有充分自主权。各单位面向世界科技前沿或国家重大需求，根据自身学科优势遴选优秀的青年科研人员，探索更适合基础研究特点的管理制度，以长周期的形式支持，力争产出一批重大原创成果。先行区即特区的本质是把原来对于基础研究项目的评审、挑选中过于细化的要求进行升级，更加注重选好人、选好问题而不是选项目。希望通过先行区能选到一批有潜力、有能力、有基础、有情怀、有追求的优秀科学家，给予他们充分的信任和长周期的保障。

该计划启动后，复旦大学结合我们学校基础学科见长的特点，细化相关要求，明确支持对象为45岁以下的基础研究青年科研人员。首批通过相关基础学科院系推荐的17个项目获得资助，项目负责人入选者平均年龄为37岁。第二批为了给予更广大青年科研人员机会，采取海选自荐的模式，并针对交叉研究项目设置双负责人，立项20项，入选平均年龄仍为37岁，这正是科研最具活力、需要大力支持的年龄段。学校对于入选者在共同投入经费、科研队伍建设、人才培养、条件保障等方面给予了特殊的政策，助力他们潜心研究、勇攀高峰，做真问题、难问题。虽然我们的目标是对基础研究长周期、稳定的支持，但其中一些支持很快也看到了可喜的成绩，期待今后产生更多具有前沿交叉特征和重大影响力的原创性成果。

## 引领科学智能范式与生态变革，助力科创中心建设

习近平总书记要求上海“加快建成具有世界影响力的社会主义现代化国际大都市，在推进中国式现代化中发挥龙头带动和示范引领作用”，从“建设”到“建成”，强调发挥龙头带动作用从“长三角一体化”到“中国式现代化”，为学校建设发展和上海科创中心建设指明了方向，寄予了更高期望、更大期许。

在大数据与大知识融合的时代，科研范式正在发生深刻变革，算力成为重要的科研生产力。复旦大学积极推进算力基础性设施建设，与相关单位共同建设了 CFFF（Computing for the Future at Fudan）智算平台。学校支持相关院系成立科学智能研究中心；还设立科学智能专项基金，将充分利用学校自有资金、外部捐赠等各渠道资源，推动科学智能科研任务的组织和布局；从整体上进一步强化基础研究和科技创新策源功能，聚力构建一流大学创新体系，引领科学智能范式与生态变革，为新质生产力持续升级提供支撑。

面向下一步科创中心建设，学校有以下几个方面的考虑：构建基础研究支持体系。没有基础研究，创新就是无源之水、无根之木。强化创新策源是“第一个复旦”建设的第一动力，学校充分发挥原创引领、要素聚合、平台带动、服务辐射的创新策源功能，培育壮大战略科研力量。坚持有组织科研和自由探索两条腿走路。一方面，围绕重大任务需求组织“大科学”研究，完善问题聚焦、任务耦合、路径协同、成果集成的联合攻关机制。另一方面，

引导、激励和保障科研人员敢于善于自由探索，立足科学的无尽前沿，在无人区、交叉点静心“种好自己的果树”，而不是光摘“别人树上剩下的果子”；统筹政府、学校、基金会、企业捐赠等多渠道资源，持续稳定支持具有探索精神和发展潜力的青年人才，产出更多代表中国参与全球科技竞争的新成果。打造国家战略科技力量。主动对接国家实验室建设，承担攻关科研任务，组建国家实验室基地，推进全国重点实验室重组。主动对接上海积极打造国际有影响力的科创中心和集成电路、人工智能、生物医药三大产业创新高地的重点任务。涵养学科交叉开放生态。以20个一流学科为牵引，推进交叉融合，凝练培优领域，争取重大原创成果，打造一流学科方阵；探索融合创新长效机制，建设20个学科学术发展中心，优化学科治理机制；坚持开放合作，更积极融入国际学术共同体、参与全球科技治理，牵头人类表型组等国际大科学计划；设立校企联合实验室、打通人才旋转门。强化新建的上海数学与交叉学科研究院、上海科学智能研究院建设，参与组建上海尚思自然科学研究院，为建设基础研究领域的科学高地搭建了重要平台。

# 发挥教育、科技、人才优势 服务上海先导产业发展

【口述前记】

丁奎岭，1966 年 3 月生。曾任中国科学院上海有机化学研究所工会主席、党委副书记、纪委书记、副所长，上海科技大学副校长兼书院院长。2009 年 5 月任中国科学院上海有机化学所所长。2018 年 9 月任上海交通大学党委常委、常务副校长。2023 年 2 月起任上海交通大学校长、党委副书记。

口述：丁奎岭

采访：郭继、刘捷、张宇飞、陈怡

整理：陈怡

时间：2024 年 4 月 12 日

2024 年是习近平总书记提出上海要建设具有全球影响力的科创中心 10 周年。习近平总书记 2014 年 5 月在沪考察时，对上海提出了“努力在推进科技创新、实施创新驱动发展战略方面走在全国前头、走在世界前列，加快向具有全球影响力的科技创新中心进军”的发展定位和工作要求。由此，上海的城市定位从 2001 年的“国际经济、金融、贸易和航运中心”发展为建设“五个中心”。其中，科创中心建设是“五个中心”建设的重中之重，并且其他“四个中心”的建设背后都需要科技创新来支撑。这一城市定位的转变是因为上海有着深厚的科技创新基础，无论是人才、高等院校、科研院所，还是创新型企业，上海都具有优势。

围绕上海如何建设科创中心，上海市当时提出布局建设数十家新型研发机构，上海市科委提出围绕四个维度谋划布局建设具有全球影响力的科创中心的“四梁八柱”。“四梁八柱”搭建好以后，上海不断加大在基础研究、企业研发等方面的投入，走在了全国前列，尤其是基础研究方面。2019 年，临近浦东开发开放 30 周年，习近平总书记在上海考察时，对上海科创中心建设提出了更高的要求，要求上海进一步强化科技创新策源能力，“努力实现科学新发现、技术新发明、产业新方向、发展新理念从无到有的跨越，成为科学规律的第一发现者、技术发明的第一创造者、创新产业的第一开拓者、创新理念的第一实践者”。但高水平科技的诞生不是从天而降的空中楼阁，而是从看似平平无奇的基础研究中肇始的。党的二十大以后，中央特别强调基础研究中的原始创新。当国家经济体量和国际影响力发展到一定阶段，如果没有科技的原始创新，那只能算是“虚胖”。中国要成为真正的世界强国，就要具有引领性的原始创新，而要有原始创新就需要依靠基础研究。

习近平总书记去年在中央政治局第三次集体学习中提出，“基础研究处于从研究到应用、再到生产的科研链条起始端，地基打得牢，科技事业大厦才能建得高”。加强基础研究，是实现科技高水平自立自强的迫切要求，是建设世界科技强国的必由之路。作为基础研究的主力军和重大科技突破的生力军，大学应当积极发挥基础研究的深厚优势，为实现高水平科技自立自强贡献基础学科的原生动力。这些年来，上海市和上海交通大学都在基础研究领域花大力气开展了积极的努力和探索。

## 基础研究的三个面向和交大的行动计划

关于基础研究，大家有一些争论。有的人认为基础研究就是自由探索、好奇心驱动，有的人认为应用基础研究也是基础研究，包括面向国家重大战略需求，集中力量办大事的大科学、大工程里面，也有很多基础研究。习近平总书记很清楚地指出：基础研究既有战略导向的体系化基础研究，也有前沿导向的探索性基础研究，以及市场导向的应用性基础研究。

学校是教育、科技、人才的交汇点。上海交大既是全国的大学，也是上海的大学，大学的发展和城市的发展是分不开的。在基础研究领域，上海交大承担了重要的创新策源的功能，围绕上海科创中心建设、服务上海先导产业和未来产业的发展，进行了一系列战略布局。

上海的三大先导产业包括集成电路、生物医药和人工智能，上海交大的

由上海交通大学自主研制的我国深海重载作业采矿车“开拓二号”海试水深首次突破4000米

科学研究、学科建设、人才培养就要和三大先导产业对应起来。因此，学校的“十四五”发展战略里提出，要全面深化和拓展“大海洋”“大健康”“大信息”三大行动计划，发挥上海交大多学科优势，凝聚内外合力，围绕三大主攻方向，集中优势资源聚焦发力，开展高水平基础研究和关键核心技术攻关，力争在基础前沿科学、共性关键技术、前沿引领技术、现代工程技术、颠覆性技术创新等方面取得重大突破，形成贡献国家、影响世界的创新成果。

其中，“大海洋”行动计划作为学校服务“海洋强国”战略的重要抓手，现在正在全面推进中，特别是在长兴岛上建设长兴海洋实验室，为中国造船工业“皇冠上的三颗明珠”——航母、大型邮轮、大型液化天然气（LNG）运输船等产业的发展提供强大的技术支撑。学校在长兴岛购置了200多亩土地，规划并建设将近30万平方米的科研空间。可以说长兴实验室的建设得到了上海市委市政府、崇明区和行业企业，特别是中船集团的支持，目前园区基本已经成形。依托实验室，我们还在推动建设一个排水量 7.6 万吨、带有动力的大型海上浮动研究平台，叫作“深远海全天候驻留浮式研究设施”，我们把它叫做“浮动岛”，它在 12 级台风下可以正常工作，可以抵御 17 级台风的极端条件。深远海的海底具有丰富的油气资源、矿产资源，需要各种海洋装备去开发，而海洋装备的研制、试验，包括对气象信息的监测，在大洋深处与卫星开展通信等，都需要一个海上平台。过去，在开展海洋装备方面的试验通常是做一个小模型，按比例缩小到水池子里进行模拟试验。有了可移动的浮动岛，未来我们很多海洋装备，特别是深远海的装备，可以直接到深海、远海里，在真实场景下做试验。正是由于它的重要作用，国家发改委也把这个平台列入了“十四五”国家重大科技基础设施规划中，学校也将全力推动平台的建设，争取让浮动岛成为“国之重器”。

第二个是“大信息”行动计划，集成电路、人工智能是其中两个关键领域。围绕集成电路学科，学校成立了集成电路学院，也是国家第一批集成电路学院，不仅要应对当前我国在集成电路领域被“卡脖子”的问题，还积极探索新的路径——是不是只有硅基是唯一的路线呢？碳基，甚至 DNA 信息存储等方向呢？我们在各个学科、学院也有所布局，希望通过超越摩尔定律的换道超车的思维推动新一代集成电路的发展。此外，以人工智能技术为代表的新技术给包括高等教育在内的千行百业都带来了极大的冲击，其中既有机遇，也有挑战。为此学校也快速响应，成立了人工智能学院。4 月 20 日，人工智能学院举行了揭牌仪式，当天与会专家们也围绕人工智能未来的发展、学院未来的人才培养要解决的包括算法、模型、系统等在内的人工智能底层的基础性问题进行了深入研讨。围绕人工智能光做基础研究还不够，还要有一定的应用场景。因此，我们也在积极推动建设人工智能产教融合创新平台，在人工智能赋能智慧司法、教学实践等方向开展研究。我们做了个统计，全校目前大约有750位教师在参与和人工智能相关的研究，可以说是形成了“满天星”，未来我们要把“满天星”做成“一团火”，形成规模效应。同时，我们通过人工智能学院要培养出的学生不仅仅是“跟着Open AI跑”，要从“追随尾灯”变成“坐在驾驶室里”，去主导和改变Open AI大模型的研究进程。当然开展人工智能研究关键要靠两件事——“聪明的大脑”和“强大的算力”。上海在算力方面的基础非常好，所以我们有条件、有信心建设一个一流的人工智能学院。

第三个是“大健康”行动计划，学校在国家发展改革委支持下，建设了转化医学国家重大基础设施，也是我国首个综合性国家级转化医学重大科技基础设施，主要选择严重危害群众健康的肿瘤、代谢性疾病和心脑血管疾病等“三大类疾病”作为主要研究对象，通过建设转化医学核心设施、资源深度开发与共享设施和关键技术支撑设施三大板块，与三大类疾病形成“三纵三横”的建设格局。我们也希望这个平台将来的产出成果就是像当年王振义、陈竺、陈赛娟院士团队攻克急性早幼粒细胞白血病那样，不仅在最先进的基因、细胞治疗方法方面有突破，而且在疾病发病机制的认知方面也有新的突破，整体上推动检测方法、治疗方案、检测试剂、检测仪器、手术机器人等治疗仪器的试验验证，然后通过产业化实现推广。

## 创新的两种方式和交大的对应布局

按照习近平总书记关于原始创新的要求，上海交大在开展有组织的基础研究方面大概可以分成“三个区”。第一个面向战略导向，建设体系化研究的“集中区”。通过“集中区”，主要以国家战略需求为导向，要“集中力量办大事”，瞄准“大科学”“大工程”问题，以学校学科优势为基础，明确主要任务和战略目标，刚才讲到的“大海洋”行动计划就是其中的一个典型代表。

第二个是面向前沿导向，建设原始创新探索的“自由区”。在“自由区”中不仅仅靠兴趣驱动，关键是聚焦世界科技前沿，凝练科学第一性问题，加快布局前瞻性基础研究，强化原始创新自主布局能力与学科交叉，打造新型的科技创新平台。在我们看来，基础研究的前沿探索主要有两种方式——“深挖”和“交叉”。

围绕“深挖”，比较有代表性的就是学校深入贯彻落实习近平总书记重要指示批示精神，在科技部、教育部、上海市的支持下，聚焦“物质的起源、演化和结构形成的规律”这一根本性科学问题建设李政道研究所，通过面向深空、深海、深地，也就是在青海冷湖建设射电望远镜，在南海3500米水深处建立深海望远镜开展暗物质探测的“海铃计划”，在四川锦屏山地下实验室布局和建设暗物质与中微子探测装置等，寻找宇宙中“极大”与“极小”的关联，希望能实现更多“从0到1”的发现。又比如，现在学校正由丁洪院士牵头，尝试用5年左右的时间，发现拓扑量子比特的实现路径或者确认它不可能实现。

围绕“交叉”，学校依托张江综合性国家科学中心建设，成立了张江高等研究院，聚焦物理、化学、生命、材料、信息等基础学科相关的交叉领域，布局了人工智能、未来材料、合成生物等前沿方向，为优秀科学家创造一种可以自由交流、仰望星空地探索未来的环境。在这种机制下，优秀青年科学家推动了一批交叉研究，比如：生命科学与海洋装备技术的交叉推动了海洋生物研究；信息技术与生物技术的交叉让DNA存储海量数据从设想变为可能；人工智能与各学科的全面交叉融合，有效推动了学校生物化学、基因测序、医学影像、神经科学等各领域的发展，并在新能源材料、化学合成路径设计、疾病靶点预测、新药研发、智慧医疗等方面取得了重要突破。另一个“交叉”的代表就是自然科学研究院，他们的特色就是经常组织论坛、讨论会，让聪明的人在一起思维碰撞。可以说，创新的前提就是思维的碰撞，尤其对于物理学科，如果没有链接、从不碰撞，怎么能发生化学反应呢？没有化学反应又怎么产生新的东西呢？我一个很好的朋友巴里·夏普莱斯（Barry Sharpless），已两次获得诺贝尔化学奖，他认为化学的本质就两件事，一件事是Connection，另一件事是Function，就是链接和功能。科研领域的交叉、合作也是一样，在物理空间上要有链接，让科学家经常能进行思想的碰撞、交流，这样才能产生“化学反应”。最聪明的人在一起，只是通过喝咖啡、聊天、谈科学，就可能产生相互挑战、相互刺激的作用，也许就能找到共同的兴趣。

第三个是面向市场导向，建设产学研用开放合作的“融合区”。我们现在常说成果转移转化效率低，其中一个很大的原因就是科研和企业的融合率不够，发论文、写专利，解决的不是企业真正要解决的问题。反过来，能够解

位于闵行北校区的溥渊未来技术学院大楼（效果图）

决企业真问题的技术，是一定有市场作用且能够实现转化的。所以要深刻理解、准确把握“企业主导的产学研深度融合”的内涵，大学就要和企业真正融合起来、与企业产生强耦合、为企业解决真问题，与企业同向而行，才能真正把科技创新与产业发展融合好。交大的基因里就有与科研企业强耦合、同频共振的理念。例如，学校与宁德时代共同构建产教融合创新平台，成立溥渊未来技术学院。学院结合区域和产业创新需求与学科综合优势，开设可持续能源和健康科学与技术两个新专业，以实体学院模式探索学科复合交叉和开放式创新，培养未来科技创新领军人才，推动基础研究的成果转化应用。又比如学校和华为开展了全方位的合作，鸿蒙系统的首席构架师陈海波就是学校电子信息与电气工程学院教授，他的团队和华为的团队开展了深度融合。要实现深度融合，就要在机制上突破，例如学校在目标与企业一致的前提下，只要能为国家、社会创造价值，学校从政策上允许专家到企业工作，实现更加灵活的用人、考评，这样也能更好地尊重科学家、让他们分享荣誉。又比如全国人大代表、上海交大化学化工学院讲席教授张永明，也是在学校政策支持下与上市企业深度合作。过去造电车、化学工业制碱用的膜全靠进口国外大企业的产品，张永明教授带着学生住在工厂车间，经过团队的不懈努力，最终实现了这种膜的国产化，而且质量比进口的更好，这类产品的市场价格也就降下来了，为相关领域的产业发展做出了重要贡献。

“融合区”建设中比较有代表性的是“大零号湾”建设。“大零号湾”作为全市唯一的“科技创新策源功能区”，围绕医疗机器人、人工智能、海洋装备、新材料等领域孵化落地一批企业，形成具有标杆意义的特色产业，引进和培育一批国际知名、形态丰富、具有品牌影响力的空间运营服务机构，引导“大零号湾”科创孵化服务更加专业化、国际化、品牌化，将“大零号湾”初步建设成为创新要素集聚、产业生态完善、制度创新示范落地、科技成果转化高效的科技成果转化与创业孵化落地的示范区，更好地服务新兴产业和区域发展。近3年来，从交大走出了165家教师阳光化科创企业，其中，77家落户在“大零号湾”，总市值/估值约725亿元。据不完全统计，“大零号湾”区域的科创企业中，交大系占比达60%。未来，学校将持续发挥科技创新策源作用，同时加强区域的高水平基础教育、研究型医院的建设与环境提升，为打造具有全球影响力的科创湾区注入强劲的动力。

在基础研究开展“三区模式”的同时，构建稳定的资助体系是一个关键。学校整合自身、企业、政府资源，初步形成一个涵盖不同阶段、不同层次、不同群体的资助体系。在上海市的支持下，相关在沪高校试点启动了“基础研究特区计划”，在项目遴选、经费支持、保障机制、项目管理、考核跟踪、结果评价等环节上积极探索机制创新，并在绩效考核、职称评定时给予政策支持，全面激励科研人员潜心研究。在“特区计划”的基础上，上海交大自主推出“交大2030”计划，长期支持不同类型的研究项目，建立起学校研究的“梯田”。“交大2030”计划资助的项目既有瞄准重大基础科学问题和关键核心技术，聚焦“0到1”原始创新的“大项目”，也有从事前沿创新领域研究，具有高风险、非共识、颠覆性特点的“小众项目”。此外，学校还成立思源研究院，思源研究院可以说是基础研究特区计划又一个升级版，也就是基础研究先行区。未来的大学发展一定不是靠量取胜，而是以质取胜，所以一定要有战略性的、顶尖的科学家，否则很难成大事。思源研究院的设立就是突破一定的条条框框的限制，可以为特别优秀的，但受各种因素限制不符合常规标准的人才创造比较自由的条件，提供更加稳定的资源支持，同时还会关注杰出的、有发展潜质的青年科学家，系统培养一批更有想法、更有魄力、敢勇闯无人区、敢啃硬骨头的人才，打造成为最具潜力科学家成长的平台。

# 全球科创中心需要有历史影响力的科技成果

【口述前记】

胡金波，1973 年 2 月生。曾任中国科学院上海有机化学研究所党委书记、副所长。现任中国科学院上海分院院长、分党组副书记，沪区党委副书记。

口述：胡金波

采访：刘捷、张宇飞、耿挺、孙亦真

整理：耿挺、孙亦真

时间：2024 年 5 月 9 日

## 上海科创中心建设的意义与标准

去年（2023 年）11 月 28 日至 12 月 2 日，习近平总书记在上海考察期间提出，上海要完整、准确、全面贯彻新发展理念，围绕推动高质量发展、构建新发展格局，聚焦建设“五个中心”的重要使命，尤其对科创中心建设提出了更高的要求，即建设具有全球影响力的科技创新中心。

目前，科技创新对于上海的社会公众来说可谓耳熟能详。在我个人看来，现在中国对科技创新的宣传以及普及度已经超越了西方国家。我曾经在美国学习生活过大约七年半的时间，当地的普通老百姓实际上对于科技创新的概念还比较陌生。可以说，现阶段中国是全世界科技创新最好的沃土。对中国自身而言，这个阶段也是中华民族科技创新最好的时期。进入 21 世纪以来，我们整个国家和民族进入了快速上升期，是今后足以载入史册的“盛世”。包括在科技创新方面，我们的很多技术已经为自身增添了不少自信和底气。

每当回忆起 20 世纪 90 年代初期在我攻读研究生期间的科创发展，我都能感受到如今对于科技创新的信心今非昔比。当时我们还处于“跟跑”阶段，后来逐渐实现“并跑”，现在甚至在很多技术方面已经出现了“领跑”。纵观历史，与发达国家相比，中国在科技创新上的起步较晚。新中国成立初期，国家首先要解决生存问题，大量的资源投在学习工业技术上面。因此，我们一直将科学创新与技术创新融合在一起。

我认为上海科创中心建设应当包括四个方面，即科学新发现、技术创新、产业创新和国民科学素养。作为一名科研人员，也作为科研机构的管理者，我重点来谈谈科学新发现和技术创新：

在科学新发现方面，如果说自己是一个科创中心，必须要有一定的标准作为指南针，可以让人们对科学新发现的中心有一个清晰的认识。我认为，这个标准就是要展现一个地区的科研人员对于科学的推动作用。这个推动作用不是一下子就能看清楚的，而是要站在历史的角度，从较长的时间维度上，看看有哪些重大科学发现是在这个地区诞生的。对于上海来说，就是要展现自己的科学"底蕴"，想一想有哪些人类历史上重要的科学发现是发生在上海的。

每当我去那些久负盛名的世界名校或科研机构参观，时常会在一个实验室、一间教室、一栋大楼里，发现一些不起眼的小牌子。这些牌子虽小，却记录着许多重大科学发现的诞生地，令人肃然起敬。比如，汤姆森1897年发现电子的剑桥大学卡文迪许实验室，见证路易斯酸碱理论诞生的加州大学伯克利分校等。他们发现的这些科学知识不是一般的成果，而是人类科学知识的基石，是被写入了初中、高中甚至是大学课本里的知识点。这些需要人类通过教育不断传承、构建起人类文明发展的知识，造就了当地的科学底蕴，也让那些地方成为国际公认的科学新发现中心。

我国在技术创新领域的能力是有目共睹的。一个重要的原因是，自前三次工业革命以来，全世界在科学进展上是逐渐放缓的，而这就给中国提供了一个千载难逢的好机会。我们摸着石头过河，用最快的速度追赶世界前沿。所以，当他们进展放慢，我们之间的差距也就缩小了。现阶段上海科创中心建设迎来了非常好的机会。科技创新需要人、经济和市场需求的推动，这些中国都不缺，并且很强。而且现在的年轻人也开始追求个性化，这对于科技创新来说是有利的。最怕的就是，别人又加速了，甚至跨过了一个新时代，而我们还没有做好准备，那一下子又会被拉开差距。

作为科创中心，我们要努力创造能够让老外“跟跑”的科学知识和技术。其实，中国在技术领先方面要优于科学，比如手机支付、5G技术等运用，我们比其他国家做得更好，这还是得益于我们实用化的文化。

## “国家队”要成为创新策源力的源头之一

中国科学院是中国科学发现和技术创新的国家队。当年由于资源有限，我们将当时最优秀的人汇集到中国科学院。因此，中国科学院有几个明显的优势。一是平台优势，我们的装置和设施一般来说比很多高校都要优越。二

上海软X射线自由电子激光装置是张江光子科学中心的新利器

是科学研究的软环境优势，相比高校而言，我们拥有历史的传承和积累。三是与国家使命及国际前沿结合方面的优势，这是深刻嵌入中国科学院基因中的价值观。中国科学院的定位是做国家战略性、前瞻性、基础性的工作，就是专门做下一代技术的。中国科学院不搞生产，国家对我们没有 GDP 考核和生产指标。我们主要做体现国家意志的、能够有效满足国家重大需求的以及代表中国最高科技水平的科研成果。从长远来看，真正的科技实力体现在价值标准和品位，以及平台和人才上。

目前上海很多重大科技设施的应用发展都离不开中国科学院打下的基础。张江作为上海科技创新的核心区，就是当年中国科学院建立起来的。我们有很多成果，比如，上海光源、超短超强激光、“墨子号”、“悟空号”、北斗导航系统、风云卫星……上海的硬科技在全国层面都是发挥重要作用的，也构成了上海科创中心建设的基础。

科学发现是中国科学院的强项，也是上海科创中心创新策源力的主要来源之一。然而，在科学历史上，来自中国的科学发现并不多。只要翻开我们初中、高中和大学的数学、物理、化学、生物课本，看看有哪些知识点是中国发现的，就会发现这个问题。造成这一问题的主要原因，是因为我国在科学研究上的起步比西方发达国家晚得多。如今，当我们提出建设全球科创中心时，一方面是因为我们经过了多年追赶，有了超越和引领的机会；另一方面，我们也在科学方向上逐步形成了良好的文化和环境。

科学知识其实是自然界客观存在的规律，因此需要科学家们去发现而并非创造。科学发现与人格和文化密不可分。发现自然界的奥秘需要发自探索者内心的由衷喜欢和热爱。这是因为科学发现的最初阶段通常是不会产生短期利益的，对于探索者来说，不能屈服于一般的社会价值认同。从中华文明发展历程来看，过去，我们更讲究实用性，长期推崇“管用就行”。中国历史上发明的指南针、火药等都属于技术范畴，我国古人很早就精通了冶炼青铜器，造纸术、印刷术也都远远领先于西方。然而，对于“铁矿石如何成为铁?”“为什么时间长了，铜的颜色会由黄变青?”等问题，我们的祖先们却没有回答。如今，我们正在从思维上进行突破，科技创新不仅要有用，更要知道背后许多的“为什么”。

## 浮躁的环境对科创中心建设影响很大

衡量科研人员做得好与否有两条标准。首先是评价他发现的知识对于同行，甚至整个科学界和自然界能带来多少改变。其次就是在技术方面能够生产出对该产业具有巨大推动作用的产品。这两条标准其实并不复杂，但要真正做到却很难。

65 米射电望远镜参与了“嫦娥奔月”“天问赴火”

在真实生活中，我们所看到的科学家其实只是凤毛麟角，很多人一辈子也没有实现自己设立的目标。所以，科学研究是一个高风险的行业，尤其站在科技发展的历史上来看。从整个人类科技史上来说，真正能够被世界记住的科学家并不算多。因此，科学研究关键需要热爱和兴趣，要有承受失败打击的心理准备。无论是平凡还是成功，科研人员都能从中感受到乐趣，越是害怕失败往往越是无法取得重大成果。

在科学技术产业方面，中国人其实很强，因为中华民族非常好学勤劳，且善于市场推广。上海在科技产业方面没有太大问题。在科技素养以及教育方面也是处于领先地位，然而科创中心建设更需要那些对未知充满好奇和探索精神的学生。根据国外的统计，科学家的一个特点是“十几名效应”，也就是说在读书的时候往往十几名的人比较适合当科学家，因为科学研究与考试不一样，要耐得住性子，坐得住“冷板凳”。浮躁的科创环境对于科学研究、对于科创中心建设的杀伤力很大。一些科研人员被逼成了社交专家，参加一次学术会议，主要是去喝酒交朋友，认真听报告、探讨科学发现的人反而寥寥无几。要真正搞好科创中心建设，需要我们的管理者，能够判断什么样的科学和技术是有深度、有品位、有创新性的。

我的老师、诺贝尔奖获得者乔治·安德鲁·欧拉（George A. Olah）教授曾给我们分享科研的三个体会。第一个是要小心特别热门的东西。因为热门的领域已经有一个科学领袖，很有可能你忙活半天还是帮别人忙活的。第二个是不要崇拜权威。做科学研究，一定要有自己的独立判断和思考，一旦出现崇拜心理，你就很难超越别人。第三个是对于成功的事情可以忘记，对于失败的事情要长时间记住。每个人的时间都是有限的，一定要把有限的时间投资到别人做不成的事情上。在科学研究中心，这些失败里往往蕴含着值得探索的重要发现。在我看来，要成为一名世界顶级的科学家，需要与众不同的格局，要跳脱出平庸的逻辑和哲学，拥有独特的性格和思维方式，特别是独特的性格。

我一直以来都不断对学生强调，要培养对于科技成果的欣赏能力，要脚踏实地认识科学。只有认识到哪些科研方向、科技成果是重要的，并不断努力，才能做出真正具有历史影响力的科技成果，才能推动上海成为具有国际影响力的科创中心。

# “探索者计划” 照亮产学研合作新路径

【口述前记】

张强，现任联影医疗董事长兼联席首席执行官、联影医疗核心发起者之一，领导完成了多项国家及上海市重大专项项目，成功填补中国乃至世界高端医学影像设备领域多项核心技术空白。

【口述前记】

刘洪涛，正高级工程师，现任大飞机创新谷航空科学中心主任，长期致力于大飞机基础研究生态建设，促进基础研究、技术创新与工程应用的融合发展。

【口述前记】

王超，高级工程师，现任上海华测导航技术股份有限公司总工程师，带领研发团队对基于北斗的芯片、模组、技术等进行技术攻关工作，为企业在高精度导航定位领域核心技术层面提供支撑。

口述：张强、刘洪涛、王超

采访：耿挺、董奇

整理：耿挺

时间：2024 年 2 月 29 日，4 月 1 日

当前，新一轮科技革命和产业变革深入发展，学科交叉融合不断推进，科学研究范式发生深刻变革，科学技术和经济社会发展加速渗透融合，基础研究转化周期明显缩短，国际科技竞争向基础前沿前移。加强“从 0 到 1”的基础研究，开辟新领域、提出新理论、发展新方法，取得重大开创性的原始创新成果，是实现高水平科技自立自强的迫切要求，也是建设世界科技强国的必由之路。

2021 年上海出台《上海市人民政府关于加快推动基础研究高质量发展的若干意见》，提出坚持自由探索与战略导向相结合，优化基础研究发展环境，强化科技创新策源功能，为进一步推动上海基础研究领域跨越发展形成制度保障。聚焦产业发展中的科学问题和前沿技术，上海强化基础研究系统布局，进一步激发各类创新主体活力，引导、支持企业投入基础研究。

市科委联合企业积极探索“政企共同出资，企业出题，高校、科研院所、临床研究机构揭榜解题”的新模式，让基础研究更加贴合产业发展需求，全面提升科技成果转化效率。为此，市科委与联影集团在 2021 年签订了推进基础研究及应用基础研究合作框架协议，双方联合首设“探索者计划”。该计划针对产业发展中的重大科学问题和关键技术难题，由重点行业的领军企业“出题”，企业与市科委共同出资，引导高校和科研院所揭榜挂帅，开展相关应用基础研究，以此助力解决行业“卡脖子”技术难题，推动相关领域自主

创新能级提升。

2021年以来，先后有3家企业参与“探索者计划”，共同支持了50余支来自高校和科研院所的高水平研究团队。2024年加入该计划的8家企业，已覆盖集成电路、民用飞机设计、先进计算、高端装备与先进制造、合成生物学等多个领域。

## 企业为何也要基础研究

企业是创新的主体，而高校和科研院所是基础研究的主力军。这是产业界和科技界长久以来的共识。然而，对于正在打造全球科创中心的上海来说，科技领军企业也如同部分国内优势科研领域一样，正在从过去跟跑，走向并跑和领跑。快速仿制、迅速迭代、小步快跑式的企业发展传统模式，将逐步让位于“瞄准未来5—10年”、颠覆式产品创新的企业发展新模式。在这一过程中，上海科技领军企业深刻认识到从基础研究开始的底层创新的重要性，而“探索者计划”也应运而生。

**张强：**基础研究的实质性突破，往往会推动应用技术极大的进展。美国电话电报公司（AT&T）成立的贝尔实验室是很好的案例。该实验室获得过多项诺贝尔奖，也成为太阳能电池、数字交换机、通信卫星等许多重大发明的诞生地。因为基础研究对于企业，尤其对于行业的领军科技企业而言，是保持企业行业竞争力的关键因素之一。企业要获取长期领先优势，不仅需要“从1到100”的创新，更离不开“从0到1”的源头性创新的支撑。

与此同时，科技领军企业作为创新主体、产业龙头，既是经济活动的主要参与者，又是技术进步的主要推动者，能有力地牵引包括基础研究在内的创新链、产业链、资金链、人才链各方科技力量协同创新，并转化为产业竞

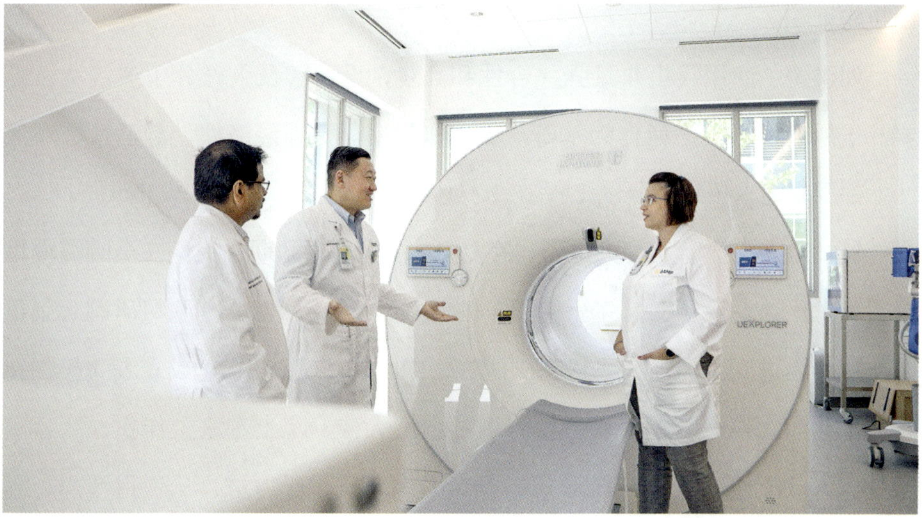


世界首款 Total-body PET-CT uEXPLORER 在美国密歇根州立大学的癌症治疗中心（BAMF Health）投入使用

争优势，这是国家参与全球竞争的关键力量。

联影集团身处高端医疗装备产业，是一个多学科交叉、产业链条长、技术难度大的创新密集型产业，也是横跨"先进制造 + 科技 + 医疗"三大交叉领域的新兴战略产业，是全球科技竞争、产业攻防的重要阵地之一。

经过十余年发展，中国高端医疗装备产业可以说已经完成了"从 0 到 1"的跨越式发展，攻克了高端医学影像装备从整机到核心部件层级绝大部分核心技术，自主研发了一批完全拥有中国自主知识产权的世界首创、中国首创，填补了大量领域里的空白。但是，越往价值链更高端竞争，尤其当研发进入"无人区""深水区"后，我们越需要在更前瞻的技术、更底层技术，如元器件、原材料等领域寻求突破，而这就离不开基础科研领域里原始创新以及创新成果转化，来支撑我们的产业去做颠覆性的世界级领先的创新。

这也是我们联合科委一起来成立"探索者计划"的初衷之一，希望发挥科技领军企业"出题人""阅卷人"作用，推动诞生一批原创性、颠覆性科技创新成果。

刘洪涛：商用飞机兼具强综合性和高复杂度，涉及大部分工业门类，需要几乎所有的理工学科作为基础。大飞机在安全性、经济性、舒适性、环保性上都要求追求极致，所以工程、技术必须和科学握手，加强基础研究。

科学对大飞机事业至关重要。在C919飞机立项初期，我们在全国高校集聚了一批优秀专家学者，弥补我们在科学上的不足，对C919飞机研制起到重要作用。为进一步加强大飞机基础研究，中国商飞在2019年成立大飞机创新谷后，开始探索一套系统性打法，通过创新大使、院士专家工作室、联合实验室、大飞机研究院等合作形式集聚国内外高校科研力量，从项目牵引，到最终形成工程专业与学科专业的长期共建、共享，充分构建了良好的大飞机高校协同创新生态，为大飞机事业注入持续动能。

2020年我们启动了大飞机创新研究计划，将大飞机的基础研究需求面向全国揭榜挂帅，目前已到第四期，已产出一批重要成果。上海的高校科研实力雄厚，地域优势突出，大飞机生在上海，长在上海，所以2023年我们跟市科委提出加入"探索者计划"，通过上海市的政策聚集本地高校优势科研力量，开展基础研究和科技创新，目标是在上海打造一个大飞机的基础研究生态，发挥企业的创新引领作用，及高校的基础研究和原创技术策源作用，构筑大飞机的独特竞争优势。

王超：我们是在2023年初加入"探索者计划"的。随着公司的发展，尤其是技术上的不断开拓，我们发现很多应用创新研究，逐渐遇到了一些瓶颈问题。过去那种纯粹的应用型研究，比如应用型改进、应用型创新，已经不足以支撑企业进一步的深度发展。其中的主要原因是，我们目前已经是行业内技术比较领先的企业，需要自己去"无人区"开拓。当时正好有一个与市科委进行交流的契机，说我们遇到这种困难。市科委说，有一个"探索者计划"，由企业与科研机构合作进行基础研究，从底层开始推动企业原始创新。我们当然很高兴能参与其中。

企业做基础研究，就像是建立一个中央研究院，这需要企业有足够大的体量。作为科技企业，我们还没有发展到那种规模。依靠自己去招收很多博士做基础研究，对于大部分科技企业来说，是很难支撑起来的。即使企业愿意花很大代价去自己做基础研究，也很难说出来的成果对企业就一定会有显著的积极作用。

"探索者计划"恰好给了我们这样的契机：科委支持，由企业"出题"，一些具备基础研究能力的高校和研究院所来揭榜挂帅，在基础研究的一些领域进行探索，也为企业未来 5 年甚至 10 年的技术进行积累。

华测导航把研发放在一个非常重要的位置，研发人员占比超过 50%，每年研发投入占比超过 18%，这是因为对于科技企业来说，产品的创新和性能提升是企业能在同类产品中脱颖而出的关键。华测导航有接近 10 条产品线。每个产品线随着客户需求的变化，每年都会出现很多新的研究需求问题。这些问题需要我们工程师在每个产品的迭代中进行大量实验以及持续的微创新来加以解决。

尽管微创新数量不少，但我们也看到了在底层技术和底层逻辑上，创新力量和创新成果是不足的。比如，我们有自己的核心算法，也有非常多的产品，而从底层逻辑上看，华测导航的核心技术就是高精度定位算法。其实，不少算法以及基础技术，可能都是几十年前的了，只不过一直应用至今。一个底层技术或是底层逻辑的突破，可能会改变一个行业，也就是真正的原始创新。

站在企业的角度看，一个基础技术可以支撑行业发展 5 年甚至 10 年。企业如果想在未来的 10 年内依然保持领先、依然保持创新，就不能只做应用技术研究，还要重视基础技术研究。

举个例子，在高精度定位领域，我们以前都是用GNSS。那么GNSS定位性能的提升，一方面取决于北斗卫星能力的进一步提升，另一方面就在于能够在基础理论中突破以前的办法，如利用大数据和人工智能的方法进行分析，如电离层模型分析大气误差等，通过这些分析来挖掘导航定位精度进一步突破的可能性。还有，能不能在传统的卫星定位基础之上，与视觉、激光或是卫星互联网等新型定位模式结合，通过融合的定位方式实现技术突破。这些都促使我们去推动做基础研究。

## 如何突破产学研“堵点”

科技经济两张皮，早已是一个老生常谈的问题。在上海科创中心的建设中，打通产学研“堵点”，让科技成果能够成为产业动力，也一直是核心攻坚点。“探索者计划”为产学研之路开辟了一条新路径。

**张强：**一般而言，基础科研投入大、风险大、周期长，企业背负来自市场和经营的压力，并不是每个企业都有能力来承担这样的投入。对企业来说，短期内一些底层技术没有解决、底层原理没有彻底理解，并不会直接影响一款设备的研发与投入市场；但长远来看，不掌握底层技术与原理，不去探索前沿的创新技术，不利于企业再进一步创新，头部科技企业更需要去攻坚这样的“无人区”。

“探索者计划”很好地打造了一个政府、高校与产业三方紧密合作的平台，依托科委，汇聚以高校为代表，也包括中国科学院和研究型医疗机构的科研单位与企业各自的优势资源，协同创新，双方人才与技术实现深度融合，相互扶持、相互促进。这不仅有助于解决企业面临的难题，也提高了科研机构科学家参与企业项目的积极性。

目前，上海科技大学生物医学工程学院教授赖晓春参与的“探索者计划”中的“下一代光子计数能谱作为CT”项目，就是一个很好的案例。光子计数能谱是近年来CT行业最大的一次“技术革新”。要攻坚突破核心技术，必须从底层做起，才能实现应用基础研究与产业研发的深度联动、理论与技术的闭环反馈与快速迭代。赖教授除了在上科大担任教职之外，他还兼任联影医疗光子计数能谱CT项目首席科学家。每周他都会有一整天来联影，和工程师一起讨论工作，一起解决产业真实遇到的问题，当前，团队已经初步完成了高束流下光子计数能谱CT探测器电荷输运机制研究，为光子计数探测器国产化提供了理论支持和支撑。

这样的合作对高校而言也很有意义，学术界能更好地把握产业界的需求，把需求凝练成科研问题，再带回到他的学术课题研究里。这样的问题是真正实际需要解决的问题，而实际的问题比人为假设出来的问题难得多，也更加困难。这也使科研人员的学术研究更具有独特的价值意义。这样科研人员有更多的动力参与这种项目。另外，科研单位作为科技创新与前瞻研究的一个前沿阵地，科研人员经常会有一些创新的想法、探索型的技术，依托“探索者计划”这个平台，这些创新探索就能更好地得到联影这种产业链的支持，很快完成认证，这又反哺支撑了科研与教学。

除此之外，联影本身和三家顶尖医院也有很好的合作，技术在临床上也能得到更充分的验证和反馈，产学研医能真正紧密结合在一起。

刘洪涛：“探索者计划”的目的是让工程和科学握手，最大难点也是握手。跟科学握手的关键是要把工程需求、工程难题向基础科学问题转化。所以我们的思路是打破原有的工程思维，让工程师走出去，把科学家请进来，由他们一起凝练与解决基础科学问题。

2019 年开谷的大飞机创新谷，已成为大飞机开放创新的窗口

打通科学到工程道路的难处在于以下三点：

第一，让高校理解工程需求。工程问题要用工程思维、经验及实践去解决，工程的理论基础基本是现成的，要突破理论基础去做产品难度太大。因此，我们需要厘清工程中有哪些难题需要高校来做，既要符合高校的定位，又要为我所用。做好“出题人”是最难的，也是对我们最大的挑战。

第二，由企业传递创新需求。高校老师往往从具体问题、难点上进行研究突破，但要从产业整体角度思考，让原始创新走向产业落地，需要能深度理解市场和产品的企业作为引领者，把创新需求传递给高校，充分形成校企间的创新联动。

第三，使校企构建价值统一。高校老师对待企业需求的一个重要考量标准是对自身发展是否有益。过去，高校通常不重视小规模的横向课题，对于老师的评价也更多是从发表论文、获评奖项的角度出发。然而，老师很难在参与工程项目中发表高水平文章或者获评基础研究方面的奖项，这也是企业在推动应用基础研究中遇到的难题。而这一情况正不断改善，企业愈发重视工程问题向科学问题的转化，高校也更加提倡做应用基础研究，并不断改善评价体系。

**王超：**过去，我们已经与很多高校和科研院所建立了产学研合作联系。作为企业来说，在产学研方面，重点考虑的是需要与竞争对手快速对决的技术研究，也就是近两三年的产品创新。而“探索者计划”需要企业与高校和科研院所能够放眼未来5—10年进行基础研究。这其实是中短期产学研合作与长期产学研合作的结合。

在产学研合作中，必然会遇到不少难题。比如，企业的研究肯定会看重应用，而高校研究比较看重理论，双方天然有一些难以对齐的东西。也就是说，企业认为合作需要满足应用的需求，对于理论的成果不会特别重视；高校会认为理论的成果、论文更为重要。而且，企业的应用需求，可能因为高校的不理解，很难做出匹配的理论，这意味着在企业和高校之间建立桥梁，是一个很有难度的挑战。

华测导航之前与不少高校进行产学研合作。其中很多高校的学术论文非常有优势，但要完成我们产品所需的应用研究，需要高校老师们花费很多额外的工作，并不是优秀的论文成果就能马上用到产品上。比如，我们觉得这个理论思路非常好，但在实验过程中，会遇到平台的算力是不是够用、预设场景与实际场景是不是对应、算法可靠性是不是足够等一系列匹配性问题。

企业与高校进行长期合作，需要进行大量的磨合和改进。在这期间，老师们花了不少时间和精力，但并不能发表与之相匹配的论文。比如，老师们对技术进行细节打磨，调整了参数，对于企业来说非常有用。但这样的研究不能带来优秀的论文，对于高校来说是有顾虑的。

双方能够静下心来找到好的结合点，既能在理论上有突破，同时也能为企业做创新，这是产学研合作过程中的一个很大挑战。

对于产学研来说，“探索者计划”作出了比较大的颠覆和突破。过去的创新模式，往往是老师们研究出一个新的理论，再从理论角度看能在哪些方面进行应用。这是一个正向的模式。“探索者计划”从需求出发，倒推学术研究内容，看看什么样的理论能够匹配企业需求，这是一个逆向模式。对于企业来说，肯定希望老师的理论研究能够真正匹配到应用需求中，也就是颠覆传统的逆向模式。华测导航参与“探索者计划”还是一个早期阶段，我们出的题目就是来自企业需求，让老师们能充分理解需求，从而牵引出对应的理论研究。

我们相信，在逆向模式中，也一定会有很多挑战需要企业、高校进行长期探索。这是因为需求提出之后，并不知道哪种方法可以加以解决，需要双方进行长时间探索，才能找到正确的解法。

## 运行机制有何创新之道

**张强：**“探索者计划”是上海市科委引导高校和科研院所开展应用基础研究的重要举措，在完善基础研究多元投入机制的道路上迈出了重要一步，为“从 0 到 1”凝练科学问题和科研成果并“从 1 到 10”的转化提供了平台和路径。“探索者计划”创新之处有以下两方面：

第一，投入机制创新。长期以来，我国基础研究的投入绝大多数来自国家和地方政府。“探索者计划”则是由政府和企业联合设立，双方按一定比例共同出资，支持科研人员、科研团队进行基础研究和应用基础研究。

第二，运行机制创新。“探索者计划”是以重点行业的领军企业“出题”，高校科研院所“答题”的运行机制，去推动产业需求与基础研究的进一步融通，鼓励和引导更多科学家投身于目标导向的基础研究，激发创新活力，加快科研成果的转化与落地。

**刘洪涛：**“探索者计划”的创新之处在于以下两点：

第一，导向创新。以前政府给高校的科研资助更多是高校自己“出题”自己“答题”，没有企业参与。“探索者计划”体现了政府支持高校科研的思路在转变，这个导向能充分推进市场导向的应用基础研究在高校生根。我们是去年跟市科委签署的合作协议，目前已发布第一批指南，在此过程中发现老师的积极主动性提高了，因为“探索者计划”既能体现产业需求，又符合高校的考核体系；

第二，运行创新。跟随走老路，创新走新路。关键是吃透需求吃透技术，我们要把工程问题转化为技术难题，把技术难题凝练成基础科学问题。我们以“探索者计划”作为重要载体，配合中国商飞关于大飞机基础研究所贯彻的打法机制，充分凝聚多方科研力量，真正解决实际问题。

创新是大飞机的未来，创新有很多方向，包括战略前沿、自由探索、市场应用导向等。未来我们会在引领创新方面加大投入，提前识别技术难题、科学问题，通过“探索者计划”，与高校专家学者一起探索未来。

大飞机的发展离不开科学研究，我们有非常强的驱动力去把大飞机的高校创新生态建设好。“探索者计划”是其中非常重要的一环，我们会充分用好这个平台，推进大飞机领域基础研究工作，建成创新链产业链融合发展的长效机制。

**王超：**在“探索者计划”中，我们已经与一些高校有了接触和尝试。过去，我们对于项目一次性投资数千万，要获得相应的成果。而“探索者计划”有着很强的探索性质，不确定性很大。我们将分批支持，希望科研团队能持续进行探索，企业则跟随迭代改进，双方共同找到一条合适的产学研路径。

当然，对于一家已经上市的科技公司来说，在产学研合作上必须考虑支

华测导航产品为珠峰测“身高”

出和收益。在“探索者计划”中，我们最初投入的资金并不会多，可能是百万级的投入。这样的投入，能够探索到一些合适的点。这些点可能只是理论性的中小型创新，但对于我们也是有帮助的。企业能够通过创新不断迭代，逐步明晰未来技术方向。通过百万级的投入，只要有1—2个课题能够获得很好的结果，就能撬动巨大的经济收益。

“探索者计划”肯定有成功的合作，也有失败的合作。这并没有什么关系，最差的情况是投入的研究并没有给企业带来技术支撑，但至少可以让企业知道哪些道路是走不通的，避免企业在技术上走弯路，因此也是值得的。其实，很少有科研论文去总结为什么不成功。如果研究团队能探索清楚，从科学原理上解释清楚为什么这条道路走不通，这其实也是一种成功。

# 系统推进全面创新改革试验　加快建设国际科技创新中心

【口述前记】

裘文进，1966 年 10 月生。曾任上海市发展改革委利用外资和境外投资处副处长，高技术产业处副处长（主持工作）、处长；上海张江综合性国家科学中心办公室综合协调处负责人。2017 年 7 月至 2019 年 9 月，任上海市发展改革委副巡视员。2019 年 9 月起，任上海市发展改革委副主任。现任上海市发展改革委副主任、党组成员。

口述：裘文进
采访：王旭杰、郭继、钱晨晨
整理：钱晨晨
时间：2024 年 3 月 29 日

2024 年是习近平总书记对上海提出“加快向具有全球影响力的科技创新中心进军”重要指示 10 周年。全面创新改革试验，是上海深入实施创新驱动发展战略、加快建设具有全球影响力的科技创新中心的重要内容，也是贯彻落实党中央、国务院重大决策的重要举措。回首这十年，作为首批国家全面创新改革试验区，上海始终坚持科技创新与体制机制创新“双轮驱动”，着力疏通基础研究、应用研究和产业化双向链接的快车道，为塑造良好创新创业创造生态发挥了重要作用。我有幸亲历了上海全面创新改革试验工作酝酿起步和探索发展的全过程。

## 抢抓首批试验区战略机遇

党的十八大以来，习近平总书记始终高度重视科技创新，提出了一系列重要论述，亲自谋划、亲自部署、亲自推动了一系列重大战略举措。其中，“具有全球影响力的科技创新中心”，是习近平总书记对上海工作提出的新要求，也是中央综合分析国内外大势、立足我国发展全局、根据上海具体实际作出的国家战略部署。

2014 年上半年，时任中财办主任刘鹤就即将召开的中央财经领导小组第七次会议相关议题到上海调研，希望上海能够在实施创新驱动发展战略问题方面，特别是科技体制机制改革方面开展些研究。时任上海市长杨雄收到任务后，立刻组织部署落实。中财办和市政府联合开展了一个专项研究课题，市发展改革委是代表本市参加课题研究的牵头单位，我也参与了整个研究的过程，后来这个课题的不少研究成果都被吸收到《中共中央　国务院关于深化体制机制改革　加快实施创新驱动发展战略的若干意见》和《中共上海市委　上海市人民政府关于加快建设具有全球影响力的科技创新中心的意见》（以下简称“科创22条”）中。现在回过头看，我们其实也是在借这个机会提前思考谋划国内外发展新形势下上海如何推进科技创新的问题。

2014年5月24日，习近平总书记到上海考察时，作出“上海要努力在推进科技创新、实施创新驱动发展战略方面走在全国前头、走在世界前列，加快向具有全球影响力的科技创新中心进军”的要求。为了拿出总体方案，市委、市政府举全市之力高位推动，主要领导带队围绕科技创新中心建设赴各部门展开了持续密集的专题调研。同年8月18日，习近平总书记主持召开中央财经领导小组第七次会议，明确提出“要研究在一些省区市系统推进全面创新改革试验，形成几个具有创新示范和带动作用的区域性创新平台”。市委、市政府高度重视，8月21日，时任市委书记韩正就到市发展改革委调研，听取了我们《关于建设全球科技创新中心的若干考虑》的汇报，对科技创新中心建设提出要求，并要求争取国家首批全面创新改革试验。

2015年初，市委将“大力实施创新驱动发展战略，加快建设具有全球影响力的科技创新中心”作为一号课题，由韩正任课题组长，重点聚焦发展目标、体制机制改革、创新人才发展、创新创业软环境建设、国家科学中心和重大科技创新前沿布局等5个专题，开展深入调研和反复论证。同年3月5日，习近平总书记在参加十二届全国人大三次会议上海代表团审议时，就上海科技创新工作作出重要指示，要求上海要在创新驱动发展方面继续走在前列。市委、市政府由此更加密切了同国家有关部委的沟通联系，以期争取更大支持，我个人也参与到了中共中央、国务院《关于深化体制机制改革　加快实施创新驱动发展战略的若干意见》起草工作中。到了5月25日，汇集全市上下各方智慧的“科创22条”正式出台，明确提出要按照中央要求，加强与国家相关部门对接，争取成为首批国家系统推进全面创新改革试验城市。

2015年8月28日，中办、国办印发《关于在部分区域系统推进全面创新改革试验的总体方案》，明确在上海等8个地区开展全面创新改革试验。市委、市政府主要领导指导落实，要求我们市发展改革委抓紧完善上海方案报国务院。后经与国家发展改革委、科技部充分研究论证、形成一致共识，市委、市政府在深刻把握上海科技创新中心建设与全面创新改革试验协同推进的基础上，明确要以上海全面创新改革试验为抓手，将建设具有全球影响

中华人民共和国中央人民政府
www.gov.cn
首页 | 簡 | 繁 | EN | 登录 | 邮箱 | 无障碍

首页 > 国务院公报 > 2016年第12号

字号：默认 大 超大 | 打印 |

国务院关于印发上海
系统推进全面创新改革试验
加快建设具有全球影响力
科技创新中心方案的通知

国发〔2016〕23号

各省、自治区、直辖市人民政府，国务院各部委、各直属机构：

国务院批准《上海系统推进全面创新改革试验加快建设具有全球影响力的科技创新中心方案》，现予印发。

一、依托上海市开展全面创新改革试验，是贯彻落实党中央、国务院重大决策，推进全面深化改革，破解制约创新驱动发展瓶颈的重要举措，对促进上海进一步解放思想、大胆探索实践、实现重点突破、发挥改革创新示范带动作用，具有重要意义。

二、上海市系统推进全面创新改革试验，要围绕率先实现创新驱动发展转型，以推动科技创新为核心，以破除体制机制障碍为主攻方向，加快向具有全球影响力的科技创新中心进军。

三、国家发展改革委和科技部要加强统筹，指导并及时协调解决改革试验中出现的新情况、新问题，组织开展试点经验和成效的总结评估，尽快推广一批有力度、有特色、有影响的重大改革举措。相关部门要主动作为，加强与上海市的衔接和协调，使本领域的重大改革举措真正落实落地。

四、本方案实施中的重大问题，以及需要由全国人民代表大会常务委员会授权、相应调整有关行政法规和国务院文件部分规定的事项，上海市人民政府要及时向国务院请示报告，按程序报批。有关重大工程、重大项目、重点产业等部署要与相关部门沟通协调，协同推进。

国务院
2016年4月12日

上海系统推进全面创新改革试验
加快建设具有全球影响力的
科技创新中心方案

为深入贯彻党的十八大和十八届三中、四中、五中全会精神，全面落实《中共中央　国务院关于深化体制机制改革加快实施创新驱动发展战略的若干意见》和《国家创新驱动发展战略纲要》的要求，支持上海系统推进全面创新改革试验，加快向具有全球影响力的科技创新中心进军，制订本方案。

**一、指导思想**

按照党中央、国务院决策部署，紧紧抓住全球新一轮科技革命和产业变革带来的重大机遇，当好改革开放排头兵、创新发展先行者，坚持问题导向、企业主体、以人为本、开放合作的原则，以实现创新驱动发展转型为目标，以推动科技创新为核心，以破除体制机制障碍为主攻方向，以长江经济带发展战略为纽带，在国际和国内创新资源、创新链和产业链、中国（上海）自由贸易试验区和上海张江国家自主创新示范区制度改革创新三个方面加强统筹结合，突出改革重点，采取新模式，系统推进全面创新改革试验，充分激发全社会创新活力和动力，把大众创业、万众创新不断引向深入，把“互联网+”、“+互联网”植入更广领域，把科技人员与普通群众、企业与科研院所、大中小微企业、线上线下的创业创新活动有机结合起来，推动科技创新与经济社会发展深度融合，加快向具有全球影响力的科技创新中心进军，率先转变经济发展方式，推进供给侧结构性改革，发展新经济、培育新动能、改造提升传统动能，

国务院批复同意的上海“全创改”方案

力的科技创新中心一体部署、一同推进，所以后来正式文件的名称就定为了《上海系统推进全面创新改革试验加快建设具有全球影响力的科技创新中心方案》。2016年3月30日，国务院常务会议审议通过《上海系统推进全面创新改革试验加快建设具有全球影响力的科技创新中心方案》(以下简称《方案》)并于4月批复印发，标志着在部分区域推进全面创新改革试验工作进入实施阶段，这也是8个试验区中首个也是唯一一个由国务院常务会议单独审议并由国务院全文印发的地区“全创改”方案。

这里要说明的一点是，《方案》基于当时上海的既有基础和条件，提出了开展先行先试的10个改革主攻方向和20项具体改革试点举措，即允许上海在比较可行的范围开展试点，试点实施上市许可和生产许可分离的药品上市许可持有人制度、探索鼓励创业创新的普惠税制、投贷联动等金融服务模式创新、股权托管交易市场、新型产业技术研发组织、简化外资创投管理等举措，并实施一批能填补国内空白、解决国家“卡脖子”瓶颈的重大战略项目和基础工程。而这些都是必须经中央授权上海才能实施改革的，可以说这也是国家为支持上海科创中心建设而配套附赠的一个“大礼包”。至此，《方案》同“科创22条”一起成为上海科创中心建设的重要政策支撑。

## 先行先试创新改革举措

2016年4月1日，上海召开市委常委会扩大会议，传达落实国务院常务会议精神，提出“举全市之力系统推进全面创新改革试验，全力以赴落实好国家战略”。随即全市成立由韩正任组长的上海推进科技创新中心建设领导小组，统筹推进科技创新中心建设，协调推进全面创新改革试验工作。到2016年4月20日，本市召开推进科技创新中心建设第一次领导小组会议，明确建立“2 + X”工作推进机制，其中，“2”即在市领导小组下设 2 个推进组：一是由杨雄担任组长，负责协调推进体制机制改革和张江综合性国家科学中心建设等重大任务，二是由市委副书记应勇担任组长，负责协调推进创新创业人才发展工作；“X”即建立若干个专项工作组，由相关市领导牵头负责。同时，以市委、市政府名义发布了上海科创中心建设 2016 年 11 个重点专项、70 项重点工作，把《方案》中的四个方面发展任务和十个方面改革举措等，进一步细化成年度工作任务，每项工作都由相关市领导牵头，并明确责任单位和时间节点，确保上海全面创新改革试验各项工作落实到位。

根据《方案》安排部署，上海要力争通过 3 年系统推进全面创新改革试验，基本构建推进全面创新改革的长效机制。对此，按照国务院相关批复要求，上海在国家发展改革委、科技部等国家部委的大力支持下，在加强原始创新水平不断提高、技术创新能级明显提升、产业发展动力持续增强、体制机制改革深入推进上更下功夫，做好顶层设计、完善制度供给，依托国家和地方科创中心建设推进机制，着力推进全面创新改革试验、科技创新中心和综合性科学中心三个国家战略。

一方面，着力优化服务国家战略的创新布局，进一步夯实现代化产业体系建设的科技支撑，包括推动建设硬 X 射线自由电子激光装置、上海光源二期等国家重大科技基础设施，建设李政道研究所等创新机构，规划布局超过 18 个市级研发与转化功能性平台和 26 个市级科技重大专项，高水平建设张江实验室和张江科学城等。张江综合性国家科学中心的集中度和显示度不断提升，自主创新能力显著增强。国家发展改革委提出建设综合性国家科学中心，主要是出于推动我国产业链和创新链要更加紧密结合的考虑，怎么样在“从 0 到 1”的原始创新方面有一些基础平台，它的使命是集聚顶级科技人才，营造自由开放的科研制度环境，提升国家基础研究和原

上海光源内景

始创新能力，市委、市政府对此很重视，要求市发展改革委制定方案，积极上报。2016 年 2 月 16 日，国家发展改革委、科技部批复同意上海以张江地区为核心承载区建设综合性国家科学中心，在加强原始创新水平不断提高、技术创新能级明显提升、产业发展动力持续增强、体制机制改革深入推进上更下功夫，这是全国首个综合性国家科学中心，随后也成为“四个方面的重点任务”之一，被纳入 2016 年 3 月 30 日国务院常务会议审议通过的《方案》中。

另一方面，积极推进科技体制机制改革先行先试，强化科技创新中心建设的制度供给。包括着眼突破制约创新发展的体制机制障碍，在六个主要方面着力“自主改”，即建立符合创新规律的政府管理制度、构建市场导向的科技成果转移转化机制、完善激励创新的收益分配机制、健全企业主体的创新投入机制、建立积极灵活的创新人才发展制度和构建跨境融合的开放合作新机制等。同时，结合上海市特点，根据党中央、国务院授权，在10个方面（共20项改革举措）加快“先行试”。比如，在国内率先开展药品上市许可持有人制度试点，全国首家持有药品上市许可的药品研发机构、首张药品上市许可持有人执照、首张研发机构持有人《药品生产许可证》均落地上海，试点形成的制度性成果被写入新修订的《药品管理法》复制推广至全国。比如，开展海外人才永久居留便利服务试点，率先探索海外人才永久居留的市场化认定标准和便利服务措施，允许外国留学生毕业后直接在沪创新创业等，目前已复制推广到全国。又比如，积极探索天使投资税收支持，允许将投向种子期、初创期的科技型企业的投资额的70%抵扣当年应纳税所得额，2017年10月全国首单天使投资个人所得税优惠案例在上海成功落地，截至2023年6月上海已有33户合伙创业投资企业完成税收抵扣。再比如，在上海股权托管交易中心创设“科技创新板”，目前已有388家科创企业成功挂牌。此外，研发费用加计扣除、股权奖励递延纳税两项政策，因为迫切性比较强、影响面比较广，在《方案》上报审批过程中已直接由相关部委发文在全国实施。

从2017年到2020年，在国务院向全国复制推广的三批共56项创新改革举措中，有12项来自上海，约占总数的1/5，具体包括鼓励引导优秀外国留学生在华就业创业，专利快速审查、确权、维权一站式服务，区域性股权市场设置科技创新专板，以地方立法形式建立推动改革创新的决策容错机制，科技创新券跨区域“通用通兑”政策协同机制等。当然，各项改革举措在研究讨论阶段也有过不同程度的争议，比如股权激励是不是要那么大的比重？永久居留证是不是可以授权地方？但是大家当时的重点就是怎么样给科技创新“松绑”，各方面的意见还是比较快速地达成一致。

## 开展新一轮全面创新改革

2020年，上海“形成具有全球影响力的科技创新中心的基本框架体系”任务如期完成，上海科技创新中心建设从形成基本框架体系转向实现功能全面升级的新阶段。2021年4月，国家发展改革委、科技部印发《关于深入推进全面创新改革工作的通知》，提出围绕构建高效运行的科研体系、打好关键核心技术攻坚战、促进技术要素市场体系建设等方面，采用“揭榜挂帅”任务清单方式，开展新一轮全面创新改革。对此，上海全面创新改革试验进一步聚焦关键环节和重点领域，在基础研究和技术攻关、科技成果转移转化、政府公共服务能力提升等方面持续深化创新改革，已经取得了一批重大创新改革成果。

科技创新其实分两类，一类是使命驱动型，是带着国家战略任务要求的；还有一类是自由探索型，就是科学发现，需要宽松的环境。所以我们说，加强基础研究一定要双管齐下，特别是要给予自由探索一定的经费和稳定的支持。在这方面，2021年以来上海聚焦基础研究和技术攻关，不断加大对科研人员和团队放权赋能力度。我们在地方科学基金项目试行“负面清单＋包干制”，即试点科研项目经费使用无须编制项目经费预算，取消直接经费和间接经费限制，全面实行定额包干，同时结合负面清单管理，即在经费除负面清单列明的禁止支出项目外全部用于本项目研究工作相关支出的基础上，科研人员有权自主决定项目经费使用。2022年上海将试点范围扩大到自然基金面上，2023年又进一步将“启明星”和“优秀学术带头人”项目、“软科学”项目、“揭榜挂帅”项目及部分独立法人研究机构等纳入试点范围。同时，作为新一轮全面创新改革的重点任务之一，围绕打好关键核心技术攻坚战，我们主要针对集成电路重大装备、大飞机、基础软件科技自立自强，以企业和产业关键技术需求为榜单，运用财政资金和企业自有资金共同发起“揭榜挂帅”项目，以“谁能干就让谁干”遴选揭榜者，以“怎么行就怎么干”发挥揭榜者优势开展攻关。截至2023年底，我们先后会同相关单位以“揭榜挂帅”方式，发布“榜单”70条，布局科技攻关项目72项，资助经费超过1亿元。

在聚焦科技成果转移转化方面，强化收益分配和人才培养模式创新，包括推动转制科研院所服务共性基础技术开发综合改革，以上海化工研究院为例，实施研发视同于利润、工资总额单列等试点举措，该单位实现了首次作为牵头单位承担国家重点研发计划项目的历史突破；试点以先投后股方式支持科技成果转化，以宝山区聚焦打造科创中心主阵地建设为契机，先期以科技项目的方式，支持实验室科技成果“二次开发”，约定地方政府投入资金后期转换为股份的数量，在科技成果转化项目进入市场化融资阶段，将财政资金转换为股份并按照“适当收益”原则逐步退出，与科技成果转化企业共担市场风险；以及推动新型研发机构科教融合培养产业创新人才。

在聚焦政府公共服务能力提升方面，加快推进创新要素共享流动，包括成立由市委、市政府主要领导牵头的城市数字化转型领导小组，出台《上海市促进城市数字化转型的若干政策措施》，试点实施公共数据资源首席数据官制度，引导企业构建、激活数据管理能力；推动科研仪器开放共享“一网办”“一指办”。作为国内首个将大型科研仪器共享进行立法的城市，上海在2008年建立“大型科学仪器信息平台”，依托“一网通办”和“长三角科技资源共享服务平台”，经过多年建设，现已入网731家管理单位对外公开的仪器设备21592台（套），总价值近300亿元，形成全社会多元共同参与的良好态势；以及推动知识产权保护“一件事”集成服务，为城市数字化转型和打造国际知识产权保护高地提供有力支撑。

此外，围绕高校和科研院所职务科技成果单列管理试点、科研机构技术转移人才评价和职称评定制度、横向科研项目结余经费出资科技成果转化等多项任务，上海也推动和开展了很多的专项改革。

## 加快关键领域创新发展

无论是2016年国务院印发的《上海系统推进全面创新改革试验加快建设具有全球影响力的科技创新中心方案》，还是2021年《国家发展改革委科技部关于深入推进全面创新改革工作的通知》部署启动的新一轮全面创新改革任务，上海全面创新改革试验工作，始终坚持以推动科技创新为核心，以破除体制机制障碍为主攻方向，通过实施一批重大战略项目和基础工程，服务国家在若干重大关键领域实现从跟跑向并跑、领跑的历史性转变。

集成电路是支撑现代经济社会发展的战略性、基础性和先导性产业。在2020年11月12日，习近平总书记出席浦东开发开放30周年庆祝大会，并对上海作出“加快在集成电路、生物医药、人工智能等领域打造世界级产业集群”的重要指示后，上海很快就把集成电路、生物医药、人工智能确立为三大产业重点加以发展。因为对于上海来说，作为我国集成电路产业链最完整、企业集聚度最高、综合技术实力最强的地区，就是要立足国家最迫切需要和上海最有优势的领域，聚焦发力、多作贡献。

事实上，历届市委、市政府一直非常重视和支持集成电路产业的接续推进，对它的布局也是比较早的。2000年、2012年、2017年、2021年，我们分别组织制订了四轮产业政策和相关专项政策，并先后拟订了两轮集成电路“上海方案”，全面提升集成电路研发、投融资、人才等支持力度，推动了一批集成电路重大建设项目落地，形成上海集成电路产业发展的基本格局。成功培育了一批具有影响力的集成电路骨干企业，已有约30家企业在科创板上市，数量位居国内第一。上海集成电路自主创新动能进一步释放，国产FPGA等批量供货，装备、零部件、材料、基础软件相继实现突破。此外，上海在市级层面还成立了有关集成电路产业的基金，持续加大对骨干企业的资金支持。截至目前，上海已聚集重点产业链企业超过1000家，设计业、制造业、装备材料业规模和技术水平稳居国内前列，产业规模达到3250亿元，约占全国的1/4。全国集成电路产业高地建设初见成效。

从“建框架”到“强功能”，十年来，上海国际科技创新中心建设一系列成绩的取得，是习近平总书记关心重视、亲自指导的结果，也是在党中央、国务院坚强领导下全市各部门团结协同、共同努力的结果。市发展改革委将在市委、市政府领导部署下，以更大的决心和力度，聚焦“强化科技创新策源功能，提升城市核心竞争力”主线任务，努力推动上海在科学新发现、技术新发明、产业新方向、发展新理念上实现接续跨越，为加快建设具有全球影响力的科技创新中心作出应有贡献。

# 从“跟跑”到“领跑”的上海生物医药产业建设

【口述前记】

董树沛，1962 年 8 月生。曾任上海市科学技术委员会生物医药处副处长、一级调研员。2019 年，参与组建上海市经济和信息化委员会生物医药产业处。2023 年 11 月起，任上海市合成生物产业协会会长。

口述：董树沛

采访：郭继、严亚南、段春义

整理：段春义

时间：2024 年 2 月 27 日

我大学读的是生化工程专业，毕业后在华东理工大学做动物细胞培养工艺和设备研究工作。1993 年，市委、市政府决定重点发展生物技术等高新技术产业，我在这一年借调到市科委工作，有幸在当时的市科委副主任吕也博带领下，参与生物高新技术产业化的调研工作。市科委的调研报告得到了市领导的充分肯定，上海发展生物医药产业的大幕由此开启。此后，我一直在做上海生物医药科技和产业领域的管理工作，见证了上海生物医药产业三十多年的发展历程，特别是习近平总书记对上海作出“加快向具有全球影响力的科技创新中心进军”的重要指示后，生物医药成为上海重点发展的三大先导产业之一，上海生物医药科技和产业界更加奋发进取，向加快建设具有全球影响力的生物医药产业创新高地奋进。

## 跨国药企落户张江，上海生物医药转型发展

1990 年党中央、国务院批准开发开放浦东，1992 年邓小平同志南方谈话要求上海抓住机遇发展。上海经济需要新增长点，产业结构需要调整转型，1993 年市委、市政府决定重点发展计算机和现代生物与医药（生物医药）高新技术产业，成为全国首个明确提出发展生物医药高新技术产业的省市，构成了上海生物医药产业新发展的基础。

2019 年 10 月 21 日，耗资 8.63 亿的罗氏上海创新中心在张江高科正式落成。2022 年，罗氏上海创新中心正式升级为罗氏中国创新中心

在 20 世纪 90 年代以前，我国的医药工业都是以仿制药为主，全国 99% 都是仿制药，上海也不例外。1993 年我们给市委、市政府的调研报告提出，仿制药不是上海生物医药的发展方向，上海要从“以仿为主”“创仿结合”逐步过渡到“以创为主”，大力推动创新药研发，开始向原始创新药进军。

1993 年，上海正在谋划重点发展生物医药高新技术产业，张江高科技园区正在寻找发展突破口。同时，国内医药工业需要新的技术和产品，国际医药巨头在中国的发展也开始从来料加工向合资合作模式转变。比如罗氏制药此前与上海三维制药公司在产品合作上非常愉快，彼此建立了良好的信任关系，罗氏制药也想在中国寻求进一步发展。经过深入考察和谈判，1994 年 1 月 7 日，罗氏集团与三维制药草签了合资成立上海罗氏制药有限公司合约；当年 4 月，上海罗氏制药有限公司在张江高科技园区举行合资厂奠基典礼。

罗氏制药成为第一家进入张江高科技园区的知名跨国药企，其标志性意义在于：一是表明了中国改革开放的决心不变，体现了上海有决心、有能力及时做好开发开放浦东的各项基础保障工作，能够满足外资企业落户浦东、落户张江的准入要求；二是开启了张江高科技园区发展生物医药产业的先河，坚定了市委、市政府将生物医药科技产业发展重点放在浦东、张江的决心，初步形成了“张江药谷”的设想，成为国内首个规划生物医药产业发展的园区；三是为以张江高科技园区为核心打造“国家上海生物医药科技产业基地”打下了基础，确立了张江作为中国生物医药产业发展重要示范园区的地位；四是为后期生物医药外资企业落户上海、选址张江起到了引领示范作用，短短几年，张江迅速吸引集聚了一批国外著名制药企业和医疗器械企业，如麒麟鲲鹏、奈科明、美敦力、史克必成、第一三共等，一举打响了上海张江在生物医药产业领域的名气；五是引进了一批创新药品在中国生产，也是“中国造全球用”的实践者，成为制药行业引进外资外企“以市场换技术”的成功案例之一；六是成为上海营商环境的宣传者，罗氏集团首席执行官一直是上海市长咨询会成员，首任总经理离任后一直留在张江参与帮助招商引资的工作。

生物医药行业是一个强监管的行业，许多事权在国家部委而不在地方，但地方发展这一产业缺少不了国家部委的支持。所以我们向科技部请示，能不能建立一个上海与部委之间联系协调的工作机制。1996 年，在人民大会堂，上海市政府和国家科委、卫生部、国家医药管理局签了一个四方合作协议。同年中国科学院加入该协议，支持上海发展生物医药科技产业，共同建设国家上海生物医药科技产业基地，并成立了基地领导小组，形成基地领导小组定期会议机制。特别是早期每年的基地领导小组会议，对上海生物医药科技产业的发展定位、路径、布局等影响深远，解决了上海生物医药产业发展中遇到的许多问题，包括顶层规划设计、重大科技布局、药物审批、临床应用等等，这些都为上海生物医药产业转型发展奠定了良好的基础。在这个机制基础上，国家科委（科技部）批准上海建设国家新药筛选中心、国家上海新药安全评价研究中心等药物创新平台，中国科学院批准将中国科学院上海药物所搬迁到张江，“一所六中心”项目的布局建设对“张江药谷”的声名鹊起发挥了关键作用。我觉得这个会议协商机制在全国是首创的，以前从来没有过省市跟部委之间为单一产业成立一个领导小组的案例。

2011 年 12 月 10 日，国家上海生物医药科技产业基地领导小组第九次会议召开

## 生物医药成为上海重点发展的三大先导产业之一

2014 年习近平总书记在上海考察时提出“加快向具有全球影响力的科技创新中心进军”后，上海生物医药开始了从“创仿结合”“以创为主”到“首发引领”的转型。当年，上海市政府办公厅发布《上海市生物医药产业发展

行动计划（2014—2017 年）》及《关于促进上海生物医药产业发展的若干政策（2014 年版）》，进一步优化上海市生物医药产业创新和发展环境，加快形成“优势互补、错位发展、各具特色”的生物医药产业布局，加快生物医药创新产品向高端、高附加值方向转型的步伐。2015 年，上海成为药品上市许可持有人制度（MAH）试点省市之一。2017 年，上海又先行先试医疗器械注册人制度。2019 年，生物医药创新成果加速涌现，生物医药领域新一轮科技创新行动计划启动。2020 年，聚焦基础前沿领域和关键核心技术，上海加快推动生物医药科技创新。经过几年的发展，上海生物医药产业整体呈现健康稳步发展的态势，产业规模持续增长，研发创新能力在全国处于前列，产业链更加完善，产业创新服务体系进一步优化。

2020 年底，《中共上海市委关于制定上海市国民经济和社会发展第十四个五年规划和二〇三五年远景目标的建议》正式发布，提出“推动集成电路、生物医药、人工智能三大先导产业规模倍增，加快发展电子信息、汽车、高端装备、先进材料、生命健康、时尚消费品六大重点产业”（简称“3 + 6”）。2021 年 1 月，上海市政府发布《上海市国民经济和社会发展第十四个五年规划和二〇三五年远景目标纲要》。7 月，市政府办公厅印发《上海市先进制造业发展“十四五”规划》，提出了构建“3 + 6”新型产业体系具体规划和方案，上海全力加快生物医药产业的建设步伐。生物医药成为上海“集合精锐力量、加快发展突破”的三大先导产业之一，突出体现了作为新型产业体系建设的“先锋队”作用，体现了“上海制造”承担国家战略和高端引领、推动上海制造业高端化目标的战略布局。

市委、市政府将生物医药作为重点发展的三大先导产业之一：一是落实习近平总书记赋予上海打造世界级生物医药产业集群重要使命的具体举措，是完成中央交给上海重大战略任务的具体举措。习近平总书记在浦东开发开放30周年庆祝大会上指出：“要聚焦关键领域发展创新型产业，加快在集成电路、生物医药、人工智能等领域打造世界级产业集群。”作为国家战略承载地的上海，建设具有国际影响力的生物医药创新高地和世界级生物医药产业集群，表明了上海的竞争要面向全球，面向未来。生物医药既关系国计民生和百姓安康，又是国际竞争激烈的高科技产业，上海有责任、有义务、有能力去承担和完成这一重大战略任务。过去，上海生物医药科技产业的发展，一直得到国家有关部委的指导和支持，经过几十年的发展，上海在科技创新、产业发展、人才集聚、政策先试、生态环境、区域联动等方面取得了显著的进步。现在，我们更要在国际合作竞争新形势下勇于担当，在高科技未来产业上有所作为，提高上海在生物医药领域的国际话语权和竞争力，为上海产业高质量发展提供有力支撑。

二是生物医药产品需求潜力大，有广阔的发展空间，可以形成一个巨大的产业规模。预计到2027年，全球药品市场规模将达到1.9万亿美元，中国的药品市场规模届时将达到2.5万亿人民币，生物医药市场的复合年均增长率将比其他行业更高。随着创新药研发投入不断增加、基础前沿科学研究的不断突破、基因细胞治疗等新领域的快速崛起，生物医药市场将会比其他药械领域取得更快的市场增速。加之各国各地纷纷出台政策鼓励生物医药产业创新和制造，提供了有利于产业发展的环境，这都为生物医药科技产业发展提供了新机遇。

三是建设具有全球影响力的科技创新中心的重要内容。作为四个综合性国家科学中心（北京怀柔、上海张江、大湾区、安徽合肥）之一所在的城市，相对其他头部工业城市，上海在创新平台、科教资源、高端人才、综合实力等方面都具有显著优势，具有发展先导产业的坚实基础，具有打造有国际影响力的生物医药产业创新高地和世界级生物医药产业集群的先天优势。上海在生物医药或者说生命科学领域，有众多高等院校、国家级科研机构、大科学设施和科研产业化公共服务平台，高级人才集聚，创新成果成绩斐然，科研环境和生态等方面处于国内领先地位，以海归人员、大公司“溢出”人员为主的创新创业型企业活跃。

四是顺应产业迭代、结构转型，保持上海制造优势的发展需求。不同时代有不同产业发展需求，同一产业在不同时代也有不同发展重点。就上海生物医药科技产业来说，经过几十年的耕耘，发展生物医药科技产业已经成为市区两级政府的真正共识，越来越多的区和园区正在主动寻求生物医药的发展机遇。上海生物医药创新成果不断涌现，在药械的研发、临床和批准上处于国内领先地位，国际合作程度也处于国内第一梯队，我们已经建立了相当完善的生物医药创新链，形成了国资、民资、外资企业三分天下的局面，完成了从“以仿为主”到“创仿结合”“以创为主”“首发引领”的转型。

## 全力推进生物医药产业发展创新的重要举措

上海发展三大先导产业，就要对标国际最高标准、最好水平。在新发展形势下，上海生物医药产业发展也面临着一些挑战和问题，如国际合作，“上海创新、本地制造”受到制约，科研产业综合环境绝对优势相对减弱，兄弟省市发展异军突起，创新链产业链仍需“补链固链强链”，产业集群和领军企业的国际竞争力尚需提升等。面对这些问题，我们应重点在以下几个方面开展工作，全力加快产业的创新步伐：

第一，持续加大政策供给，提高政策感受度。上海在生物医药科技产业支持政策还是不少的，如对创新药械研发的后补贴、产业化项目建设的补助、MAH 研发生产的奖励、创新产品的入院应用、医疗机构的成果转化、创新产品审批的提前介入服务等。但生物医药政策的好多事权不在地方，真正落地还有不少难度，所以要用好用足国家给浦东、临港的特殊政策，用好地方立法权，尤为重要的是要敢于先立后破、先试后行，给创新发展更宽容的政策环境。

第二，加强基础和应用研究，坚持创新策源促进产业发展。上海在生物医药创新布局上一直具有超前意识，如20世纪90年代基因工程药物、21世纪第一个十年的抗体药物和心脏植入支架、第二个十年的创新药和高端医疗影像，以及最近的细胞基因治疗、医疗机器人、AI＋生物医药等，均取得了丰硕的成果，为上海生物医药科技产业持续健康高质量发展奠定了坚实的基础。近年来，我国批准的一类新药，约1/3出自上海或与上海有关。近5年，上海一类创新药和三类创新医疗器械上市数量分别占全国的1/4和1/6，均位居全国前列。

第三，推动临床转化研究，解决未满足的临床需求。生物医药的创新灵感来自临床需求，临床转化又是生物医药发展的催化剂。针对研究机构和创新型企业反映创新药临床试验难进上海医院的状况，市经信委、市申康中心推出了临床试验加速器，通过一网通办网络预约、申康中心合理组织调度，及时对接企业、医院的需求和资源，提升产医融合质量效率，大幅缩短了创新药物临床试验的启动时间，为创新药的研发和获批争取了宝贵的时间；针对医院创新成果界定难、作价难、权益分配难和本院应用难等问题，市科委联合市卫健委等出台了《上海市促进医疗卫生机构科技成果转化操作细则（试行）》，理清了创新成果的归属权、作价权和收益分配权等困扰医院和医务人员对成果转化落地的疑虑，提高了他们推进成果转化的积极性；针对创新药物研发国际化的趋势，市卫健委、市科委加强了临床研究体系和能力建设，鼓励有条件的医院医生主导和参与创新药物的国际临床试验研究，主动融入国际生物医药创新链，助力本市创新药物打入国际主流市场。

第四，积极推动“五链”深度融合，全力营造“热带雨林”产业发展生态。生物医药科技产业发展到今天，靠单一优势已经很难在很“卷”的国际国内竞争中取得一席之地，需要一流的产业生态为产业发展提供坚实保障。上海近年来积极推动创新链、产业链、资金链、人才链、空间链“五链”深度融合，全力营造“热带雨林”般的生物医药产业发展生态，加快产业高质量发展速度。如推出生物医药研发用品进口白名单制度，提升企业进口物品便利度；建立本市生物医药“新优药械”产品目录，助力产品入院应用；支持多元支付机制建设，完善药械支付体系等。

## 开启生物医药产业创新高地“加速跑”

未来，上海要进一步提升生物医药生命科学的创新策源能力，积极构建开放融通的生物医药产业创新格局，必须着重把握以下几个原则：

一是对生物医药的长期热情和执着要保持。要咬定青山不放松，生物医药创新研发成功的路太长，成功的概率又低，科学家没有热情和执着是不行的。同样，生物医药涉及方方面面，单靠一个部门的热情和执着不行，只有大家通力合作、持续支持，上海才会不怕拷贝、不断突破。

二是科技创新要素和国际合作优势要保持。上海生物医药已经基本完成了“以仿为主、创仿结合、以创为主”的历史性转变，开始了“首发引领、双向许可”的新时代。发现善用全球创新资源，吸引海内外高端人才集聚申城，对建设世界级生物医药科技产业高地很重要，要继续完善面向全球的创新资源集聚、高端人才向往、研发条件优异、创新创业便利和应用场景顺畅的环境，以世界视角做世界新药械。

三是临床资源文章要做好。生物医药创新源泉来自未被满足的临床需求，上海有36家三甲医院、1家转化医学国家重大科技基础设施（上海）、6家国家临床医学研究中心、6家国家医学中心和17家市级临床医学研究中心。生物医药创新研发的结果好坏，最终是要靠医生、病人来认可的，探索建立更好更灵活的创新激励机制，激活临床资源要素，建立符合国际水准的临床研究队伍，促进产医深度互动和融合，才能将上海的临床资源优势转化为推动产业发展的新动能。

四是国际金融中心地位和资讯发达优势要用好。做好国内外投融资渠道链接，强化金融支撑作用，建设学术交流和成果转化重要承载地，营造创新转化的良好氛围，打通生物医药研发产业化“最初一公里”和“最后一公里”，真正成为生物医药信息、投融资和项目投资的汇聚地。

五是产业制造要落地，产业生态要丰富。现在各地竞争十分激烈，资讯交通又十分便利，如果上海的科研优势不能及时转化为产业优势，也一定会逐步失去科研优势。因此，对产业制造一定要十分重视，真正实现“好企业不缺用地，好项目不缺空间”。同时，要打好上海优势综合牌，通过完善“热带雨林”生态，形成上海生物医药科技创新产业发展独特优势，激发高质量发展澎湃动力。

# 探索实施药品上市许可持有人制度　助推上海新药创制“加速跑”

【口述前记】

阎祖强，1960 年 11 月生。曾任上海市发展和改革委员会党组成员、秘书长，中共上海市闵行区委常委、副区长，上海市食品安全委员会副主任、办公室主任。2013 年 6 月至 2021 年 2 月，历任上海市食品药品监督管理局局长、上海市市场监管工作党委书记。

口述：阎祖强、张清、阮秀芳
采访：唐洪涛、郭继、刘捷
整理：刘捷
时间：2024 年 4 月 3 日

今年是上海建设具有全球影响力的科创中心十周年。十年来，我们认真贯彻落实习近平总书记关于科技事业发展面向人民生命健康的一系列要求，开拓创新，砥砺前行。

2024 年 3 月召开的全国两会期间，上海市委副书记、市长龚正在国新办新闻发布会上提到：“十年来，全国获批上市的 1 类创新药和创新医疗器械，上海占了近五分之一。”这令我们药监人倍受鼓舞。这一成绩的取得，得益于我们在国家大力支持下，率先探索药品上市许可持有人制度（药品上市许可持有人制度，英文全称为 Marketing Authorization Holder，简称“MAH”），得益于上海科创中心建设坚持科技创新与体制机制创新双轮驱动，优化了资源配置，极大激发了市场活力。

## 坚持问题导向　主动破题起势

生物医药产业是上海重点发展的三大先导产业之一，自 1993 年市委、市政府率先将现代生物与医药产业列为重点发展的高新技术产业后，上海的生物医药产业经过 20 年的发展奠定了良好的基础。如致力于打造中国药谷的张江，集聚了一大批生物医药领域的大院大所、研发机构、生产企业和公共服务平台，集聚了罗氏、诺华、勃林格殷格翰等一大批跨国制药企业及研发中心，此外还有国家上海新药安全评价研究中心、市食品药品检验所等 8 家国家药物非临床安全性评价机构，还集聚了一大批公共服务平台，为新药研发提供了良好的基础支撑。但如何实现上海医药产业的跨越式发展，却遇到了不得不面对的“制度之困”，即传统的药品注册和生产管理制度已不适应生物医药产业创新研发的需要。

依据 2001 年版《药品管理法》，我国对国产药品实行上市许可与生产许可合一的管理模式，仅允许药品生产企业在取得药品批准文号，经药品生产质量管理规范认证后，方可生产该药品；药品研发机构和科研人员只有另办药品生产企业才能取得药品批准文号。通俗地讲，按照法律规定，国内的医药企业想要真正实现创新药物的量产上市，必须在研发的同时自己买地建厂房，才能完成新药的生产。这种监管模式主要是针对 20 世纪 90 年代以前“以仿为主”的生物医药发展实际所采取的监管方式。对这些生产仿制药物的工厂进行生产、销售监管，在当年也不失为一种有益的措施。

随着上海药物研发逐步从“以仿为主”“创仿结合”到“以创为主”的转变，这种“一品一厂一证”的监管方式显然无法适应发展的需要。据不完全统计，当时国内有 6000 家左右的药厂，但大部分药厂产品单一，存在药品低水平重复生产的情况。同时，这种监管方式也不利于鼓励创新，通常国际上药品的专利期一般是 10 至 20 年，而药品获批上市周期也需要好几年，很容易出现新药获批后、专利快到期的情况，影响了企业做创新药的积极性。上海的一些药物研发中心，受限于“一品一厂一证”的制度，不得不以“卖青苗”的价格把药物专利卖出，导致 10 年内没有一个创新药上市。不仅是我们国内自己的企业和研发机构希望改革，一些落地上海的著名全球药企也有这方面的强烈呼声。2012 年前后，全球前 20 强药企都在上海设立了研发中心，但他们普遍感到如果新药在上海研发，审批难度大且周期长，这显然限制了他们在中国市场开拓创新发展的需要。实事求是讲，如何破题？改革迫在眉睫。上海市委、市政府早在2011年就交给我们一项任务。时任上海市委书记俞正声率团访问德国回来后，带回来一个重要信息，那就是德国著名药企勃林格殷格翰将在张江加大投资力度，希望中国能探索药品上市许可持有人制度。关于药品上市许可持有人制度，当时已是欧洲、美国、日本等制药发达国家和地区在药品监管领域的通行做法。该制度采用药品上市许可与生产许可分离的管理模式，允许药品上市许可持有人（药品上市许可证明文件的持有者，即药品生产企业、研发机构）自行生产药品，或者可以委托其他生产企业生产药品。这一制度拥有三大优势：一是鼓励研发创新，药品研发机构无需自己办厂也可以通过产品上市获取利润，能够有效激发创新活力；二是优化资源配置，研发机构和生产企业可以强强联合、优势互补，药品可以利用已有符合资质的生产线投产上市，有效节约了资源、缩短了上市时间；三是强化药品全生命周期管理，由药品上市许可持有人承担药品全生命周期的主体责任，受托生产、销售或药物警戒等单位承担相关法定责任和与持有人约定的责任，相较各环节分段负责更加清晰合理。

由于药品审评、审批事权不在地方，要改革可以说是一件相当困难的事情。从2012年起，在市委、市政府的大力支持下，从加快发展上海生物医药产业的实际出发，我们药监部门大胆探索改革，主动围绕推行药品上市许可持有人制度进行课题研究。当时，国家层面也有这方面的考虑，相关部委也很支持我们上海做探索。我们通过召开院士专家座谈会、委办局等部门以及各类企业座谈会，听取各方面的意见和建议，并在张江开展系统性调研。为使这项改革举措更符合产业发展实际和企业需要，我们组织十几家医药企业成立了创新联盟，让企业参与到这一项跟他们密切相关的课题研究中，帮助我们政府部门完善思路和方案，共同经历了非常艰苦的探索和实践。

我们对照国外成熟的制度设计，发现问题的核心就是必须突破《药品管理法》的相关规定。这涉及方方面面诸多的改革探索，需要在国家相关部门的支持下，我们在法治的框架内研究并提出改革方案，来论证推行药品上市许可持有人制度的必要性及安全性。经过两年的课题研究，我们终于在2014年形成了一份十几万字的药品上市许可持有人制度初步试点方案，并于2015年4月上报原国家食药监总局。总局对我们的工作给予了全力支持并提供了许多帮助，市领导也对这项改革提出了一系列要求。总之，在方案里大到制度比较分析、国内外新药发展趋势，小到企业受托协议模板撰写、舆情应对等，各种有可能遇到的情况都考虑得细致周全。

## 落实“科创22条” 勇于先行先试

2015年“加快建设具有全球影响力的科技创新中心”被确立为市委一号课题。在市委大调研的过程中，我们进一步增强了推行药品上市许可持有人制度就是促进上海药物研发创新、打造医药“硅谷”极其重要“一招”的认识，更加积极主动地力推该制度率先在上海落地实施。在市委、市政府的大力支持下，2015年5月发布的《关于加快建设具有全球影响力的科技创新中心的意见》(即“科创22条”)在着力于推进政府管理创新板块写了这样的条目：“主动探索药品审评、审批管理制度改革，争取设立国家食品药品监管总局药品审评中心上海分中心，争取试点开展创新药物临床试验审批制度改革，争取试点推行上市许可与生产许可分离的创新药物上市许可人持有制度。”这相当于给了我们一个“冲锋号”和行动纲领，更从制度层面为改革提供保障。

2015年，我们几乎每月都带队去北京两次，就探索推行药品上市许可持有人制度不断地到总局汇报，根据他们提出的问题反复进行方案修改。我还把“科创22条”里提到的关于药品上市许可持有人制度探索的内容主动向时任总局局长、党组书记毕井泉汇报。不久，总局就派出5位司长到上海张江召开现场座谈会。总局的同志们主要从可能会遇到的风险和问题提出意见和建议，我们和上海的一些企业代表则重点就他们的疑问进行了解答。最后他们一致认为这件事情具有可行性，但还须进一步研究完善。会后，我们根据座谈会研讨的成果，把几位司长提出的意见和建议融入上海的方案中，深化回答诸如风险管控、责任分担以及伦理问题等。方案经过修改再次提交上去后，总局又提出许多很好的修改意见建议，并考虑包括上海在内在全国若干个区域先行试点。国务院听取相关部门汇报后对这个工作也非常支持，2015年8月，国办印发《关于改革药品医疗器械审评审批制度的意见》，同时全国药品审评审批制度改革工作会议在上海召开。2015年11月，《全国人民代表大会常务委员会关于授权国务院在部分地区开展药品上市许可持有人制度试点和有关问题的决定》印发，同意上海等10个省市试点药品上市许可持有人制度，明确授权的试点期限为3年。改革的大幕正式开启。

推行药品上市许可持有人制度是对知识产权创新者的最大保护，是鼓励创新最有效的方法之一。得益于前期的研究和思考，我们较早通过课题调研就把这个问题想清楚、弄明白。试点工作一启动，我们很快就紧密结合自身实际，牢牢把握“防风险、促创新”的根本原则，有序推进各方面工作。一方面，多措并举，分类促进结对试点。2016年7月，市政府办公厅转发市食药监局制订的《上海市开展药品上市许可持有人制度试点工作实施方案》，明确了上海市开展药品上市许可持有人制度实施的具体申请流程，明确了试点范围和申报要求，同步公开相关政策解读和办事指南。我们药监部门积极宣传发动，通过召开宣贯会议，组织座谈交流、高峰论坛等，加强试点政策的宣贯解读和分享交流，同时全程参加总局的调研性检查，协助制订完善相关文件。同时，通过完善产学研创新联盟，搭建研发机构和生产企业参与的沟通交流平台，促进企业结对试点。在此基础上，又实施抓点推进，遴选了10家申报主体作为抓点对象重点推进，涵盖创新药、仿制药、整体搬迁、委托生产、集团持有等全部的试点类型。我们还特别注重优化全程服务，在张江蔡伦路经市政府批准新组建上海药品审评核查中心，专门成立药品上市许可持有人工作小组，对试点品种建立“一品一档”，落实专人跟踪服务。2017年，经与浦东新区市场监管局以及行业内领军企业共同研究和推进，张江高科技园区于年底成功将药品上市许可持有人制度扩展至医疗器械注册人制度试点。在面上紧锣密鼓推进改革落地的同时，我们也注重加强制度研究，落实风险防控。明确了对持有人主体责任的“四个一”要求，确保其质量主体责任得

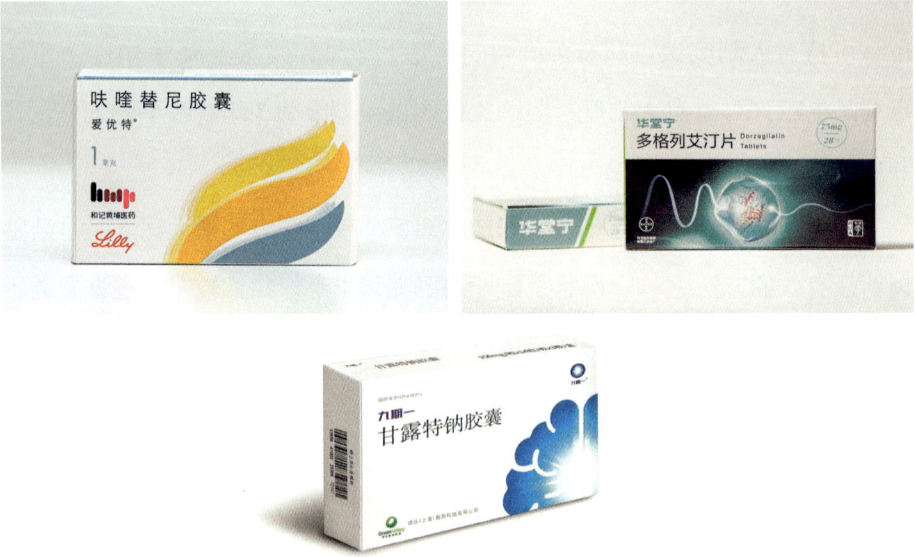


药品上市许可持有人制度催生在沪落地的创新药

到有效落实；制定了质量协议签署的相关指南，组织制定了委托生产、销售、药物警戒质量协议撰写指南，确保药品相关法律法规要求得到有效落实；推行“商业责任险 + 风险救济资金”的综合风险救济模式，与张江集团合作设立了一个5000万元保险基金，制定了包括产品责任险、临床试验责任险以及错误与疏漏责任险在内的一揽子商业责任险方案，为强化企业风险承担能力提供了强有力的保障；制定了事中事后监管制度、推进跨省协同监管、解决研发单位作为持有人的开票问题等。

上海的药品上市许可持有人试点推进工作，一方面极大地激发了创新活力，试点品种稳步增长，研发机构药品上市许可持有人相继获批。试点期间，本市有54家申请人申报的137件药品上市许可持有人试点申请（133个品种），其中31个品种为1类创新药，申请人70%为研发机构；96个已批准成为试点的创新药，其中69个品种获批上市，涉及18个上市许可持有人，其中研究型持有人（包括集团持有）的数量为9家。可以说，没有药品上市许可持有人制度，许多仅有研发能力但暂无生产能力的企业所开发的重磅品种根本无法真正落地。如上海百济神州的替雷利珠单抗注射液和上海再鼎医药的甲苯磺酸尼拉帕利胶囊，都是“全球新”的1类抗肿瘤新药，华领医药研发的1类二型糖尿病治疗药物多格列艾汀，具有“全球新”化学结构和作用机制，但上述三家研发机构都不具备生产能力。通过药品上市许可持有人制度，他们将药物品种委托给具备资质的生产企业生产，使资源得到最大程度的优化整合，真正激发了新药研发的活力。另一方面，试点工作研究制定了一整套可复制、可推广的制度，2019年12月1日，药品上市许可持有人制度写入《药品管理法》正式全面实施。新版《药品管理法》专设第三章“药品上市许可持有人”，对持有人的条件、权利、义务、责任等作出了全面系统的规定。

## 坚持创新发展　继续走好改革之路

自2019年药品上市许可持有人制度写入《药品管理法》以来，上海生物医药已经解决了新药“出生难”的问题，截至目前，已催生出一大批本土研发的创新药、明星药，上海已新增国产创新药24个，涌现出小分子抗肿瘤药呋喹替尼、治疗阿尔茨海默病药物甘露特钠胶囊（GV-971）、CAR-T细胞治疗药物、新冠治疗药物VV116等临床急需品种。2022年上海共获批4个1类国产创新药，位列全国第一；2023年共获批4个1类国产创新药、5个进口创新药，约占全国的四分之一。2024年以来（截至2024年4月），我市已有2个1类国产创新药、1个进口创新药获批。药品上市许可持有人制度进一步激发了上海药物创新研发集聚的优势，促进了本市生物医药产业高质量发展，也解决了百姓用不上、用不起新药好药的难题，更好地保障了新时代人民对美好健康生活的需要。

作为改革的见证者、参与者之一，我们注意到，为了让老百姓能够及时将新药用得更好，经济社会效应更强，还需要进一步推进一系列的配套改革

上海市药品监督管理局颁发第一张药品上市许可持有人B证

举措。比如，市药品监督管理局还主动探索，配合国家药监局实行了药品生产许可证分类制度。2019 年之前，还没有生产许可证分类的概念，政策考虑时只是给上市许可持有人一个身份，还不发生产许可证，并且只允许在上海辖区内进行销售。2019 年之后，由于药品需要全国流通，我们就探索将药品上市许可持有人的生产许可证列为 B 类许可证，这种许可证的主要特点是持有人拥有药品的批文，但不自行生产药品，而是委托其他企业进行生产。按照规定，办理的药品生产许可证一共分为 4 类，除了 B 证外，还有其他三类：拥有 A 证代表自行生产的药品上市许可持有人，即集研发、生产、上市于一体；C 证代表接受药品上市许可持有人的委托，生产该品种药品的企业；D 证代表原料药生产企业。这一分类制度实质上是打通创新药物从研发到上市的“最后一公里”。后来国家有关上市许可持有人 B 证的政策，也体现在了 2020 年修订的《药品生产监督管理办法》中。再比如，2019 年的《药品管理法》要求建立药物警戒（药物警戒是指对药品不良反应及其他与用药有关的有害反应进行监测、识别、评估和控制）制度，强调药品上市许可持有人应当开展药品上市后不良反应监测，表明了药品上市许可持有人承担药物警戒的主体责任。为了贯彻落实《药品管理法》的要求，也是在上海药品上市许可持有人制度多年试点经验的基础上，国家药监局于 2021 年正式施行《药物警戒质量管理规范》。同时，我们也一直在完善包括药品追溯制度、制定 B 证持有人每年全覆盖的监管计划等，这些制度客观上也推进了生物医药企业建立健全现代化规范化的管理制度。总之，药品上市许可持有人制度必须坚定地推进下去，持续更新完善。

我们药监部门作为监管者，不仅要考虑风险管控，更重要的是要将改革与发展更好地结合、相互促进，政府管理创新必须适应以企业为主体的市场，建立以服务企业、适应市场发展需要为导向的创新型体制机制，通过制度创新来有力推动发展。

2023 年 5 月，习近平总书记在河北考察时强调，要坚持人民至上、生命至上，研发生产更多适合中国人生命基因传承和身体素质特点的“中国药”。通过十多年的努力，药品上市许可持有人制度助推中国的创新药物实现了井喷式发展，带来了创新药物的产业能力能级提升，中国本土的药物研发创新已形成了一个良好的发展势态，为“中国药”打下了坚实基础，也为人民生命健康提供了有力的保障。溯及既往，如果没有当时“先立后破”的药品上市许可持有人制度改革，就很难有今天生物医药创新的快速发展。展望未来，我们要更加坚定推进制度改革创新，持续走好生物医药产业发展之路。

# 建设人工智能发展的“上海高地”

【口述前记】

张宏韬，1976 年 11 月生。曾任上海市经济和信息化委员会人工智能发展处处长、综合规划处处长等职。2021 年 6 月至 2023 年 5 月，任市经济信息化委总工程师。2023 年 5 月至今，任市经济信息化委副主任。

口述：张宏韬

采访：唐洪涛、郭继、刘捷、刘明兴

整理：刘明兴

时间：2024 年 4 月 15 日

人工智能是当今时代的一个重要发展趋势，也是未来社会的一个重要驱动力。人工智能是一个很宽泛的概念，概括而言是对人的意识和思维过程的模拟，利用机器学习和数据分析方法赋予机器类人的能力。近年来，我国人工智能在算力、数据、算法和应用领域等方面均取得了较大进展，在全球具有较强的行业竞争力。上海在全国属于第一梯队，已形成从基础算法、核心芯片、智能软硬件产品到行业应用的全栈产业链，在经济、生活、治理数字化转型中全场景赋能，产业资本、高端人才、行业组织构建全生态平台。这些成绩的取得，与党中央的正确领导大力支持和市委、市政府的长远谋划持续推进密不可分。

## 上海人工智能发展的“三重逻辑”

当前，人工智能发展突飞猛进，正在深刻影响人类社会生产生活各个领域。虽然上海已经取得了不错的成绩，但能否继续把握住人工智能 2.0 时代的“风口”，归根到底还是要看是否深谙背后的技术逻辑、市场逻辑、治理逻辑，以实打实的思考、谋划和举措予以推进，并接受市场和社会的检验。

人工智能发展的技术逻辑，就是要保持并跑甚至领跑，这也是时任市委书记李强在首届世界人工智能大会上提出的创新策源高地的一个要求。到目前为止，上海在人工智能关键技术渐渐形成先发优势。比如大模型，目前全市已集聚了数十家大模型企业，上海人工智能实验室“书生”、商汤“商量”、稀宇科技“ABAB”、阶跃星辰“Step”等24款大模型通过备案，居全国第二。比如智能算力，多款面向大模型训练的创新芯片进入测试；布局建成多个万卡级别智算中心，全力支撑大模型训练。比如语料数据，上海组建了语料平台公司（库帕思科技），上海人工智能实验室开源了“书生·万卷”等7批数据集，共4200亿Token高质量文本、1TB视频图文混合数据，下载量超14万次，赋能国内大模型创新。

而人工智能发展的市场逻辑，首先就是要牢牢抓住产业发展。人们常说科技的发展需要发光发热。发光和发热是辩证的，发光是技术的领先，发热则是产业发展的持续动力，是一种市场逻辑。上海人工智能产业发展是三种力量并驾齐驱的，构成了一个产业生态图谱。第一种是国际先进企业，比如微软、IBM、亚马逊、西门子、施耐德等都在上海有布局。第二种是国内其他地区的一些大厂，比如阿里、腾讯、百度、京东、华为、科大讯飞、小米等，它们在上海都有相关业务。第三种是上海创新企业，如商汤、依图、云从等，在各类细分赛道上还有很多企业。目前，上海人工智能方面的规上企业已从2018年183家增长到2023年的348家，产业规模从1340亿元增长到3808亿元，居全国前列。以浦东张江人工智能岛、徐汇西岸、临港滴水湖AI创新港、闵行马桥人工智能创新试验区为主体的“4 + X”集群格局基本成型。其次，就是做好应用拓展工作。人工智能发展要服务上海城市的数字化转型，不仅要在医疗、教育、养老等许多社会场景得到应用，同时也可以融入对实体经济的推动与发展上。可以说，上海已经在应用示范上初见成效。比如在新终端方面，发布智能终端行动方案，加快打造智已、飞凡等自主品牌；特斯拉、蔚来、小鹏等推动L2+智能网联汽车规模量产；禾赛科技激光雷达全球市场占有率达40％。微创图迈、直观复星等医疗机器人获批上市；智能机器人和服务机器人销量大增。在新场景上，上海累计开放3批58个应用场景，如东海大桥智能重卡累计转运10万标箱并开启“真无人”运营。在工信部2022年发布的《国家人工智能创新应用先导区“智赋百景”》中，上海共18个场景入围，全国领先。

最后，再谈谈人工智能发展的治理逻辑。2022年底至2023年初，随着ChatGPT、GPT-4先后发布，代表着人工智能技术从感知智能向认知智能跃迁，从专业智能向通用智能的变革。可以说，2023年之后，人工智能发展来到了新纪元。但与此同时，平衡好产业发展与安全规范之间的关系问题也日益得到重视。2023年4月28日，中共中央政治局召开会议，指出“要重视通用人工智能发展，营造创新生态，重视防范风险”。具体来说，人工智能快速发展可能会带来技术风险，造成可解释性低、算法歧视等；带来社会风险，导致个人隐私受到侵犯，形成数字鸿沟等；带来经济风险，比如传统岗位被替代、商业秘密泄露等问题。所以我们必须未雨绸缪，给人工智能及时划出“红线”和“底线”，不能一味追求先进和效率，致使其成为脱缰的野马。

在上述三重逻辑的基础上，我想举例谈谈近年来上海人工智能产业发展过程中的重大事件、重要成果、重点关注等方面内容。

## 倾力打造人工智能的“全球名片”

上海市委、市政府高度重视人工智能发展，早在2017年就发布了《关于本市推动新一代人工智能发展的实施意见》，系统布局推动人工智能技术创新，赋能经济社会发展。而开创性举办世界人工智能大会，打造人工智能的高端平台，就是市委、市政府立足现实着眼未来谋划上海人工智能发展的重要战略举措之一。

我一直感到很荣幸的是自己与世界人工智能大会有不解之缘。市委、市政府决定2018年9月在徐汇西岸召开世界人工智能大会时，筹备工作由市经信委负责，专门成立了筹备组，由时任经信委总工程师张英具体负责牵头。组织上决定从上海市核电办公室抽调我回委里，负责技术进步处的工作（当时人工智能工作由技术进步处负责），具体参与世界人工智能大会的筹备。第一届世界人工智能大会筹备时间大约为5个半月，从2018年4月初到9月17日正式开幕。当时参加筹备组的人都有一个共同的信念就是一定要把这个会办好，大家都感到这是上海集聚人工智能资源的一个妙招。但到底要办成什么样的一个大会，其实当时大家心里都没底。市领导提出来要办一个科技峰会，而不是政府论坛。为此，我们在筹备过程中也到腾讯、阿里巴巴、科大讯飞等企业去调研，学习科技峰会的办会模式。最后，大家统一了思想，这次大会是上海向人工智能界朋友发出的一个邀约，我们要打造一个AI领域的上海朋友圈，办一个AI人的AI大会，共论行业发展趋势、发掘合作机遇。

经过紧张的筹备，第一届世界人工智能大会在9月17日正式召开。习近平总书记给大会发来贺信，指出中国愿意在技术交流、数据共享、应用市场等方面同各国开展交流合作，共享数字经济发展机遇，希望与会嘉宾围绕“人工智能赋能新时代”这一主题，深入交流、凝聚共识，共同推动人工智能造福人类。会议期间，来自近40个国家和地区的专家学者、企业家、投资家等围绕人工智能技术前沿、产业趋势和热点问题开展对话交流，200多家人工智能领域领军企业参加论坛和展示活动，其中包括中央和国家部委许多领导

2018 世界人工智能大会在上海举行

同志、一些中外头部企业的主要负责人和高管等，可以说是大咖云集。为什么大家都愿意来上海参加这次大会呢？一方面，大会的创办初衷是上海市委、市政府希望在人工智能这个新兴领域主动去布局，和全球从业者共同探讨行业发展；另一方面上海这座城市正在进行全面的数字化转型，在生活、经济、治理三个维度有更多的开放应用场景，能让有为之士来揭榜挂帅。现在回想起来，这是一个非常有远见的举措，大会为上海乃至全国的人工智能产业发展集聚并沉淀了一大批优质项目和人才，也向全世界传出中国发展人工智能的声音。

还有一个难忘的片段。第一届世界人工智能大会召开后不久，2018 年 10 月 31 日，中央政治局第九次集体学习时，习近平总书记对人工智能有一个非常深刻的论述：人工智能是引领这一轮科技革命和产业变革的战略性技术，具有溢出带动性很强的“头雁”效应。加快发展新一代人工智能是事关我国能否抓住新一轮科技革命和产业变革机遇的战略问题。之后这句话经常在人工智能领域的各种场合被引用，2019 年第二届大会的 logo 主背景板就设计成了一个数字化的大雁。

至今（截至采访时间），世界人工智能大会已举办六届，可以说是成果斐然。六年来，共吸引 80 万人次观众线下观展，25 亿人次线上参会，成为国际人工智能行业品牌盛会。大会同上海人工智能产业发展形成了循环联动，成为引进产业项目的“会客厅”、展示产业成果的“大舞台”、优化创新生态的“百花园”，为上海构建一流创新生态打下重要基础。在今年的达沃斯论坛上，李强总理向全世界宣介世界人工智能大会。相信这将有力推动大会进一步走向全球、融入世界，成为中国向世界展示人工智能前沿技术突破和重大应用场景的广阔舞台，成为中国吸引全球顶尖专家、人才和优质项目来华发展的重要平台。

## 努力构建新一代人工智能产业地图

除了打响“一张名片”，作为上海三大先导产业之一的人工智能领域多年来也在不断强化创新策源、应用示范、产业集聚和人才汇聚，精心布局人工智能产业地图。

建设集成电路、人工智能、生物医药三大产业创新高地，是习近平总书记赋予上海的战略任务和重要使命。2019 年以来，国家发改委、工信部、科技部牵头制定了集成电路、人工智能、生物医药三个“上海方案”。当时行动方案里制定了很多任务，要求上海在人工智能领域要有为国家当先锋的责任。因此，我们上海是全力以赴推动人工智能与经济社会融合发展。对于智算能力、大模型等人工智能产业发展的若干项重大战略任务，市委主要领导定期调度、分管市领导具体推动，相关部门成立了人工智能工作专班，梳理明确攻坚任务，针对性协调解决产业发展痛点、堵点。

2019年5月，工信部授予上海浦东新区全国第一个人工智能创新应用发展先导区。浦东新区以张江为核心，打造了张江人工智能岛。因为张江的产业基础比较好，芯片软件、智能制造、生物医药等领域的产业链比较齐全，应用场景也很多。在重点推进张江人工智能岛建设的基础上，上海又着力推行人工智能产业地图，让全市各区的产业形成错位竞争。我们研究人工智能的特点和各区智能产业的禀赋，也结合上海的区位优势，提出了"人"字形的人工智能产业布局地图。"人"字形布局上有四个重要节点：第一个节点是徐汇滨江。徐汇西岸是第一届世界人工智能大会召开的地方，现在这里已经成为全国人工智能的一个标杆。例如，人工智能"模速空间"集聚了全市60%的大模型企业。徐汇滨江向西南延伸就到了第二个节点闵行马桥。2019年2月，市政府决定建设上海马桥创新试验区，并要求市经信委会同闵行区优化建设方案，具体工作就落到刚刚成立的人工智能处。原来方案还是区级层面的考虑，主要在于招商引资的基础设施建设。重新编制的方案提出了"智生产、智生活、智生态"的新方向，这也成为后来很多地方推动智能化绿色化转型的一个样本。马桥还与附近的"大零号湾"和紫竹高新技术产业开发区联动，企业研发在"大零号湾"这块，生产就放在马桥那块。徐汇与闵行，加上继续延伸的奉贤、金山构成了"人"字的一撇。"人"字的捺的两个重要节点是浦东张江和临港新片区。作为其中核心点的就是张江，它有人工智能岛，是国家人工智能创新应用先导区的核心区。"人"字形的布局突出的"头部"就是北边的静安、杨浦、宝山等区。

上海人工智能产业“人”字形布局示意图

这样，一体两翼、软硬协同的上海整个人工智能产业生态梯度和发展格局就逐步构建起来。

## 坚持科技向善理念，推进人工智能健康规范发展

当前，AI大模型加速了数字世界和物理世界的深度融合，引领人工智能进入新的发展阶段。与此同时，人工智能固有的不确定性、不透明性、难以解释、事实性错误等能力局限，对经济发展、国际政治和全球治理等方面带来深远影响，引发了全球对大模型广泛应用安全风险的热议。如何应对人工智能风险并把握人工智能发展的战略主动，有效保障国家安全，已成为我国

国家安全治理的重要议题。

上海市委、市政府一直非常重视人工智能安全治理。市委书记陈吉宁在2023年世界人工智能大会的致辞中指出，我们将坚持更好统筹发展和治理、开放和安全，要秉持科技向善理念，推动完善人工智能标准体系、安全准则、伦理规范，科学应对数据隐私、算法偏见、技术滥用等安全问题，让人工智能更好造福人类。上海充分地实践“安全与发展并重”这一理念。在法制引领上，《上海市促进人工智能产业发展条例》于2022年10月1日正式施行，其中第65条第2款明确：“对高风险的人工智能产品和服务实行清单式管理，遵循必要、正当、可控等原则进行合规审查。”在标准制定上，建设了国内首个人工智能地方标准体系，成立上海市人工智能标准化技术委员会，累计推动《人工智能算法模型评测规范》等14个地方标准立项。在伦理治理上，上海成立市人工智能伦理专家委员会，促进人工智能技术创新与防范风险相统一，塑造科技向善文化理念，推动人工智能产业健康发展。

人工智能安全治理相关内容也一直是世界人工智能大会的重要议题之一，持续举办人工智能法治、安全、治理等论坛，发布《人工智能安全发展上海倡议》《世界人工智能法治蓝皮书》等报告。人工智能的安全测评、伦理治理等也是2024年大会的核心主题之一。下一步，上海将继续以世界人工智能大会、人工智能专家咨询委员会和伦理专家委员会、大模型语料联盟、人工智能标准化技术委员会等为平台，在攻关人工智能关键核心技术的同时，集结各方发布并践行人工智能安全倡议；支持我国人工智能企业、科研机构和高校，积极牵头或参与国际及国家标准制定，以标准引领产业发展；充分发挥世界人工智能大会等专业化、国际化平台作用，聚焦人工智能法治、安全、治理等议题，持续开展前瞻性研讨，增强我国在国际AI治理上的影响力。

习近平总书记多次要求上海要加快建设人工智能世界级产业集群。作为上海人工智能产业发展的一名亲身参与者，我们将始终以时不我待的精气神紧抓人工智能创新布局，让上海乃至中国在新一轮的人工智能发展浪潮中抢得先机，为上海加快向具有全球影响力的科技创新中心迈进接续奋斗、勇毅前行。

# 探索新模式　培育新动能：新兴产业创新高地这样打造

【口述前记】

张学辉，正高级工程师。参与国产首艘大型邮轮的研制和交付。现任中船集团上海外高桥造船有限公司副总经理，主要负责科技创新战略规划、体系建设、人才培育等相关工作。

顾捷，中欧国际工商学院 EMBA，无党派人士，人工智能高级工程师。荣获上海城市数字化转型“领军先锋”称号，曾任上海市科学技术协会常委、长三角智慧康复联盟副会长等。现为上海傅利叶智能董事长兼 CEO。

口述：张学辉、顾捷

采访：刘颖颖

整理：刘颖颖

时间：2024 年 5 月 10 日、17 日

科技创新是新质生产力的第一动力，硬核科技是高科技中的前沿技术，直接引领着新兴产业发展的方向，也是未来产业发展的风向标。当前，上海正以科技创新为抓手，改变传统经济增长方式，用高端化、数字智能化、绿色化方式提高生产力，让生产方式在数字时代更有内涵，布局战略性新兴产业和未来产业，加快培育发展新质生产力。

2021 年，上海发布《上海市战略性新兴产业和先导产业发展“十四五”规划》，明确提出，全力推动落实集成电路、生物医药、人工智能“上海方案”，通过产品结构转型、数字技术赋能等手段，推动汽车、装备、钢铁、石化等传统产业加快向战略性新兴产业转型发展，推动以新技术新模式新业态为特征的数字经济加速发展，重点打造以三大产业为核心的“9 + X”战略性新兴产业和先导产业发展体系。其中，“9”个战略性新兴产业重点领域包括：集成电路、生物医药、人工智能等三大核心产业，以及新能源汽车、高端装备、航空航天、信息通信、新材料、新兴数字产业等六大重点产业。“X”是指前瞻布局一批面向未来的先导产业，重点布局光子芯片与器件、类脑智能等先导产业。

上海市委、市政府在回答“上海如何布局发展新质生产力”时也强调，要壮大“3 + 6”，着力打造新兴产业创新高地。“3”是集成电路、生物医药、人工智能三大先导产业，“6”是六大重点产业，即电子信息、生命健康、汽车、高

端装备 4 个万亿级产业集群，先进材料、时尚消费品 2 个五千亿级产业集群。

上海建设国际科技创新中心十年以来，始终以先锋的风范、开拓者的责任感，勇敢地探索未知领域。国产首艘大型邮轮“爱达·魔都号”实现商业运营，C919 国产大飞机冲天高飞，通用人形机器人 GR-1 惊艳亮相……在新兴产业领域，上海团队自主研发出一批具有国际先进水平的重大战略产品。2023 年政府工作报告显示，上海地区生产总值增长 5%，达 4.72 万亿元。细分来看，工业战略性新兴产业总产值占规模以上工业总产值比重达 43.9%……这意味着在产业经济领域，上海的新质生产力已崭露头角。

在这些成就背后，藏着一个个创新的篇章，默默述说着上海科创中心建设的宏伟征途。

## 前瞻布局把握产业发展趋势

随着科技的飞速发展和全球经济的深度融合，战略性新兴产业已成为各国竞相布局的重点领域，它们不仅具有创新性、先导性，还具备广阔的市场前景和巨大的发展潜力。作为推动经济发展的新引擎，这些产业凭借技术创新和模式创新，不断突破传统产业的边界，引领着全球经济的未来发展方向。

然而，市场机遇往往伴随着挑战。新兴产业在发展过程中，面临着技术更新换代快、市场竞争加剧等诸多问题。如何加强前瞻谋划部署，把握产业发展主动权，如何动态调整，构筑产业发展竞争优势，探索各具特色和彰显优势的发展路径和模式，都成为企业值得思考的问题。

**张学辉**：2013 年以来，造船行业整体下行、业内竞争异常激烈，受全球航运市场低迷影响，我们船舶企业也面临交船难、盈利难等问题。当时，公司充分遵循市场规律，坚持在危机中寻找机遇，准确把握细分市场波动，因

国产首艘大型邮轮“爱达·魔都号”填补了中国造船“拼图”上的最后一块空白

势利导，及时调整经营策略，进一步丰富和完善三大主流船型及海洋工程产品线，以实现主流船型全覆盖和海工装备多品种、系列化的战略转变。由此，造船三大指标始终处于国内领先、国际一流位置。

“十四五”以来，公司确定了“邮轮引领、一体两翼”的发展战略与“夯实大型邮轮主体地位、提升民船海工盈利能力”的经营方针。事实证明，这样的布局充满前瞻性。在规划的指引下，公司积极把握航运绿色转型、新旧运力更替的发展机遇，规划低碳、零碳船型研发布局，高附加值、高技术船型研发储备不断增加；深化优质订单开拓，在三大主流船型领域均取得丰硕成果，订单保障系数与手持订单修载比大幅提升；扎实推进国产大型邮轮工程，从 2018 年项目正式启动，到 2023 年 11 月，历经八年科研攻关、五年设计建造，国产首艘大型邮轮以“爱达·魔都号”命名交付，填补了中国造船“拼图”上的最后一块空白。

海洋工程装备及技术船舶是中国智能制造十大重点领域之一，由此可见，智能制造是船企高质量发展的重要引擎。常言道，工欲善其事，必先利其器。在中船集团高质量发展战略指导下，公司确定了智能制造的总体思路、实施原则及发展目标，建立以 MBSE（基于模型的系统工程）为总体架构，以“双精”（精益生产和精细管理）为目标，以知识、模型和数据为核心，以提高数字设计、工艺流程再造、设备智能化升级、深度两化融合和供应链管理等能力为主线，通过知识与业务的融合，提升设计质量、生产效率，降低综合成本，不断提升企业竞争力，并达成客户对企业满意的目的，积极探索智能制造新路径，助推外高桥造船高质量发展。

**顾捷：**我们的产业模式主要以实际出发，根据自身的资源禀赋进行动态调整，分阶段培育发展。在 2015 年公司创立初期，我们并没有马上研发人形机器人，而是在康复机器人领域发力，因为理性告诉我，时机很重要。

当时，我们已经研发出一套可以绑在人身上的有 14 个左右自由度电机的装置，它可以算是双足机器人的最初形态，我们也讨论过能不能把这个装置变成真正的人形机器人，但最终还是往小型化机器人方向去了。因为无论是就整个机器人产业发展来看，还是从我们团队当时的自身技术积累来看，人形机器人对我们来说都还是一个为时尚早的项目，即便做出来，也没有任何商业化的可能性。

这之后，我们团队就全身心投入到了医疗康复机器人的产品研发中。研发第一代下肢外骨骼机器人，我们花了三年时间，在这三年里，研发团队集中攻克了对于外骨骼机器人而言尤为关键的力反馈技术。由于此前在医疗康复机器人领域有了深厚积累，我们仅用一年时间就研发出了上肢康复机器人 Fourier M2，这款拥有助力、主动、被动、抗阻四种训练模式的康复机器人上市后即被华山医院、瑞金医院等国内多家医院引进，也成为中国康复机器人进入全球市场的一款标志性产品。此后，我们发布了首款下肢外骨骼机器人 Fourier X1，这也是当时首架中国市场自己的医用下肢外骨骼机器人。

随着机器人产业的发展，外骨骼机器人面临的挑战也越来越清晰。作为一种终端设备，它必须越轻越好，还要具备一定的平衡能力，通用智能要求也越来越高，设备交互复杂度也要不断降低，设计一个能够不断迭代自身运动能力的人形智能机器人的需求越来越清晰。于是在 2019 年，我们才正式启动了通用人形机器人项目。GR-1 机器人于 2023 年成功发布，为了这一刻，我们团队积累了八年时间。

## 突破关键核心技术

科技创新是引领现代化产业体系建设、推动新兴产业发展、开拓产业新赛道的核心。部分传统产业存在“大而不强”的问题，其主要原因是一些产品仍处于全球价值链的低端，缺乏核心技术和关键技术，品牌优势也不明显，导致高产值、低收益的现象。而走创新驱动、数字赋能、低碳绿色的发展道路或许能改变这种状况。通过科技创新引领现代化产业体系建设，提升自主创新能力，突破“卡脖子”的技术瓶颈，弥补高端制造业的技术短板，增强先进制造业的核心竞争力，才能在全球竞争中赢得主动，推动新兴产业向更高层次发展，为实现高质量发展提供有力支撑。

张学辉：企业活力迸发是产业竞争力强大的源泉，我们认为制造业企业要在创新创造、质量提升、品牌创建、资源整合等方面发力攻坚。公司始终将数字化、智能化作为重点发展战略，以国产首艘大型邮轮工程等重点项目为依托，在数字化转型的道路上勇毅前行，不断提升核心竞争力。

以大型邮轮“爱达·魔都号”的设计建造为例，与常规船舶相比，大型邮轮是现代工业和现代城市建设综合化与集约化的巨系统工程，作为全球最复杂的单一机电产品，它对技术有着严苛的要求。全船物量巨大、客户定制程度深、安装活动多、计划层级多、界面复杂、协调面广且建造周期紧张，难度极大。从2018年项目策划，到2023年11月正式交付，我们先后突破了详细设计、生产设计、施工建造、系统调试以及区域交付关键技术，并形成了一系列科技创新成果。

从设计上来讲，因为大型邮轮面向乘客，在船舶结构和轮机电气系统之外，更加强调艺术美学、影音体验、餐饮休闲，需要符合众多国际国内规范规则的定制化设计。从工程上来讲，工程管理界面复杂、建造工艺要求高：大型邮轮全船涉及系统107个、子系统949个、约55000个设备、4700公里电缆、2500万零部件，较传统船舶显著增多，安装量几何倍增加。同时，建造过程中需要与100余家总承包商及800多家供应商密切合作，项目管理与工程组织难度巨大且精度控制要求极高。我们通过"消化—引进—吸收—再创新"的方式在"爱达·魔都号"这艘首制船上进行突破，自主研发了数智化系统"SWS-TIME"，全面打通设计、采购、物流、计划、建造、完工管理的全流程管控。通过构建国际化产业链、巨系统工程的技术研发体系、工程界面和项目指挥体系、高级客船质量标准和安全管控体系建设，为首制船的设计建造打下了坚实的基础，也为中国邮轮产业的长期发展提供了新的助力。

另外，我们还积极打造基于全连接的工业互联网平台。实现部分核心生产设备的网络互联；实施应用的能源管理系统，让整个企业的能源消耗"看得见、控得住、能下降"；打造空压系统智慧管理云平台，实现系统在线诊断、预防性维护、自动逻辑控制。我们研发应用了一批数字化装备，如：研制的船舶合拢缝爬壁式全位置自回收一体化智能无尘除锈机器人系统，有效解决了人工打磨及粉尘污染等问题；开发的基于机器视觉的船体零件智能分拣系统，已初步实现工程化实施应用，大幅提高零件分拣准确率，降低劳动强度；升级了镗孔装备数字化，初步实现了基于工艺库的数字化自适应镗削；自主研发了国内首座重型堆垛机立库、IMMP 智慧仓储系统等系统，均走在国内前列。

**顾捷：**研发第一代下肢外骨骼机器人，我们用了 3 年时间。那时我们的研发团队集中攻克了对于外骨骼机器人而言尤为关键的力反馈技术。在为肢体残障患者治疗过程中，往往需要康复治疗师通过双手为患者进行运动训练，例如康复治疗师手动帮助患者进行腿部弯曲、伸展训练，患者病症严重情况和治疗阶段的不同，进行腿部训练需要借助的外力也有所不同，熟练的康复治疗师能够很好地掌握其中的度。而如果这些动作由机器人来完成的话，就需要根据患者做相应动作的力度来判断再由机器人附加多大的力度，来完成相应的康复训练动作，此时就要用到力反馈技术。

到了我们研究人形机器人时，人形机器人由于集机械、材料、电子、控制、智能、仿生等多学科交叉的产物，产业带动性强，但技术难度也高。不

傅利叶智能科技有限公司生产的人形机器人

同于某一领域的工业机器人，人形机器人的适用范围更广，同样一个产品，可以在多个领域使用。那什么样的人形机器人才具有核心竞争力？业界普遍认为，目前人形机器人发展还有很多难点痛点，光是做到像人一样走路就是行业的难题。运动能力是考验未来通用人形机器人落地的重要指标，而运动能力正是我们傅利叶智能的强项。

最终，我们设计出的 GR-1 采用电驱动技术，能够满足机器人的运动需求，具备高度的精确性和灵活性，相较液压驱动，性价比更高，具备商业规模化量产优势，同时在节能和资源利用方面也具有优势。从目前的测试来看，GR-1 的运动表现已能适应不同的任务需求和工作环境。

事实上，我们产品的核心优势就是有着强大的自主原创技术。创始之初，我们就没打算做“Copy to China”，我们的核心零部件，控制算法，人机交互，以及临床路径处方的设置都是自行研发的，积累了超百项的知识产权，并且将多方技术智能化地融合在一起，可以说我们一直在构建最核心的机器人平台，GR-1 的问世也成了水到渠成的事了。

## 不可缺少的创新土壤

如何持续增强产业的独立、自主，催生更多新技术和新产业，培育和壮大新兴产业集群的发展？抢抓新赛道、培育新动能已经成为上海建设具有全球影响力的科创中心城市、整合科创资源、提升创新产业能级的关键任务。

**顾捷：** 今年是上海国际科创中心建设十周年，傅利叶智能也正好创立十年，我们见证了浦东张江这个上海国际科创中心建设主战场的巨大变化，也充分享受到了张江高速发展的“红利”。

2015 年公司刚起步，创业团队只有 2 人，而当时的张江已经充满科学城的朝气，人才聚集、政策优惠、资源丰富，所以我们选择来到这里找到孵化器。孵化器为我们提供了非常便利的物理空间，我们只要把全部心思聚焦在产品的技术开发上就行。之后，当我们孵化出产品后，入驻张江科学城的机器人谷。这个园区是上海首批特色产业园区之一，同时也是“智能造”硬核产业的集中承载区，产业年工业产值126亿元。与包括ABB等机器人头部企业、创新企业、创新机构等60余家智能机器人“大咖”级企业做邻居，获得了强大的国际化资源，上下游产业链资源，在这样的良好生态下公司发展迅猛。

在这里，从浦东新区到市级的科委、经信委，每年都有各种项目可以进行申报。如一些科技创新人工智能的项目专项，包括科技支撑的项目，申报成功之后就能拿到政府的资金支持和指导，让我们的研发方向更加符合发展趋势跟技术需求。团队里有很多留学回国的年轻人，到浦东之后能够非常快速落户；园区还能帮助我们申请到价格实惠、离公司近的人才公寓。公司从孵化器到加速器，再到上市一路走来，受益于科创、自贸试验区等政策，强烈体会到浦东张江对科技型小企业的扶持，简直是科技创新的“理想国”。

张学辉：近年来，工信部、科技部、上海市经信委、上海市科委、浦东科经委等国家部委和地方机关出台多项政策助力我们产业发展。

2015年发布的《中国制造2025》，把海洋工程装备和高技术船舶作为十大重点发展领域之一加快推进。我们公司从建库、建模到出图，制定了各种应用指导、配置手册等体系文件，形成了图纸风格包定制、报表模板配置等图表模板，实现了功能提升、适应本地工作流程的二次开发，先后发布了结构、机装、电气等一系列设计标准。这些二次开发和设计标准的制定，为提高首艘国产大型邮轮的生产设计水平和实船建造能效起到积极推动作用。

2023年上海发布《外高桥地区邮轮产业发展规划》，明确指出，到2025

年，初步建成世界级邮轮制造总装基地、服务全国并辐射亚洲的亚太邮轮物供基地，形成具有全球影响力的邮轮产业集聚区基本框架；到 2035 年，形成产业体系完善、高端制造领先、消费资源汇聚的世界级邮轮产业集聚区。另外，为支持邮轮产业发展，外高桥地区“三证连发”，以《用地规划许可证》《工程建设规划许可证》《建筑工程施工许可证》，建立了“共商、共建、共管、共享”的“管镇企联动”机制。还公布了《支持外高桥地区邮轮产业发展若干政策》(以下简称“邮轮 20 条”)。这些都支持着我们邮轮研发、设计、航运、总部企业落户，鼓励建设邮轮孵化机构。另外，“邮轮 20 条”对首次认定、新引进的符合条件的邮轮相关高新技术企业、专精特新企业、研发机构，按上一年度研发费加计扣除额的 10%，给予 25 万—500 万元一次性资助。受益于此，首艘国产大型邮轮的生产设计水平和实船建造能效都起到了积极推动作用。

# 培育科创“核爆点”<br>定制培养“独角兽”

【口述前记】

徐荣，1980 年 3 月生。曾就职于美国生命科技（Life Technologies）；创立宇墨咨询 UMORE，创建运营全球环境能源技术合作平台 CLEAN CONNECT；曾任江苏环保产业技术研究院执行副院长、上海技术交易所副总裁。现为莘泽智星港合伙人、TechIn 科创界创始合伙人。

任佳，1963年7月生。历任北京市建筑材料进出口公司总经理助理、江苏省海外企业集团部门副经理、安凯微电子（广州）有限公司副总经理、上海多媒体谷投资有限公司副总经理等职。现为上海新微科技发展有限公司董事长兼总经理。

朱鹏程，1974年10月生。曾在美国麻州剑桥发起并创立大众创新实验室，创立药物研发公司NEO Scientific和信息自动化管理公司基理（GENEE）科技。现为ATLATL创新中心的创始人和CEO。

徐洁平，1973年10月生。曾任阿尔卡特朗讯亚太区及大中华区副总裁与首席采购官、诺基亚数字家庭事业部全球运营副总裁。现任璞跃中国（Plug and Play China）首席执行官、管理合伙人、执行董事。

口述：徐荣、任佳、朱鹏程、徐洁平
采访：戴丽昕、严亚南
整理：戴丽昕
时间：2024 年 2 月 26 日、2 月 28 日、3 月 1 日、3 月 6 日

建立科技企业孵化器，是促进科技成果转化、培育科技型中小企业和创新创业人才的有效途径，是为实践证明了的加强我国高新技术产业化的重要经验，也是建设国家创新体系的重要组成部分。新时代，为更好发挥孵化器在全过程创新、全要素集聚、全链条加速等方面的作用，上海制定了《上海市高质量孵化器培育实施方案》，经过遴选，7 家上海市高质量孵化器启动建设。市科委、市财政局等部门优先支持高质量孵化器联动政府母基金，设立早期硬科技投资种子基金，通过“投孵联动”培育科创产业种子。

## 从基础服务向精准服务转变　让硬科技种子由弱变强

在孵化器这一领域，曾经有个笑话广为流传，“有人去孵化器工作，别人问他是不是去养鸡”。可见多年前人们对孵化器的认知并不够深刻。实际上，孵化器专员的工作内容涵盖了文秘、跑腿、咨询和服务等方面。然而如今，要想在孵化器中谋得一席之地，通常需要具备技术与产业领域的双重背景，门槛并不低。

徐荣：如果说孵化器是帮助企业从 0 到 1，那么高质量孵化器就是助力企业从 0.5 到 1 快速成长的关键。

作为最早成立的民营孵化器之一，莘泽孵化器凭借其敏锐的市场嗅觉和

莘泽孵化器

魄力吸引了众多创业者的关注。在发展中，莘泽孵化器发现投资界越来越倾向关注科研人员的基础研究，因此要想找到优质项目，就必须接近创新的源头，也就是科学家。对此，莘泽孵化器将目标聚焦在科学家身上，定位为“陪伴科学家创业”。因为很多原创成果在基础研究和市场化之间的“死亡谷”中难以跨越。孵化器的加持助力不仅可以帮助企业跨越“死亡谷”还可以助力成为加速器，让企业驶入发展快车道。

记得数年前，中国科学院上海有机化学研究所前课题组长朱继东创建了奕拓医药公司，专注于蛋白质液—液相分离技术平台以及“不可靶向”靶点的新药研发，中途遇到人才和资金短缺困难。2019 年，莘泽孵化器出手相助，成为奕拓医药的天使投资人。一年后，朱继东全身心投入创业。经过多轮融资，奕拓医药公司市值已接近 10 亿元。在孵企业赛腾医疗，成功自主研发了中国首台 ECMO（俗称“人工心肺”）设备。在关键的临床试验启动阶段，莘泽为赛腾医疗进行了一轮融资，支持其完成了临床试验，从而帮助该公司在中国率先获得了 ECMO 的注册证，仅用 10 个月的时间就在市场上占据了 10％的份额。我们不仅协助赛腾医疗团队推动首台设备的研发进程和整合相关资源，还在人才招聘和知识产权方面提前进行了规划，有效地促进了项目的进展。

2023 年莘泽孵化器成为首批上海市高质量孵化器之一后，“概念认证”成为我们首推的重点工作，这与我们一直秉持的“投早、投小、‘孵投联动’”的理念不谋而合。

**任佳：** 新微创源孵化器是由中国科学院上海微系统所与嘉定区人民政府共同发起成立的新型研发机构——上海微技术工业研究院，与相关创新资源联合启动的孵化器，首要任务是为上海科研机构的尖端技术提供产业孵化服务。2014 年上海确立了建设科创中心目标。作为以国有资本为主导的专业孵化器，新微创源孵化器遇到了天时地利的好时机。

新微创源孵化器

由于我们孵化的企业中有一半来源于科研机构，为创业者提供专业的孵化服务只是基础工作。我们的工作人员不仅要了解企业需求、技术攻关难点，还需要具备弥补企业资源短板的能力。如在创业中后期，我们的孵化团队必须与创业团队一起深入研究问题，有针对性地提供支持，进行定向孵化。

赋同科技是新微创源孵化的一家高科技企业，致力于利用颠覆性的超导电磁技术进行矿产勘探，公司刚刚启动产业化进程，最迫切的需求是订单。新微创源的孵化团队积极行动，为赋同在国内矿产资源丰富的地区寻找客户，同时通过与俄罗斯、南非等国的合作机构合作，找到了多家潜在客户，推动公司进入“一带一路”开阔的市场。

NB-IoT 是我国拥有自主知识产权的窄带物联网通信协议。几年前，上海微系统所王浩文博士团队在上海市科委支持下，研发出了基于 NB-IoT 的智慧燃气表样机，但一直未能找到切入市场的门路。新微创源一眼相中了这个有潜力的好项目，通过各种渠道促成了他们与申能集团合作，直接推动了项目产业化。

再如，2017 年，矽杰微电子创始人卢煜旻带着毫米波雷达芯片技术从工研院来到新微创源，一门心思瞄准车规级传感芯片的高端市场定位。在孵化团队引导下，矽杰逐渐接受了“企业先要活下来”的理念，对原先的战略进行调整，先从门槛较低的物联网场景切入，再逐步走向高端车用毫米波雷达。如今，公司已完成 B 轮融资，发展势头强劲。

## 从集聚企业向孕育产业转变　助力独角兽企业发展壮大

通过孵化器助力成为独角兽企业，是创新企业梦寐以求的目标。能成为独角兽企业，不仅意味着市场的成功，而且能受到更多资本青睐，从而成为产业的引领者。上海首批高质量孵化器中不乏优秀的独角兽创业者，这些创业者将助力发展中的中小企业借鉴其清晰的商业模式、领先的技术优势以及稳定的市场定位。

朱鹏程：传统孵化器是根据孵化企业的需求寻找资源支持。如今，随着创新模式的转变，孵化器也在不断演进。作为研发与产业间的高效连接器，孵化器要比创业者更了解创新的需求，不仅能够有效调配各种资源要素，还要能够促进源头创新，引领未来产业发展。

飞镖创新中心就是这样一个不同于传统的项目培育和企业孵化的新型孵化器，我们通过建立专业平台将研发过程中的各个环节模块化，这更像是构建生物医药领域的新基础设施。2012 年，我在全球生物医药高地波士顿建起一个不到千余平方米的生物医药共享实验室，从那时起就发现共享实验室是个很好的创业机会，后来不断加大投入，建起了 1.2 万平方米的 2.0 版本，那也是世界上第一个 Class A 级共享实验室。无论是 1.0 版还是 2.0 版，其本质仍是共享实验空间。在这个过程中，我发现孵化器还可以往更高阶进化——不仅共享实验设备，还共享运营管理、驻场科学家、项目总监，以及研究、技术和行业资源。

但要实现这一目标，必须找到一个生物医药资源高度汇聚的地方。2017 年，我在上海张江创立了 2.6 万平方米的 ATLATL 飞镖创新研发中心。在张江，飞镖与全球最优秀的机构合作共建模块化平台，包括多组学研究中心、单细胞研究中心、基因编辑实验室、合成生物学实验室、细胞工厂、数字化药物筛选平台。凭借世界一流的硬件资源和创新生态，我们开始推行“组装项目”和“制造企业”的孵化计划。所谓“制造企业”，即由投资方和研发方共同提出新企业的发展方向，研发中心提供设计路径，根据产业链上的空缺量身定制企业。

ATLATL 飞镖创新研发中心

2019 年成立的沙砾生物，就是从飞镖轻装“起飞”的一员。沙砾初始团队只有 3 人，走进飞镖只需要最小的模块化实验室。别看所占实验空间最小，但需要仪器设备时，园区就有美天旎公司提供的全套细胞实验设备及工艺技术支持；需要专家指导时，中心就有顶尖的驻场科学家和工程师团队；走向应用场景阶段，飞镖会联系多家合作机构，为其定制空间和设施，帮助沙砾快速进入临床试验……不到五年，沙砾生物已完成多家专业风投的数轮融资，迅速开始创新放大和产业化布局。

截至目前，飞镖累计服务超过 150 家企业和项目，帮助企业融资超过 120 亿元，培育企业累计获得 80 项专利、25 个临床批件，并有 2 个产品获批上市，沙砾、礼新、凡恩世、高济、朗昇等一批国内知名生物科技公司均诞生于此。

徐洁平：璞跃中国作为一个专攻大企业开放式创新需求的孵化器，于 2016 年来到上海张江。

作为全球成立最早、规模最大的科技投资和创业加速器之一，璞跃自成立以来一直秉持为项目的供需双方提供服务的理念。我们通过收集每家企业的技术痛点，并针对每一个痛点筛选出可能的 3 或 4 个项目并共同选择最终的合作项目。这种方式非常有效，但难点在于，创业公司和大企业之间经常会有一些障碍，无法快速合作。璞跃的加速服务，帮助了企业首次接触大企业，从初步计划的制订到方案的形成，从概念验证到联合创新的最终实现，璞跃把握了全过程，并提供辅导与支持。大企业也觉得我们的支持是必要的，他们需要这样一个机构。这就是“大小融通”开放式创新的特点。

2017 年，戴姆勒公司有一个汽车视觉系统的项目，当时有两个选择：要么自建研发部门，要么外部发布需求进行“揭榜创新”，他们选择了后者。作为戴姆勒的合作伙伴，璞跃在数据库中挑选了 20 多家企业进行项目考察和路演，有 6 家企业入选加速营。半年后，商汤科技提出的解决方案获胜。这一“加速”不仅为初创公司商汤科技赢得了全球汽车龙头企业的订单，还帮助其在国内资本市场获得了 B + 轮融资，迈出了成为独角兽企业的关键一步。

大界机器人是一家智能机器人系统公司，利用自主研发的工业软件平台 RoBIM，打造适应柔性制造的机器人解决方案。我们给这家企业第一笔资金，完成种子轮融资，还给他们介绍了第一个国内客户。之后，我们利用璞跃的全球化创新网络，给他们介绍了日本建筑业客户。现在，大界机器人是我们

由璞跃中国主办的“Global Tech Network”（全球科创社交网络）活动现场

的加速伙伴，参与了璞跃加速器的开放式创新，实现了从投资孵化联动到海外资源导入，再到产业加速的快速成长。

## 从孵化链条向厚植生态转变　用科学孵化对冲创业风险

凡是创新成果层出不穷的地方，必定拥有生命力旺盛、根植力强的创新生态。越来越多的高质量孵化器正通过促进各个行业领域的人员交流，实现资本、人才、政策、市场等各类资源的集聚，帮助创业者走通“0—1—100”的创业全过程。

**任佳：** 新微创源借鉴 Flagship 等美国孵化器的“创业风险工作室”模式，发起“共创合伙人”计划，邀请智能传感技术、企业管理、科技金融、销售和产品等 5 个领域的人才以全职或兼职方式加入团队，成为硬科技初创企业的“共创合伙人”，为企业补创业要素短板。

为更早挖掘更多优质创业种子，新微创源还开始尝试深入实验室，以短视频方式为科学家打造个人 IP，培养科学家与市场、社会的沟通能力。如果创业团队缺少合适的 CEO 人选，我们还有一个大胆的设想，就是邀请处于空窗期的连续创业者加入孵化团队，作为创业团队的驻场职业经理人。2014 年至今，我们累计培育过的百余家科技企业中，与智能传感相关的公司数量超过 90%，高新技术企业近 30 家，“专精特新”企业 4 家，企业五年存活率达到 95%以上。

**徐荣：** 为打造符合中国孵化器逻辑的概念验证中心，我们莘泽在过去的大半年时间，不断与高校、科研院所和产业界探讨，2024 年上半年“智星港”作为莘泽孵化器的概念验证中心将正式投入使用，计划每年吸引 10 至 15 个尚在“概念期”的生物医药项目，由具有技术和产业双重背景的项目经理牵头，验证其技术和商业的可行性，向硬科技前端持续探索，以期从中孕育未来产业“核爆点”。

具体来说，项目入驻概念验证中心后，会由在产业界有过研发背景的项目经理“操刀”。他们与技术创始团队保持密切沟通，在 6 至 12 个月的验证期内设置不同阶段的“里程点”，由专家委员会、投资团队和项目管理团队共同决定是去还是留。对不谙市场运作的科学家来说，项目入驻概念验证中心，好比进入了一个模拟创业的仿真环境，实验室成果究竟能不能往前走、有没有商业价值，在要素齐备的创新生态系统里提早试一试就能知道。

**徐洁平：**璞跃中国，作为上海最大的国家级众创空间创新载体，在长三角地区创新中心的规模不仅体现在空间上，更体现在服务规模上。截至 2023 年年底，我们这个中心已经孵化了近 90 家实体企业，累计获得融资超过 40 亿元；加速了长三角地区 700 多个科创项目与大型企业和领军企业共同产出了 130 余项概念验证成果。我们在全球设立近 50 个创新中心，关注着国内 14 条创新赛道的数百个细分领域，在其数据库中网罗了全球 5 万多个创业项目，其中中国创业项目 1.5 万个，构建了一张资源共享的全球化创新网络。随着上海创新生态的不断优化，我们有能力建设一批立足于中国、具有全球视野的高质量孵化器。

**朱鹏程：**高质量的孵化器，不仅仅是提供空间，而是更多提供深度的服务、场景、生态，让创新更容易产生，创新的时间更加节省。飞镖将永无止境地打造专业平台，并吸引优秀资源和科研工作者，成为国际一流的创新创业服务平台，做硬科技的颠覆式创新，做原创的策源地，做全要素的整合，做深度的孵化服务。希望成为全球性的品牌，在全球生命科学赛道中成为顶级的、深度的孵化加速器。

根据《上海市高质量孵化器培育实施方案》，到 2025 年上海要培育不少于20家高质量孵化器，示范带动不少于200家孵化器实现专业化、品牌化、国际化转型升级；与高新技术开发区、特色产业园区等联动发展，孵化培育1万家科技型中小企业、2000家高新技术企业、300家瞪羚企业、100家科技小巨人企业和一批面向全球，拥有自主、前沿、颠覆性技术的硬科技企业；带动形成若干孵化集群，打造2—3个千亿级产值规模的“科创核爆点”，初步建成全球科技创新企业首选落户城市。2023年挂牌的第一批七家高质量孵化器与政府签约三年后，将静待佳绩。

# 聚天下英才而用之　为上海科创中心建设提供坚强人才支撑

【口述前记】

谭朴珍，1974 年 4 月生。2011 年进入市委组织部从事人才工作，2019 年起，相继任市委组织部人才工作处（市引进海外高层次人才专项办公室）处长（主任）、人才工作一处处长。现任市委组织部部务委员、市人才局（市外国专家局）副局长。

口述：谭朴珍
采访：严爱云、周奕韵、孙宝席、赵菲
整理：赵菲
时间：2024 年 4 月 3 日

人才是上海的最核心资源、最宝贵资源和战略资源。上海的发展离不开人才的支持，有什么样的人才，城市就有什么样的竞争力，就有什么样的未来。我长期从事人才工作，在区里就干了 10 年人才工作，2011 年到市委组织部人才处继续负责人才相关工作。2016 年在对口支援西藏时，分管公务员和人才工作。2019 年回上海后，继续在市委组织部从事人才工作。

## 贯彻中央部署，改革创新提升人才核心竞争力

创新之道，唯在得人。进入新时代，以习近平同志为核心的党中央高度重视人才工作，强调要坚持人才引领发展的战略地位，明确了深入实施新时代人才强国战略的指导思想、战略目标、重点任务，并提出了“加快建设世界重要人才中心和创新高地”的重要战略目标，为上海加快推动人才工作指明了方向。习近平总书记对上海人才工作高度重视、寄予厚望，无论是在上海工作期间，还是来上海考察指导，都对上海人才工作作出重要指示、提出新的要求。2023 年，习近平总书记考察上海，对上海作出“要着力造就大批胸怀使命感的尖端人才，为他们发挥聪明才智创造良好条件”的重要指示。

市委、市政府坚持以习近平总书记关于做好新时代人才工作的重要思想

为根本遵循，深入贯彻中央关于加快建设人才强国的战略部署，牢固确立人才引领发展战略地位，相继制定实施一系列政策举措，全方位培养引进用好人才，以更大决心、更大力度、更实举措做好新时代上海人才工作。

正是通过不断破除束缚人才发展的思想观念和体制机制障碍，持之以恒地厚植人才发展优势，上海成为各类人才创新创业的热土、追逐梦想的乐园。经过十年的久久为功，来沪工作和创业的留学回国人员超过 30 万人，排名全国第一；上海连续 14 年入选科技部“外籍人才眼中最具吸引力的中国城市”。在沪两院院士 180 余名，还集聚了一大批“国家高层次人才特殊支持计划”人才、国家自然科学基金委“杰青”、教育部长江学者、国家“四青”人才、上海领军人才等。人才优势已成为上海城市发展核心竞争力和软实力的重要体现。

## 聚焦关键任务，多平台吸引人才集聚

进入新时代，党中央要求上海加快建成具有世界影响力的社会主义现代化国际大都市，在推进中国式现代化中充分发挥龙头带动和示范引领作用。要完成这一重要使命，关键在人才。上海把人才工作作为提升城市核心竞争力和城市软实力的重要举措，从战略和全局高度全力推进，“聚天下英才而用之”。具体而言，主要从以下三个方面开展工作：

首先是人才引进国际化。上海积极承担为国揽才、为国蓄才的重要使命，在吸引海外人才方面实施一系列开放、便利的政策举措。留学生一般都具有较宽的国际视野、熟悉国际规则，吸引留学生来沪有助于提升上海的国际化水平。上海一直是留学生回国的首选之地，上海近几年持续放宽留学生落户条件，不断加大对留学生的引进力度。此外，上海每年都通过举办各种国际

2023 年 9 月举办的第三届“海聚英才”全球创新创业峰会

性论坛，如世界顶尖科学家论坛、世界人工智能大会、浦江创新论坛、“海聚英才”全球创新创业峰会等吸引世界人才关注上海、了解上海。

第二是人才工作制度化。市委的中心工作推进到哪里，人才工作就跟进到哪里。2015 年，市委一号课题“科创 22 条”形成后，我们随即研究出台了《关于深化人才工作体制机制改革促进人才创新创业的实施意见》(即上海人才“20 条”)。2016 年，党中央出台《关于深化人才体制机制改革的实施意见》后，上海及时进行相应调整，在人才“20 条”基础上制定了《关于进一步深化人才发展体制机制改革加快推进具有全球影响力的科技创新中心建设的实施意见》(即上海人才“30 条”)。2021 年，市委提出加快“五个新城”建设，我们就马上研究出台了支持“五个新城”人才发展的“35 条”特殊举措，推动优秀青年人才和海外人才向“五个新城”聚集。此外，针对临港新片区、张江科学城等重点区域以及重点产业领域，我们都相继研究制定了针对性的支持举措，希望通过人才政策助力科创中心建设。

第三是人才培养体系化。加强人才自主培养，造就一批胸怀使命感的尖端人才是我们人才工作的重中之重。近几年，为更好发挥人才计划的正向激励作用，我们按照中央要求，着力破解人才“帽子”满天飞问题。原来上海人才计划相对碎片化，各部门都有各自的人才计划，经过大力整合，上海市财政支持的33项人才计划调整为3项，从源头上减少“帽子”数量，推动人才“帽子”、人才称号回归学术性、荣誉性本质。注重基础研究人才培养，深化“上海基础研究先行区”和“上海高校基础研究高地”建设，给予人才稳定的、长周期的资助支持。加大博士后人才队伍建设，出台优化上海市博士后发展综合环境的实施意见，持续扩大上海“超级博士后”资助规模。此外，我们还创新工程师队伍建设途径，采用工学交替、高校和企业联合培养的形式，每年培养一批工程硕博士。

## 突出服务为本，营造高品质人才生态

人才工作的本质是服务。上海的人才服务，不拼重金拼环境，我们努力为各类人才提供全方位、个性化、精准化服务。在人才引进方面，我们实施更加积极开放有效的引才政策，从2017年引进5万名人才，发展到现在每年引进17万多名人才，基本解决了高层次人才、急需紧缺人才和青年人才等落户上海的难题。在人才安居方面，我们通过实施全市人才安居工程及配套人才公寓管理、人才租房补贴政策，不断健全租、购、建、补、服“五位一体”的人才安居保障体系，做实“优租、优购、优补”措施，持续加大人才安居房源筹措力度和人才租房支持力度，不断提升人才安居满意度。此外，针对人才关心的子女就学、医疗保障等问题，我们不断完善服务保障体系，真正解决人才“后顾之忧”。

为深入解决人才政策知晓度不高、人才服务资源统筹不足、人才服务数

张江国家自主创新示范区出入境管理局办证服务点为人才咨询提供服务

字化转型不够等问题，我们启动了高层次人才全周期服务“一件事”改革，明确了人才的类别和准入机制，人才可分类享受入境居留、安居保障、子女教育、医疗保障、社会融入等服务待遇。同时，积极搭建“一站式”人才综合服务平台，建立以“人才码”为基础的人才服务数字化体系，实现海内外人才服务“一码在手，服务全有”。目前此项工作正在相关区有序试点推进中。

升级“海聚英才”全球创新创业赛会。“海聚英才”是上海人才工作的主品牌，旨在通过每年组织“一届全球创新创业大赛”、举办“一场全球创新创业峰会”、建设“一批创新创业示范基地”、健全“一个高层次人才创业投资基金联盟”，促进人才引领链、技术创新链、产业发展链、金融支持链深度融合，打造全球人才、技术、项目、资金汇聚的标杆性对接平台。2023 年第三届“海聚英才”全球创新创业峰会和大赛，共达成投资意向的项目超过 30 个、金额超 50 亿元。接下来，我们将推动更多海内外项目参赛，打造具有国际竞争比较优势的“热带雨林”式创业生态系统，吸引全球人才来沪创业发展。

踏上新征程，上海将进一步深入学习贯彻习近平总书记关于做好新时代人才工作的重要思想和关于上海“要当好龙头，加快向具有全球影响力的科技创新中心迈进”的指示要求，广聚天下英才而用之，全方位培养引进用好人才，让人才优势成为上海城市软实力和硬实力的核心体现。

# 发挥上海特色优势　为上海科创中心建设提供科技人才保障

【口述前记】

徐枫，1966 年 4 月生。曾任上海市奉贤区奉新镇党委副书记、镇长，海湾旅游区管委会副主任；共青团上海市委副书记，上海市工商行政管理局副局长，上海市食品药品监督管理局党委副书记，上海市妇女联合会主席、党组书记等职。2021 年 2 月至今，任中共上海市科学技术工作委员会书记。

口述：徐枫

采访：严爱云、郭继、周奕韵、白璇煜

整理：白璇煜、周奕韵

时间：2024年3月8日

“办好中国的事情，关键在党，关键在人，关键在人才。”新时代，以习近平同志为核心的党中央高度重视人才工作，提出了一系列新理念新战略新举措。2021年9月，中央人才工作会议上，习近平总书记提出“八个坚持”，为做好新时代人才工作指明了前进方向，提供了根本遵循，并交给北京、上海、粤港澳大湾区建设高水平人才高地的重要使命任务。2023年，习近平总书记在上海考察时，语重心长地指出，“推进中国式现代化离不开科技、教育、人才的战略支撑，上海在这方面要当好龙头”，“要着力造就大批胸怀使命感的尖端人才，为他们发挥聪明才智创造良好条件”。近年来，上海牢记习近平总书记的嘱托，举全市之力打造我国建设世界重要人才中心和创新高地的重要战略支点。上海市科技工作党委、上海市科委坚持以习近平总书记对上海人才工作的重要指示要求和中央人才工作会议精神为指引，按照市委部署，深入研究把握科技人才发展规律，发挥好上海的综合优势，努力推动人才工作创新，做好科技人才的培养、引进和使用。

## 打造系列人才项目，<br>建设全链条贯通式的科技创新人才培养体系

习近平总书记对科技人才高度重视，号召培养造就一大批具有国际水平

的战略科技人才、科技领军人才、青年科技人才和高水平创新团队。以此为指导，我们在市委、市政府的领导下，针对新时代科技创新发展的新情况，在传统科技人才培养做法的基础上，推出一系列的人才项目，不断丰富创新科技人才培养体系。

"青年科技启明星计划"是市科委 1991 年设立的一个人才项目，旨在重点培养和资助 35 岁以下有创新思想和创新活力的优秀青年科技人才。这个人才项目以培养一批跨世纪新一代学科学术技术带头人和后备带头人为目标，是上海市第一个明确提出的优秀青年科技人员培养项目，也是全国第一个有战略意义的青年科技人员培养项目。和评选荣誉称号不同，启明星项目需要青年科技人员申报科研项目，如果成功，就会以项目扶持方式，为他们领衔开展科技研究、应用开发、成果转化等提供起步资助。

这个人才项目之所以叫作"启明星"，是因为我们希望这些优秀的青年科研人员能够和这个名字一样，成为拂晓时分初升于地平线上的闪亮明星，被更多的人发现、看见、关注。

中国科学院院士、华东理工大学田禾教授 1994 年首获启明星项目支持，1996 年获"启明星跟踪"项目支持。当年，他从德国完成博士后研究刚回国时面临资金严重缺乏的问题，科研工作举步维艰。正是因为获得了启明星项目的资助，他的科研工作才得以顺利开展，最终成功开创出一片科研天地。两年后他获得了国家杰出青年科学基金（简称"杰青"）资助，后被聘为教育部"长江学者奖励计划"特聘教授。他曾说，"启明星项目的帮助不仅仅在于资金支持，更主要是精神层面的支持"。随着启明星队伍的壮大，1993 年启明星联谊会成立，之后规模和影响力不断扩大，联谊会时常开展活动，加深"启明星"之间的沟通，各路科技人才在这个平台上、在跨界交流中互相启发思路，更好地推动他们的事业发展。

上海科学会堂里的院士墙

33年来，启明星项目已经成为上海青年科技人才培养的“金字招牌”，迄今为止共资助3664位青年人才。值得骄傲的是，从中走出了25位两院院士，有242人入选国家杰青，268人入选国家优秀青年基金（简称“优青”）。丁奎岭、钱旭红、刘昌胜等院士都对启明星项目充满感情，他们始终认为，得到启明星项目的支持是他们在科研成长路上迈出的最重要的第一步。

2014年起，我们在“启明星计划”的基础上，设立了“扬帆计划”，重点面向毕业后刚参加工作的博士生。这类群体，虽然思维活跃、敢于突破，但由于资历尚浅，因此难以获得启动科研的资金，创新事业发展受到了限制。扬帆（计划）项目资助的对象年龄由“启明星”计划的35岁以下调整为32岁以下，目的就是为支持和解决这部分人的需求，以项目扶持的方式，帮助优秀青年科技人才加快成长，为上海创新驱动、转型发展战略的实施奠定更好的人才基础。“扬帆项目”每年支持600项，每项资助20万元。截至2023

年，共资助了 3454 人。2019 年，为对标国家杰青，我们增设“青年学术带头人计划”，支持年龄在 42 周岁以下的青年科技领军人才。到目前为止共资助了 2316 人，其中有 57 人当选院士，有 356 人入选杰青。

2020 年起，我们与团市委和市人才办等一起推出了由青科协主办的“上海科技青年 35 人引领计划”（U35），面向世界科技前沿、经济主战场、国家重大需求、人民生命健康四大领域，评选 35 位 35 岁以下的青年科创人才。有专家曾经提出质疑，“明明已有这么多的人才项目，为什么还要再另外设立 U35？”我们的回答是，因为二三十岁正是科研人员事业发展的黄金时段，我们设立 U35 是为了让那些“小荷才露尖尖角”的年轻科技人才被更多人看见，更多的是一种精神鼓励。

U35 到现在评了 3 届，每届 35 人和 15 个提名奖，一共有 150 位青年科技人才获此殊荣。1988 年出生的刘真就是在第一届评选中脱颖而出、在一线开展基础研究的杰出代表。他是原中国科学院神经科学研究所所长蒲慕明院士的学生。2017 年，不满 30 岁的刘真成功培育出世界首例体细胞克隆猴“中中”“华华”。2018 年，世界顶尖学术期刊《细胞》以封面文章发表了这项重大突破。这是非人灵长类动物克隆第一次试验成功，当年这一成果被国家科技部评为 2018 年度中国科学十大进展。可以说，刘真完全是我们本土培养的优秀科技人才，具有强烈的家国情怀，他取得成绩后，有机构曾邀请他去海外发展，但他都拒绝了。

U35 计划中还诞生了两对医生伉俪。其中一对蔡加彬和郜娉婷都是复旦大学临床医学生，师从著名肝脏外科专家樊嘉院士，两人在学校里是师兄妹，走上临床岗位后分别在各自领域作出新贡献。丈夫蔡加彬现在是肝脏外科的医生，是第一届 U35 计划的获得者，妻子郜娉婷从事内镜研究，拿下了 2023 年的 U35，她在丈夫的陪同下一起出席颁奖典礼，U35 也成为他们共同的荣誉。

到目前为止，我们科技系统推出的各类人才项目和市级层面的诸如白玉兰人才计划、“海聚英才”、“创・在上海”等，形成了分层次、分类型、全覆盖的科技人才发展体系。

## 筑巢引凤，为科技人才施展才能搭建重要科技平台

科技人才引进来，还得留得住。对科技人才来说，上海优势不仅在于城市的国际化程度、文化氛围和法制化环境，最关键的其实在于良好的科研基础。十年来，我们充分发挥各类高校、重要科研机构、高水平实验室、科技领军企业的作用，不断吸引汇聚全球优秀人才来沪，同时大力建设新型研发机构、大科学设施，实施大科学计划，为科技人才施展才能打造一批优质平台。

我们积极推动由顶尖人才、国际高端人才领衔的高水平新型研发机构（简称“新研机构”）建设，探索构建与科技创新规律相适应的研发投入、机构运行、人才队伍建设、科研管理和成果转化新机制，把限制传统科研类事业单位的“框框”去掉，以此释放科研活力。比如，通过不定级别、不定岗位，不设人员编制数，让新研机构的设置更加灵活。大家熟知的李政道研究所（简称“李所”），就是参照丹麦玻尔研究所、美国普林斯顿高等研究院，引入全球顶尖的科学家设立的。李所致力于物理和天文领域最前沿的基础研究，2016 年成立以来已汇聚了 120 多名来自美国、英国、德国、日本等 18 个国家和地区的全职科研人员，国际学者占比近 40%，打造了 PandaX 暗物质实验室、深海中微子望远镜（海铃计划）实验室等多个国际先进的研究平台。

2019年，期智研究院成立，这是由目前唯一的华人图灵奖获得者——姚期智先生主导的新研机构。机构汇聚了一批国际尖端人才，聚焦人工智能领域开展研究。2024年初，由国际数学大师、华人第一位菲尔兹奖获得者丘成桐先生担任理事长的数学与交叉学科研究院也在上海落地揭牌，该研究院致力于在基础数学理论和应用研究方面取得重大原创成果，参与攻克重大科学难题和挑战，引领高端产业创新发展。研究院通过薪酬、评价等体制改革，兼具大学“最先一公里”的前瞻和市场“最后一公里”的灵活转化，向全球人才抛出橄榄枝，吸引他们面向基础学科、人工智能等领域，全力以赴攻克数学“皇冠”。目前，已有来自十余个国家和地区的数十位顶尖科学家加盟。同时，研究院还与复旦大学联合开展了“数学英才班”本科生培育项目。2023年，为进一步促进新型研发机构的发展，我们研究制定了《关于促进我市新型研发机构高质量发展的意见》，进一步深化科技体制机制改革，为新型研发机构高质量发展提供制度保障。

除了新研机构，面向基础研究发展、紧跟世界科技前沿的大科学装置也是吸引全球科技人才到上海从事科技创新的重要平台和载体。上海科创中心建设之初，就把建设重大科学设施放在重要位置全力推进。其中，最具代表性的是位于张江高科技园区的第三代同步辐射光源（简称上海光源），它的外观充满未来感，因酷似“鹦鹉螺”而出圈。上海光源作为张江科学城的一个地标，也逐渐成为上海科技发展的“地标”，其宏大而独特的外景照已被沪教版初中化学教材作为封面照片，为上海广大中学生所熟知。随着2016年11月开工的上海光源线站工程的建成，上海光源已有34条光束线和46个实验站服务用户实验，成为现阶段光子能区覆盖最广、运行线站数量最多的中能第三代同步辐射光源装置，其总体性能和综合实验能力位居国际先进水平。上海光源开放前，中国科学家只能到欧美国家的第三代同步辐射光源装置上借“光”，难以大展身手。有了这个平台，大量的科学家从国外回来，团队迅速聚集在一起，许多学科领域快速发展。开放15年来，上海光源服务了全国近800家单位、约4500多个研究团队的47000余名用户，支撑用户完成2万多个实验课题，在生命科学、材料科学、凝聚态物理、化学、能源环境和医学等学科前沿和应用研究方面，取得一系列重大研究成果。从上海光源起步，上海目前已建、在建和规划的大科学设施达到20个，全球规模最大、种类最全、综合能力最强的光子大科学设施群已现雏形。每年，约有1万人次海内外科技人才来沪申请用大装置开展科研。

国际大科学计划，是世界科技强国利用全球科技资源、提升本国创新能力的重要合作平台。新时代下，牵头组织国际大科学计划和大科学工程对于我国科技创新发展具有重要意义。在科技部的支持指导下，上海重点在生命科学、天文、海洋等领域发起和参与了国际人类表型组、全脑介观神经联接图谱、国际大洋发现、平方公里阵列射电望远镜四项国际大科学计划。此外，我们通过浦江创新论坛、世界顶尖科学家论坛、世界人工智能大会等各种各样的世界级科技创新交流平台，阶段性地汇聚人才。特别是2018年在上海发起的世界顶尖科学家论坛，成为全球集聚诺贝尔奖获得者等顶尖科学家最多的年度科学会议。

## 深化体制机制改革，<br>推出一批人才政策加强对人才的培育和吸引

这些年，为激励科研人员的积极性，国家层面出台专门支持青年科技工作者的政策，比如重大科技项目中必须有一个年轻人领衔的硬指标等。上海也结合自身特点，出台了一批人才政策，激发人才创新活力，助推他们成长发展。

2019年1月出台的科改“25条”，坚持把“放权”和“松绑”作为核心，提出一系列重要的改革举措，充分激发和调动“人”的创造动力活力。2023年4月，我们在科改“25条”框架体系下，又发布《关于本市进一步放权松绑激发科技创新活力的若干意见》(简称“放权松绑”政策)，针对高校院所、企业、新研机构和科技人才等各类创新主体，出台5方面18项改革举措，着力解决创新主体感受深、“绳子”绑得紧的重点环节存在问题，通过政策支持进一步释放创新活力。

根据科改“25条”“放权松绑”政策，我们持续推进科技攻关任务“揭榜挂帅”，采用“赛马制”、“里程碑式”、机构式资助和经费“包干制”、“预算+负面清单”等试点，努力为创新主体提供与干事创业相匹配的体制机制。在推进体制机制改革的过程中，我们的人才评价标准的分类也在进一步改革。习近平总书记多次强调，要坚决破除科技人才评价中“唯论文、唯职称、唯学历、唯奖项”的问题。为贯彻落实习近平总书记重要指示要求，2023年，科技部启动了科技人才评价综合改革试点工作，上海也是试点之一。我们积极研究推动试点，对于支撑国家重大战略需求、承担国家重大攻关任务的机构和团队里的青年人才，打破论资排辈和“四唯”的用人模式，实行特殊晋升机制，提出按照“谁用谁评价、干什么评什么”原则，为不同类型人才设立不同评价指标。

当前，我们设立基础研究先行区其实也是上海培育科技人才的重要创新举措。通过建立以选题为基础的选人机制，鼓励从事基础研究的科学家十年磨一剑，而不是“一年做10件事”，让科学家“甘坐冷板凳”。这既是对基础研究的政策支撑，也是人才培养的一种创新，还有“揭榜挂帅”“赛马制”也一样，就是英雄不问出处，谁有能力谁就可以揭这个榜，谁有能力创新就可以从事这项科技攻关。

## 强化思想引领，
## 营造关心关爱科技人才的良好氛围

科学成就离不开精神支撑。习近平总书记在历次两院院士大会中都会提到科学家精神，在上海也有很多这样的大科学家，他们的高尚品质和崇高精神是我们宝贵的财富。为弘扬科学家精神，近年来我们开展了形式多样的宣传工作，发挥好科学家精神的思想引领作用。

我们拍摄过两部记录科学家传奇的专题电影，一部是关于我国著名材料学家严东生院士的传记电影《诗与真》，另一部是关于著名天文学家、我国天文学重要奠基人叶叔华院士典型事迹的电影《星河一叶》。我们通过这种方式，充分发挥先进典型的榜样力量，向全社会多维度展现这些科学大家的科学精神、家国情怀和高尚品格。这些电影不仅在院线上线，还在各类创新活

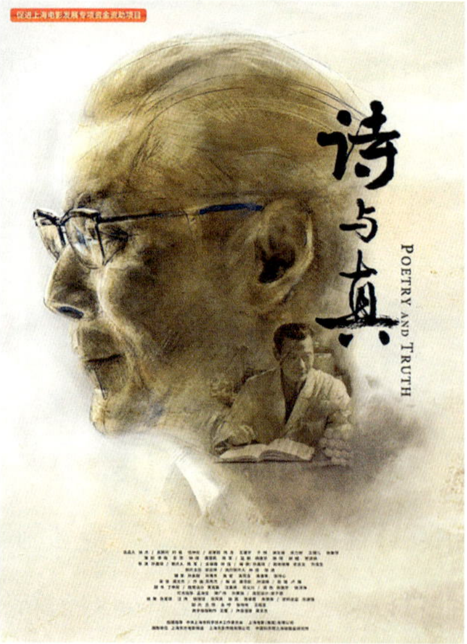

记录严东生、叶叔华两位科学家传奇的电影海报

动、科技会议、学习平台上进行了展映，都取得了良好的效果。2018年起，我们和上海广播电视台合作推出大型融媒体科创先锋访谈节目《执牛耳者》，选取重点领域科学家的最新科研成果和科研历程，通过生动的视觉表现手法，绘制出“前沿、执着、勇于创新、爱国奉献”的“科技先锋”群像。今年，我们还在该节目中增加了“科学家请回答”环节，向市民征集一批科学问题请科学家解答，以此激发观众探求科学知识的热情。比如请蒋昌俊院士回答“人工智能会有顿悟吗”，请中国科学院上海天文台台长沈志强回答“宇宙中有没有第二个地球的存在”。科学家们感受到公众对科学的关注和期待，也更加坚定了他们“科技让生活更美好”的决心和愿景。

2022年，中国科协、教育部、科技部等七部委印发《关于开展“科学家精神教育基地”建设与服务管理工作的通知》后，我们组织相关单位积极参与。最终，上海有10个单位入选科学家精神教育基地，包括上海科技馆、科学会堂、钱伟长图书馆、钱学森图书馆、上海硅酸盐研究所科学家精神教育基地等，这些基地都营造了非常浓厚的宣传氛围。比如，在科学会堂，除了建有知名的院士墙外，在沿南昌路的围墙上还设计了一处科学艺术栏杆。它的造型很独特，从栏杆的一侧，看到的是我国的著名科学家，比如华罗庚、钱学森，而在另一侧，看到的则是外国著名科学家，比如居里夫人、爱因斯坦等。这些独特的小设计，总是在不经意间让人“眼前一亮”，也都是弘扬科学家精神的重要载体。

营造良好的科技创新生态环境，还需要不断提升全民科学素养。青少年一直是重要的科普对象，为激发青少年科学兴趣、提高青少年科学素养，2014年，我们与市教委和上海广播电视台联合推出大型青少年科学梦想节目《少年爱迪生》。节目至今共播出8季，已成为全球青少年创新思想交汇、融合、碰撞的交流平台。此外，每年举办的上海科技节，作为链接上海科技界、学术界、产业界和市民朋友的科技盛会，更是我们普及科学知识、弘扬科学精神、传播科学思想、倡导科学方法的知名品牌。科技节上有一个保留项目，那就是科学家红毯秀。红毯秀中，有科学家师生，也有科学家家庭，还有科技传播、科创教育工作者。2021 年中国科学院院士、中国科学院上海天文台名誉台长叶叔华和现任台长沈志强携手，两代科学家共同走红毯，彰显了一代代科学家精神的传承与弘扬。2022 年上海科技节最引人注目的是“一家三口”的红毯明星：爸爸是著名遗传学家、中国工程院首批院士曾溢滔，妈妈是上海交通大学附属儿童医院终身教授黄淑帧，他们的女儿是上海交通大学医学遗传研究所所长曾凡一教授。当平日默默耕耘的科学家们意气风发地走上万众瞩目的红毯，来到聚光灯下，他们也感到骄傲自豪，这对科学家是一种激励，对全社会也是一种氛围的渲染，鼓励着大家尊崇科学家。

在营造良好的科技创新生态环境上，上海还有很多看似不起眼却富含深意的举措。如果到张江科学城走一走，就会发现那里的一些路名是以科学家名字命名的：东西向的道路以中国科学家命名，如张衡路、祖冲之路，南北向的道路以外国科学家命名，如高斯路、牛顿路、爱迪生路等。当年在开发建设张江这个上海最重要的高科技开发区时，开发者们在取名这件事情上，是动了脑筋的，是有科学范的。后来，李政道研究所建成后，浦东专门为他们修改了门前的路名。现在李政道研究所坐落于李所路 1 号。改路名其实是很难的一件事，这体现了上海各部门、各方面对科创中心建设的支持。

面向未来，我们将继续深入学习贯彻落实习近平总书记关于科技创新的重要论述和习近平总书记考察上海重要讲话精神，按照市委要求，聚焦高水平人才高地建设，努力培养造就更多战略科学家、一流科技领军人才等各类尖端人才，为上海聚焦“五个中心”建设，加快建成具有世界影响力的社会主义现代化国际大都市提供人才支撑。

# 为上海国际科创中心建设提供坚实的教育人才支撑

【口述前记】

孙真荣，1967 年 7 月生。2012 年 6 月至 2021 年 12 月，任华东师范大学副校长。2021 年 12 月至 2024 年 7 月，任上海市教委副主任。2024 年 7 月起任上海科学院党委副书记、院长。

口述：孙真荣

采访：王旭杰、周奕韵、孙宝席、丁达

整理：丁达

时间：2024 年 3 月 28 日

建设具有全球影响力的科技创新中心，是习近平总书记交给上海的重大战略任务。2014 年 5 月，习近平总书记在上海考察时强调，“上海要努力在推进科技创新、实施创新驱动发展战略方面走在全国前头、走在世界前列，加快向具有全球影响力的科技创新中心进军”。2023 年，习近平总书记再次亲临上海考察，参观上海科技创新成果展，并强调：“推进中国式现代化离不开科技、教育、人才的战略支撑，上海在这方面要当好龙头，加快向具有全球影响力的科技创新中心迈进。”习近平总书记的重要指示，为我们做好人才培养工作提供了根本遵循。

教育特别是高校是科技第一生产力、人才第一资源、创新第一动力的重要结合点，是技术创新的重要力量。上海教育资源丰富，各类人才密集，对科创中心建设意义重大。我长期在教育系统工作，以前在高校开展科学研究和科研管理工作，现在在市级机关从事教育行政管理工作，对教育系统对接国家战略为上海国际科创中心建设提供坚实的教育人才支撑有着较为深入的感受。

## 高度重视教育人才，助力支撑科创中心建设

党的二十大报告指出：“科技是第一生产力、人才是第一资源、创新是第一动力。”由此可见，教育、科技和人才这三者既是统一的，又是互动的。科

技需要人才，教育培养人才，加快教育人才建设对科技建设具有非常重要的作用，对上海来说尤其如此。上海市委、市政府一直以来高度重视人才工作，专门出台《中共上海市委、上海市人民政府关于加快建设具有全球影响力的科技创新中心的意见》（“科创22条”），市委办公厅、市政府办公厅配套出台《关于深化人才工作体制机制改革促进人才创新创业的实施意见》（“科创人才20条”），以人才建设为引领，全面推进科创中心建设。

上海教育系统特别是高校是汇聚人才的高地、培养人才的基地，也是创新科技成果重要源头和实现技术成果转移转化重要载体，对上海国际科创中心建设非常重要。市委、市政府对教育系统加快科技人才自主培养寄予厚望，市委、市政府主要领导多次关心指导教育系统科技人才自主培养。韩正在担任上海市委书记时，多次到教育系统调研，指出高校是上海建设具有全球影响力的科技创新中心的重要主体和重要力量。李强担任上海市委书记后多次赴高校调研，强调强大的基础研究是上海创新策源能力基础，是建设具有全球影响力的科技创新中心的基石，要求全面加强基础学科拔尖创新人才培养，着力形成高水平人才培养体系，大力汇聚具有国际水平的学科领军人才和创新团队人才。陈吉宁担任上海市委书记后高度重视教育工作，先后围绕高校优化学科专业布局、造就基础学科拔尖人才、改革集成电路等重点产业创新人才培养模式、提升本科教育教学质量、发挥高水平研究型大学基础研究主力军作用等多次做出具体指示批示，提出了非常明确的要求。2023年4月份以来，部署启动新一轮高等教育综合改革，服务支撑科创中心建设和高质量发展。龚正市长多次赴教育系统调研，听取工作情况汇报，就教育系统服务支撑科创中心建设提出明确要求。

此外，上海市历任分管领导多次专题研究科技人才自主培养工作，要求教育系统把对接支撑科创中心建设作为深化教育综合改革的重要动力和重要目标，发挥独特优势、主动而为。按照市委、市政府部署要求，市教卫工作党委、市教委主要负责同志多次研究推进落实工作，我们紧密对接科创中心建设，以培养高水平科技人才为牵引，一直在紧锣密鼓地开展相关工作，全面提高人才供给水平，为上海国际科创中心建设提供坚实支撑。

## 构建拔尖培养体系，全面提高人才自主培养质量

建设教育强国，基点在基础教育，龙头是高等教育。当前，国际竞争越来越取决于关键领域、关键技术创新突破，竞争焦点已从人才“均值”聚焦到人才“方差”。我们按照市委关于全面加强基础学科拔尖创新人才培养的要求，着力构建高水平人才培养体系，大力汇聚具有国际水平的学科领军人才和创新团队人才，厚植人才自主培养特别是拔尖创新人才供给能力，服务建设具有全球影响力的科技创新中心。具体来说，我们从以下四个方面进行

2023 年 11 月，复旦大学相辉研究院成立仪式举行

推进。

一是构建拔尖创新人才早期识别和培养机制。推进基础学科超常人才的开发，真正培养一些特别拔尖、有天赋的人才，对上海科创中心建设非常重要。在具体工作中，我们聚焦数学、物理等基础学科开展拔尖创新人才弹性学制和早期培养试点，探索构建了基础学科拔尖创新人才早期发现、科学选拔、贯通培养机制，加强基础学科拔尖学生培养基地建设，争取早出多出拔尖创新人才和紧缺急需人才。

二是完善产教融合科教汇融育人机制。瞄准集成电路等国家重大需求领域，统筹资源配置、科研组织和人才培养，将博士生招生名额和培养与大平台大项目有效对接，把研究生放在科研前沿和产业一线进行系统训练，加强研究生知识创新能力培养。建设国家卓越工程师创新研究院（上海），依托上海长三角技术创新研究院开展布局培养。实施跨学科交叉培养和贯通培养，深化“工程 + 设计”“工程 + 管理”等培养模式改革，将产业新知识新技术及时反哺课程教学和实训环节。

三是推动创新链、人才链深度融合。建设拔尖创新人才教育体系和专业载体，构建贯穿各学段、学校与社会有机结合的拔尖创新人才培养机制，布局上海市青少年科学研究院等青少年科创载体，实施基础学科拔尖创新人才培养计划和卓越创新人才培养计划。同时，加强高校实验室和实践基地建设，推动研究生在一线科技创新实践磨炼中成才。引导高校探索打破以院系为主体培养研究生的单一模式，组建以“首席科学家牵头 + 青年研究员为骨干 + 博士生为主体”的创新团队，构建科技创新链与人才培养链深度融合的协同育人模式。

四是优化高校学科专业布局结构。早在 2014 年，我们就开始做高等学校学科发展与优化布局规划，推动学科专业布局更加契合经济发展。党的二十大以来，按照党中央、国务院关于教育的新部署和新要求，我们坚持面向前沿领域和产业发展需求，不断优化调整学科专业布局、强化人才精准供给，一体统筹推进教育、科技、人才工作，努力为实现高水平科技自立自强、加快建设世界重要人才中心和创新高地作出新的更大贡献。2023 年 11 月，市委办公厅、市政府办公厅印发《关于全面深化高等教育综合改革服务促进高质量发展的意见》，市委教育工作领导小组随即配套出台《上海高等教育质量提升十大专项行动计划实施方案（2023—2026 年）》，以优化学科专业布局为先导，以调整招生结构、改革培养模式为重点，比如，考虑采取增量倾斜和存量调整相结合的方式，扩大理工农医学科专业招生规模，力争用 2—3 年时间，将理工农医类高职专科、本科、研究生招生占比分别提高 10 个百分点、10 个百分点、5 个百分点，促进高校学科专业发展与国家和城市发展同频共振，促进人才供需结构规模更加匹配，有力服务支撑科技创新中心建设和新质生产力的发展。

## 夯实创新策源基础，支撑高水平科技自立自强

高等教育作为教育、科技、人才三位一体的结合点，科技创新、人才培养的主力军，科教融合、产教融合的枢纽和关键点，在服务支撑高水平科技自立自强中肩负着特殊重要的责任与使命。我们以“双一流”建设为抓手，不断夯实创新策源基础，尽快占据科技创新的制高点，不断增强新质生产力的创新能力，为中国式现代化注入强劲动能。在具体实施过程中，我们主要从以下五个方面予以推进，进一步补短板、拉长板。

一是建设世界一流和高水平特色学科。自 2016 年起，上海地方财政对中央下达给 8 所驻沪部属高校“双一流”建设专项资金，给予 1∶1 配套支持，

并通过国家和上海重大专项等形式给予更多支持。2017 年，上海在全国率先与教育部签署“双一流”共建协议，由此启动驻沪部属高校“双一流”重点共建。国家“双一流”建设名单公布后，市政府随即于 2018 年出台《关于本市统筹推进一流大学和一流学科建设实施意见》《上海市加快推进世界一流大学和一流学科建设实施方案（2021—2025 年）》等一系列文件，着眼突出立德树人、优化分类布局、凸显绩效导向、激发改革活力，对部属高校和地方高校“双一流”建设分别予以重点支持。同时对承担科创中心建设重大任务、发挥重要作用的高校额外给予政策倾斜和资源支持。

二是深入实施高峰高原学科建设计划。2014 年，我们就启动高峰高原学科建设计划，率先对接国家“双一流”建设，该建设计划在“985”“211”结束后和新“双一流”建设来临前“空档期”，为上海高水平大学全面提升创新策源能力提供有力支撑。目前，我们正在针对系统总结该计划实施成效，推进实施现有学科“攀峰”和“筑原”行动的基础上，重点支持基础和战略性学科加快打造学科高峰，巩固提升一批潜力学科，打造紧密服务经济社会发展的学科高原，提升学科整体实力。同时，考虑优化调整现有高峰高原学科投入结构，安排更多的资源支持基础和战略性学科、重点产业强相关学科加快创特色、争一流。

三是深入实施高水平地方高校建设计划。2016 年，市委、市政府出台《上海市深化高校改革建设高水平地方高校试点方案》，着眼整体提升上海地方高校对科创中心建设的服务力、支撑力，遴选基础较好的研究型大学，启动实施高水平地方高校建设计划，以“一校一策”方式给予重点投入，通过重点建设特色优势学科引领学校走向高水平，先后有 15 所地方高校纳入建设范围，取得了显著成效，有力提升了地方高校在高水平科技人才自主培养和高质量科技创新成果产出方面的能力。目前，我们正在实施新一轮高水平地方

上海交通大学张江校区

高校转段提升计划，促进地方高校整体实力实现跃升。

四是强化高校基础研究水平和原始创新能力。加强基础研究是实现高水平科技自立自强的迫切要求，是建设世界科技强国的必由之路。为此，2023年我们依托复旦大学、上海交通大学等高水平研究型大学布局建设高校基础研究高地，集聚一批醉心基础研究、以40岁以下青年科学家为主体的研究团队，围绕高价值、高风险重大科学问题开展长周期研究，营造符合基础研究规律的学术生态。支持高校建强前沿科学中心，布局建设一批上海市前沿科学研究基地，推动有组织基础研究。

五是深化高校分类评价改革。为了让不同的学校满足不同的发展需求，让不同的人才有不同的发展通道，2018年起，我们在全国率先把高校分为学术研究型、应用研究型、应用技术型、应用技能型4类，出台高校分类管理指导意见，把分类思想全面融入高水平大学建设、学科专业和学位点建设、考试招生、人事人才、办学经费、基本建设等高教管理各环节，不同类别高校实施不同标准，真正形成分类规划、分类投入、分类评价的高等教育治理新格局。在此基础上，实现评价结果与高校党政领导干部本年度绩效工资额度直接挂钩，与学校下一年度绩效总量增量直接挂钩，与学校下一年度经费投入总量直接挂钩，有力引导高校各展所长，特色发展，分类对标服务科创中心建设，并在全国形成引领。目前，我们正在研究优化分类评价体系，加快建立以全面提高人才自主培养质量为核心、以服务高水平科技自立自强和经济社会发展为重点的评价机制，激励高校特色发展。

## 优化支撑服务体系，营造科创良好环境

针对科创中心建设，上海市教育系统发挥资源优势，出台了一系列政策，为支撑上海科技中心的建设营造良好环境。

一方面，加强上海高校吸引全球高端学者和优秀学子环境条件建设，支撑上海成为高端人才集聚地。我们充分发挥上海高校人才“蓄水池”作用，从 2019 年起，每年实施上海高等教育人才揽蓄行动、东方学者岗位计划，既引进学科骨干领军人才，又引进优秀青年人才；既关注掌握核心科技、引领学科发展的高水平人才，又关注掌握专门技术、解决关键工艺问题的高技能人才。构建高校科技人才全过程发展链条，实施优秀青年人才培养专项计划、中青年学者国内外访学计划、产学研践习等，每年资助 2000 余名中青年科技人才赴境内外高校和科研机构进修学习。

同时，我们加强青年人才落户服务，会同相关部门持续优化应届高校毕业生落户政策，吸引留住更多优秀青年人才，非上海生源高校毕业生落户规

经教育部批准，国内第一所具有独立法人资格的中美合办高水平大学——上海纽约大学

模和比例逐年提升。此外，我们还提供人才就医、子女就学便利服务，按需有计划扩大国际学校规模，增加公办学校国际部学位，安排符合条件的海外高层次人才子女就近到各学段就读，为吸引境外人才提供有力支撑。

另一方面，推动产学研协同创新，引领技术创新和产业化发展。首先，我们依托高校布局国家级高水平科技攻关平台，引领技术创新产业发展。截至目前，上海高校牵头建设了6个国家重大科技基础设施、5个国家工程研究中心、3个集成攻关大平台、9个国家工程技术研究中心、6个国家临床医学研究中心、4个国家“2011”协同创新中心等国家级重大科技平台。从2021年起，围绕上海市科创中心建设重点领域、重点产业所急所需，依托上海高校，重新布局建设42个上海市协同创新中心。联合市经信委、领军型创新企业，布局联合创新计划，引导高校聚焦产业发展亟需，开展高水平协同创新。

此外，更重要的是我们与市科委联手，推动大学科技园建设，支持上海科创中心建设。2023年12月，市政府办公厅印发了《上海市大学科技园改革发展行动方案》。这项工作是市委书记陈吉宁部署和推动的，总的要求就是实现教育、人才、科技三位一体系统推进，着力打造大学科技园建设，使未来的科技园成为一个充满活力的创新平台，以此为核心形成创新生态。目前，我们正积极推动本市14家国家大学科技园高质量发展，上海交通大学、同济大学正在推进未来产业科技园建设，不少大学科技园已成为支撑服务区域经济社会发展的重要载体。

在推进大学科技园建设进程中，我们致力于改革创新，着力推进“近校”“近企”模式。所谓“近校”模式，就是着重在校园周边打造“近校”大学科技园生态，吸引与高校学科领域关联的头部企业及其研发机构入驻。这种把产业和企业布局在高校周边的做法有许多好处：一是学校的科学研究非常便于就近溢出，就地孵化或转化给企业；二是头部企业所发展的未来产业，反过来将促进高校学科专业的调整。所谓“近企”模式，就是在科技产业园区内部或就近建立高校研究院，将工程硕博士培养与产业园区紧密结合。在推进学校“近企”方面，我们也开展了许多工作。比如，上海交通大学在临港建设上海智能制造研究院，华东师范大学将在临港软件园成立滴水湖国际软件学院。同时，在张江科学城，复旦大学、上海交通大学和同济大学等高校布局了一批研究机构，这些研究机构与园区紧密结合在一起，形成一个“近企”的创新生态环境。我们未来的工作中心就是推动“近校”“近企”模式，同时要将“近校”“近企”两种模式紧耦合起来。我们会把产业地图和高等教育地图进行叠加，在产业、高校集聚且物理空间临近的区域进行主动布局，其中“大零号湾”和“环上大科技园”是已有初步建设成效的代表。下一步，我们将与相关区携手在更多的区域进行主动布局，形成更多创新活跃的环高校创新集聚区，并在集聚区内，推动校（院）企更好地融合，形成校企相互扶持、双向奔赴的创新生态，我们或可将这样的区域称为教育科技人才综合实验区。在这样的环境中，我们的学生在下课或者科研之后可以到就近的企业进行研习实践，与企业共同进行创新研发，学生充分浸润在企业活跃的创新环境中，并培养出很强的创新意识。如果环高校的创新氛围和生态形成了，将很可能成为未来产生“核爆点”的地方。

加快建设具有全球影响力的科技创新中心，是党中央、国务院交给上海的重大战略任务，也是上海当好改革开放排头兵、创新发展先行者的内在要求。踏上新征程，上海教育系统将在市委、市政府的坚强领导下，发挥创新资源集聚的优势，深入贯彻党中央关于人才是第一资源、创新是第一驱动力的要求，全面深化教育领域综合改革，为上海国际科创中心建设提供坚强的教育人才支撑保障。

# 破除体制机制藩篱
# 厚植科技创新沃土

【口述前记】

陆敏，1968 年 11 月生。曾任上海市质量技术监督局计量处副处长、处长，市计量测试技术研究院副院长，青浦区质量技术监督局局长、党组书记，市质量技术监督局总工程师。2018 年 11 月任上海市科学技术委员会总工程师，2020 年 12 月至 2023 年 10 月任上海市科学技术委员会副主任。现任上海第二工业大学党委书记。

口述：陆敏
采访：王旭杰、郭继、周春燕
整理：周春燕
时间：2024 年 3 月 1 日

习近平总书记强调，要深化科技体制改革和人才发展体制机制改革，形成支持全面创新的基础制度。这也是指导上海科创中心建设的重要根本遵循。十年来，上海科创中心建设始终坚持科技创新与体制机制创新“双轮驱动”，以体制机制改革激发创新活力。如果说“科创 22 条”是一份指导上海科创中心建设的宏观性、战略性文件，那么 2019 年出台的科改“25 条”则是一份聚焦深化科技体制机制改革的战术性、实践性的文件。随后逐步出台的相关配套文件及措施，渐渐形成了以“科创 22 条”为总领、以科改“25 条”为主线、各重点领域改革及其配套政策协同实施的创新政策体系，进一步破除体制机制藩篱，为科创中心建设厚植沃土。

## 瞄准痛点发力，科改“25 条”拉开深化科创体制机制改革大幕

我是 2018 年 12 月到市科委工作的。这一年习近平总书记在考察上海时指出，上海要“在增强创新策源能力上下功夫”的要求，为贯彻落实习近平总书记考察上海重要讲话精神，在市委、市政府的领导下，市科委围绕“增强创新策源能力”，对“科创 22 条”在落实过程中遇到的痛点难点进行广泛调研，听取各领域各方面意见。

纵观当时上海的科创环境，归结起来主要是存在创新能力有差距、创新

活力不足、转化动力不足的问题。虽然我们有像交大、复旦、同济，中国科学院等一批在全球有一定影响力的高校、研究所，但还比较欠缺在行业里有影响力的重点实验室和新型研发机构，“高精尖”人才仍规模不足、能级不够，这些都导致无法满足贯彻国家重大战略的需求。尽管国家对科研的财力支持越来越大，但高校、企业、科研机构等不同创新主体都感觉动力不够，如高校和国企因科研管理体制原因有能力没动力、一些民营企业有一定的动力，但在能力上有欠缺。科技成果转化是一个长周期过程，一个科研项目完成后，其成果需要有一个逐步成熟、主动推广，并被社会认识和认可的过程。企业在科技成果从转化到技术熟化的过程中往往会面临很大压力。此外，高校的科研成果转化，往往以技术为导向，这与企业“以市场为导向”有相当大的差距，等等。

针对上述问题，市科委与相关部门从2018年开始研究制定《关于进一步深化科技体制机制改革，增强科技创新中心策源能力的意见》(简称科改“25条”)，提出了促进各类主体创新发展、激发广大科技创新人才活力、推动科技成果转移转化、改革优化科研管理、融入全球创新网络、推进创新文化建设等六个方面25项重要改革任务。文件的出台是很不容易的，因为科技体制机制改革涉及很多方面、很多部门，要有所突破，其实就是要求相关部门把可能与上级现有条文不一致的内容写到科改“25条”里，这需要我们上海与上级部门进行大量的沟通、协调。我们这项工作得到市里面各级领导的高度重视，市委书记、市长、分管的副书记、副市长都多次听取我们的汇报，并予以大力支持和指导。

2019年3月，科改“25条”正式发布，上海科创体制机制改革向纵深发展的大幕拉开了。

## 促活力，增动力，强能力，扫除科技体制机制障碍

体制机制改革是一个系统工程，不可能一蹴而就，也不可能靠一个文件就解决所有问题。因此在科改“25条”出台后，市科委还主动会同一些相关的部门如财政、人社等为在上海的高校科研院所专门做培训。十几个相关部门后来都陆陆续续配套出台了一些专门的政策文件，最新的如2023年年底出台的《上海市关于支持国家重大科技基础设施建设发展的若干政策措施（试行）》等。概括起来，这一系列文件的核心内容就是围绕破除阻碍科技创新的体制机制束缚，促活力、增动力、强能力。

促活力就是松绑解绑，着力营造近悦远来、各尽其才的发展环境，激发各类创新主体的活力。为充分激发和调动人的创造力和活力，科改“25条”拿出许多真招、实招。科改“25条”明确了人才评价的改革方向，即破除“四唯”（唯论文、唯职称、唯学历、唯奖项），不拘一格评价人才。制定的《关于进一步扩大高校、科研院所、医疗卫生机构等科研事业单位科研活动自主权的实施办法（试行）》明确科研事业单位在内部机构设置、人事、薪酬、科研项目与经费、科研仪器采购、科技成果转化等方面的自主权。如在开展科研项目经费预算自主编制调剂权上，简化预算编制要求；在劳务费发放的自主确定权上，在内控健全、不突破劳务费总量的前提下，承担财政科研项目的单位可自主确定科研项目的劳务费发放标准；在科研仪器设备的自主采购权上，简化购买科研仪器设备的采购流程，对科研急需的设备、耗材采用特事特办、随到随办的采购机制，缩短采购周期，真正改变过去经费管理上“买酱油的钱不能买醋”的问题，使项目管理更加便捷、高效。30余所高校、40多个科研院所、近10家医疗卫生机构结合单位实际，积极行动，健全

内控制度，在“人、财、物”管理上获得了更大的自主权。另一方面，经费管理更加科学，在全国率先试点经费“包干制”。结合科研经费管理领域“放管服”改革工作，在基础研究领域，选择部分科研管理规范、科研成效显著、科研信用较好的高校和科研院所开展科研项目经费使用“包干制”改革试点。

增动力就是推动科技成果转移转化，提升转移转化效率，不断增强创新主体内生动力。对此，科改“25条”明确探索开展赋予科研人员职务科技成果所有权或长期使用权的改革试点。允许单位和科研人员共有成果所有权，鼓励单位授予科研人员可转让的成果独占许可权。科技成果可以通过协议定价、在技术交易市场挂牌交易、拍卖等市场化方式确定价格。加强高校、科研院所技术转移体系建设，落实专门机构、专业队伍、工作经费，设立技术转移专业岗位，确保技术转移人员和科研人员各自发挥自身优势。深化上海产业技术研究院改革发展，协调推进应用技术创新体系建设；深化转制院所改革发展，强化行业共性技术研发与服务功能，引导支持转制类科研院所向

中国科学院上海技术物理研究所科研人员在实验室进行航天产品定标数据采集

科技研发服务集团发展。同时，发挥各类企业在科创中心建设中的作用，对国企在技术创新和研发机构、研发与转化平台建设等方面的投入，在经营业绩考核中“视同于利润”；鼓励支持民营企业承担政府科研项目和创新平台建设，同步做大科技成果转化率的分子和分母，以及分子分母相互转化问题。

强能力就是构建完善主体多元、开放协同的科研力量布局和研发体系，全方位提升科技创新能力。科改“25条”按照引领学术新思想、引领科学新发现、引领技术新发明、引领产业新方向“四个引领”的目标，推出了许多改革举措设计。如加快培育国家实验室、高水平创新机构等承接国家重大创新任务的国家战略科技力量；通过提高基础研究投入占比，完善基础研究、战略高技术研究、社会公益类研究的支持方式，力争在基础研究领域实现提升和突破；改革完善科技计划管理，建立对重大原创性、颠覆性、交叉学科创新项目的非常规评审机制和支持机制，建立健全重大关键核心技术攻关项目形成和组织实施机制等。特别对从事战略性前沿技术、颠覆性技术、共性关键技术研发的新型研发机构，一事一议，通过定向委托、择优委托等形式给予财政支持，为“卡脖子”技术攻关提供坚实的保障。2021年，市科委在复旦大学、上海交通大学和中国科学院上海分院设立“基础研究先行区”，每年向每个“先行区”投入2000万元，并给予其充分的科研选项立项自主权，让科研人员心无旁骛从事风险较大的原创性基础研究。

## 改革成果不断涌现，多领域释放科技创新动能

上海科创中心建设大步前进，得益于持续深化科技体制机制改革。随着科改“25条”出台，以及相应的配套政策不断落地，营造出更好的创新生态，改革成果不断涌现，各个领域都释放出科技创新的新动能。

在科技成果转化方面。科改“25条”开启了上海科技界的“分地”改革，对赋予科研人员职务科技成果所有权或长期使用权进行探索。上海交通大学和上海大学在此次改革进程中走在了前列。上海交通大学的几十位教授在科改“25条”出台后给国务院写信，在科技成果转化这一块专门做了一个先行先试。上海交通大学通过先赋予教师科研成果的长期使用权、后转让科技成果的模式，支持教师创业。同时建立科技成果转化奖励机制，通过科技成果转让、许可或作价投资对科技成果完成人的现金、股权或股份奖励，赋予科技成果完成人所有权及长期使用权奖励，按照转化方式的不同进行奖励分配。上海交通大学还通过培育项目公司和建设平台公司方式，支持校外研究院载体建设，探索建立一支懂政策、懂市场、懂技术的复合型转化专业人才队伍。从2020年到2023年，上海交通大学成果转让、许可、作价投资合同总额超40亿元，是改革前的6倍；2023年技术开发、咨询、服务等产学研合同额超27亿元。上海交通大学采用完成人实施的教师创业企业80多项，企业整体市场估值已超300亿元，经济社会效益也愈发显著。依托上海交通大学试点职务科技成果赋权、专项扶持、生态培育的“一站式”科技成果转化体系，越来越多科学家积极转型创业家。科改“25条”出台后，上海大学便着手修订《上海大学科技成果转化管理办法》，给出了“赋予科研人员职务科技成果所有权或长期使用权”的操作方案：对于横向科研项目，经项目委托单位同意，可通过学校、项目委托单位、科研人员三方书面协议约定的形式，赋予科研人员该项目产生科技成果的部分或者全部所有权。对于科研人员希望自行实施转化的可转让科技成果，学校可以零入门费的方式授予科研人员独占许可权。

科改“25条”还催生了一批新型研发机构，并加快了已建新型研发机构的成长。科改“25条”发布后，市科委制定了《关于促进新型研发机构创新发展的若干规定（试行）》，按照公平普惠、分层分级的原则，推进各类新型研发机构的发展。陆续培育建设了像脑科学与类脑研究中心、期智研究院、长三角技术创新研究院等十余家战略性、前瞻性的新型研发机构，还推进了一批国际大科学计划，打造前沿领域人才高地，有力推动科技与产业双向链接。比如，上海量子科学研究中心、上海清华国际创新中心都是实行新型运行机制的科研事业单位，突破了传统科研事业单位制度，给予研究机构长期稳定的支持和充分的自主权，有利于他们引进高水平科研人员，提高科研经费使用效率，建立具有竞争力的薪酬体系。上海研发与转化功能型平台也属于新型研发机构，已经培育20家企业，面向集成电路、人工智能、生物医药、新材料、新能源、先进制造等重点领域，提供高水平的共性技术研发和科技成果转化服务。目前，已建平台集聚和培育人才团队1200余人，产学研合作单位超过1600家，在孵企业和团队近150个，撬动社会投资约60亿元。

上海的“创新创业”氛围也是日渐浓厚。我们在科改“25条”的基础上，进一步聚焦科技型企业的创新作了比较多的政策支持和培育。在孵化培育这

上海清华国际创新中心

块，加大了对科技型企业创新发展的支持，主要围绕从创业团队到小微科技型企业，从高新技术企业培育到高新技术企业的认定，从科技小巨人企业的培育到认定，再到卓越创新企业培育认定，形成了完整的服务链条。针对企业不同阶段，对创新创业的主体量体裁衣，因地施策。比如我们对未成立公司的创业团队，只要你有创业计划书想创业，市里面的众创空间都可以为你提供场地、创业服务，同时我们也推出了“科技创新券”，可以为我们的这些创新团队、创新企业提供免费的科技服务。对于初创的小微科技企业我们还设立了专门的科技创新资金，通过创新创业大赛的形式对小微科技企业起到引领作用。现如今，科技企业队伍不断壮大，全市高新技术企业超过 2.2 万家，科技创新人才加快集聚。浦江创新论坛、“创・在上海”等创新创业品牌活动影响力也在不断提升。

伴随着科改“25 条”的出台，上海的原始创新力也得到有效提升。2023 年，上海将全社会研发经费支出比重增至 4.3%，在全国率先设立的“基础研究先行区”扩区，持续构建多领域设施集群，力促 30 多家新型研发机构在上海共推产学研、竞逐高精尖。作为科创中心基本框架体系的顶层，上海张江综合性国家科学中心集聚着国家实验室和光子大科学设施集群，如上海同步辐射光源、硬 X 射线自由电子激光、国家蛋白质科学研究（上海）设施、上海超强超短激光实验装置、上海软 X 射线自由电子激光装置等。上海已建、在建和规划建设的国家重大科技基础设施达到 20 个，覆盖光子、生命科学、海洋、能源等领域，设施数量和投资金额均居全国各省区市首位，这些大科学设施陆续建成，为我国科技前沿探索提供了利器。面向国家重大战略需求，上海累计牵头承担国家科技重大专项 929 项，积极参与了 C919 大型客机、量子计算机、北斗导航系统、航天领域的“天问”“天和”“天舟”“嫦娥”和深海领域的“奋斗者”号等一系列国家战略科技任务，参与研制一批国之重器。

科创中心建设涉及的不仅是金融方面，还包括经济、教育、财政等多个领域。科创中心建设在推进过程中，会遇到各种深层次的新情况、新问题，因此必须共同构建科创中心建设的制度体系，以制度创新推进科技创新。在改革的道路上，我很敬佩敢于先行先试敢于去闯“无人区”的这些探路者。当改革进入“深水区”，只有发挥好体制机制改革的突破和先导作用，才能突破瓶颈、打破束缚、战胜挑战；只有解放思想、形成合力，才能以前所未有的力度打开上海科技创新的崭新局面。

# 用“法”守住底线
# 以“律”培育创新热土

【口述前记】

罗培新，1974年8月生。2015年5月至2018年10月任上海市人民政府法制办公室副主任；2018年10月至2023年7月任上海市司法局副局长；2023年7月至今，任华东政法大学副校长。

口述：罗培新

采访：吴海勇、沈洁、王砾

整理：沈洁

时间：2024 年 2 月 5 日

重大国家战略的推进离不开法律的保驾护航，上海科创中心的建设亦是如此。上海启动科创中心建设以来，正是因为有了强有力的法治保障，在面临新情况、新问题、新需求时，才能有据可依、突破瓶颈束缚、释放创新活力。作为法学专业人士，我有幸参与了上海科创中心建设相关法规的起草与制定，见证了法治护航科创中心建设的重要过程，为培育创新热土出了一份微薄之力。

## 从抽屉成果到现实生产力的加速器

建设上海科创中心，市委、市政府一直非常重视发挥立法的保障与引领作用。我因工作原因，参与了不少上海科技领域的立法工作，大型立法主要有 4 部。第一部是 2017 年 6 月 1 日正式实施的《上海市促进科技成果转化条例》，主要目的是促进和规范科技成果转化，使纸面成果、抽屉成果能够成为现实生产力。第二部是 2020 年 1 月 20 日通过的《上海市推进科技创新中心建设条例》，这是国内第一部科创中心建设的基本法，主要目的是以地方性法规的方式来保障科创中心建设，构建更有竞争力的科创法治环境。这部条例体现了三个最：一是最宽松的创新环境；二是最普惠的公平扶持政策；三是最有力的保障措施。第三部是 2021 年 11 月 25 日修订通过的《上海市促进大型科学仪器设施共享规定》，目的是要推进上海乃至长三角区域的大型科学仪器共享。这个规定原是适用于上海的，但我们加了一条长三角区域，是为了强化它的外溢效应，即鼓励在长三角区域进行共享。第四部是2022年3月1日起实施的《上海市科学技术普及条例》，目的是加强科普工作，特别是在青少年心中种下科学的种子。此外，我还参与了一些文件的审查工作，以及配合市委、市政府开展的一些规范性文件备案审查等工作。

回想这些条例起草的过程，可以说每一部法律本文的制定出台，都是紧扣科技创新遇到的瓶颈和障碍，以问题为导向的一次思想认识的解放。

科技成果转化，是科技从实验室走向市场的关键一步，素有“最后一公里”之称。2017年上海之所以要制定“促进科技成果转化条例”，非常现实的背景是中国的科技成果转化相对较弱，大量的专家教授研发出成果之后锁在抽屉里面，成为纸面成果，没有成为现实生产力。

根据中国科协2015年发布的统计数据，中国的5100家大专院校和科研院所，每年完成的科研成果是3万项，但其中转化并批量生产的仅20%左右，专利实施率不到15%，形成产业规模的只有5%，可以说是非常少。所以中央有很多文件要求要大力转化纸质成果，但转化碰到一些问题，需要立法来解决。

第一个问题是科研人员（包括教授）敢不敢把抽屉成果对外转化。比如说一位高校教授，他有一项成果通过了验收、鉴定合格了，能不能卖给企业？如果学校追究说这是职务成果，会不会构成贪污、侵占行为？这就涉及科研成果能不能卖，能不能许可别人使用、收许可费并保留所有权，或者能不能进一步作价入股和他人成立公司的问题。这些在当时都没有明文规定。所以要通过立法，解决能不能做、怎么做的问题，是转让许可他人使用，还是直接作价入股参与经营。

第二个问题更加现实，就是钱怎么算。举个例子，如一位高校教授拿到一个国家自然科学基金课题，经费是100万元，他带领学生组成研发团队，夜以继日攻关，发表文章，成果经过鉴定团队验收合格了，课题完成，成果就固定了。有一天，校方同意教授可以以出卖、作价入股、许可使用等形式拿去转化，教授以200万元价格卖给A企业。问题来了，前面100万元的课题经费要不要作为成本扣掉？如果扣除100万元，还剩下100万元，再扣除要的交成果鉴定费、评估费、专利维持费以及税收，其实就没剩多少钱了，势必挫伤他下一次推进成果转化的积极性。所以要不要扣掉前期课题经费？这就产生了激烈的争议。

记得2016年6月1日召开的有市领导参加的条例起草工作会议，会议听取了我们的汇报。就要不要扣除前期研发费用问题，与会的财政、税收、国资、审计等部门全都赞同扣掉研发费用，理由是国有企业的成果转化也要扣掉前期投入。我们法制部门坚持不要扣除，理由是高校教授、科研院所跟企业不一样。教授带着学生进行研发，通过验收后，前期研发的法律关系就结束了，剩下的费用不要追回。因为这个过程中有很多成本是无法计算的，比如带学生交流讨论，是智力成果，也要付出劳动。科学家跟企业不一样，企业是每一项成本每一个支出都有原始凭证，科学家做事很多是智力劳动，这种付出是没有凭证、难以衡量的。

市领导很开明，先是询问法律有没有规定。我解释说，目前法律没有明文规定。按照我们法律人的理解，有规定从规定，没有规定从习惯，没有习惯从法理。从法理上讲得通为什么不扣除。领导询问用什么理论来阐释不扣除的依据，我用法律关系分段论进行解释，即教授拿到课题经费建立了和国家的科技承揽合同，相关研发鉴定合格后，承揽合同结束了就结项了，成果确权，如果是个人的给个人，如果是学校的给学校。如果进行成果转化，有许可使用、销售和作价入股三种方式，产生的收益在学校和他本人之间进行分配，这是分配法律关系。承揽、研究、确权、转化、分配，法律关系每一层都相对独立，我们不能把前面的法律关系，即把研发的费用带到后面的转化分配来计算，链条太长不合理。

最后，市领导在会上指出，任何制度的变革都是有利有弊的，法制办的意见是有道理的。要进一步提高认识、解放思想，人才管理要避免行政化，人才评价不能够唯权力、唯职称、唯论文，我们最缺的是市场化的评价机制。在成果转化上，如果转化难、收入收益难，对我们的经济发展是不利的，我们要解决“纸变钱”（科研成果转化）的问题；放权松绑、解放思想的表现就是要敢于有担当地突破一些制度；2015 年，我们投入了大概是 GDP 的 3.7%，收到了将近 1000 亿的产出；我们就算尝试失败了，也可以积累一些经验；要把高校和企业区分开来，财政部、国资委、科委的文件针对的是企业，和高校、科研院所是不同的，高校与科研院所是以科研和培养人才为主的。这其实就是为“促进科技成果转化条例”定调：财政部等三部委适用于企业的规定，我们不要碰，我们调整的是高校和科研院所，高校我们就按照这个来办。

在“促进科技成果转化条例”具体条目制定中，我们经过调研，特别是跟审计和纪检监察部门进行深入沟通后写了一条规定，即第二十六条：研发机构、高等院校、国有企业的相关负责人，根据法律法规和本单位依法制定规章制度，开展科技成果转化工作，履行民主决策程序，尽到合理注意义务和监督管理职责的，视为已经履行了勤勉尽责义务。这条其实是一个免责条款，对创新主体来说比较重要。这条设置时碰到一个很大的问题就是 2015 年出台的“科创 22 条”明确不能谋取个人利益。我们研究下来，认为靠情怀当然可以，但是毕竟不能持续，也没有普遍性。于是，我们就给有关领导写报告，建议把个人利益改为非法利益。

## 固根本、利长远，培育适宜科创的土壤

如何让广大科研人员敢啃“硬骨头”，勇闯“无人区”，除了科研人员自身的努力之外，还离不开审慎的监管措施、宽松的创新环境。被誉为科创中心“基本法”的《上海市推进科技创新中心建设条例》(以下简称《条例》) 于 2020 年 5 月 1 日起正式实施，从法律层面确定了科技创新中心建设的基本框架，为相关配套制度的制定和实施提供依据。

该《条例》的制定工作始于 2018 年。也是这一年，市政府法制办并入市司法局，原法制办和现在的司法局都被称为法治综合部门，职责就是推进各项重大改革任务的专项立法和一些综合性立法。根据市人大的立法要求，市科委牵头，市司法局、市科创办等部门紧密配合，广泛调研，深入研究，共同起草被称为科创中心“基本法”的《上海市推进科技创新中心建设条例（草案）》。

《条例》以“创新主体建设、创新能力建设、创新承载区建设、创新环境

2019 年 6 月 4 日，上海市召开科技创新中心建设条例起草工作领导小组第二次会议

建设”为逻辑主线，立足于营造鼓励创新、宽容失败的“宽”环境，激励全社会形成创新风气，引领上海成为令人向往的创新之城。制定《条例》的初衷，就是以审慎包容来激发和呵护想象力，鼓励广大的科研人员从无知处求有知，从无解处求有解。《条例》的包容审慎，主要体现在两个方面：

一是放权松绑。因为，科创主体不是政府，而是广大的科研机构和科研人员，所以《条例》的第十三条、第十五条、第二十五条都在不停地放权，在人员聘用、职称评审、薪酬分配、机构设置、科研立项、设备采购、经费使用、成果处置等方面赋予科研事业单位更大自主权；同时，《条例》明确单位还可以进一步放权给研究人员个人，允许科研事业单位的专业技术人员运用科技创新成果在职创办企业，允许科研事业单位将其依法取得的职务科技成果的知识产权或知识产权的长期使用权给予成果完成人。因为，科研人员本人对于自己的成果最为熟悉，也是知识产权最为有效的运用者。

二是对科研人员宽容失败和保护知识产权并举。根据《条例》第五十条、第五十五条、第五十八条，上海大力推动创新文化、创新精神、创新价值融入城市精神，营造鼓励创新、宽容失败的社会氛围；支持可能产生颠覆性创新成果但意见分歧较大的非共识项目，对于科研所产生的失败，在依法依规、勤勉尽责、未谋取非法利益、未违反诚信要求的前提下，一律不作负面评价，依法免除相关责任。对于科研人员

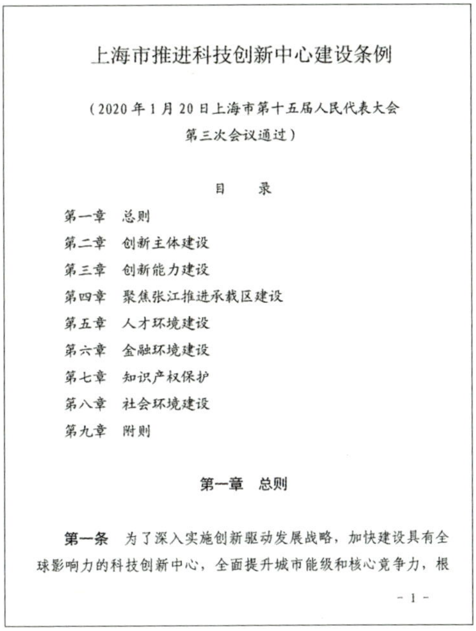
上海市推进科技创新中心建设条例

（2020年1月20日上海市第十五届人民代表大会第三次会议通过）

目　录

第一章　总则
第二章　创新主体建设
第三章　创新能力建设
第四章　聚焦张江推进承载区建设
第五章　人才环境建设
第六章　金融环境建设
第七章　知识产权保护
第八章　社会环境建设
第九章　附则

第一章　总则

**第一条**　为了深入实施创新驱动发展战略，加快建设具有全球影响力的科技创新中心，全面提升城市能级和核心竞争力，根

－1－

2020年1月20日，上海市第十五届人民代表大会第三次会议通过《上海市推进科技创新中心建设条例》

创造的智力成果，通过建立重点行业和领域知识产权侵权行为的快速查处机制，提高行政执法效率，早发现、早查处；加大知识产权司法保护，对于知识产权侵权行为实施惩罚性赔偿制度，支持和保护知识产权创造者，加大保护力度。

## 营造更加平和自在、友爱松弛的创新环境

2018年，习近平总书记又把在上海证券交易所设立科创板并试行注册制的重大任务交给上海，更好发挥金融服务科技的作用。作为新生事物，法制把关很有必要。

经组织同意，我有幸作为法学教授，被上海证交所聘任为科创板上市审核委员会委员。在履职的过程中，我感受到发挥法制保障作用，是既要让一些企业不会因为不熟悉、不了解规则而发生违规的情况，又要保证符合条件的企业能够上市，不纵不枉，也就是发挥好法制对科技创新的支持和促进作用。

我们在鼓励科技创新时需要法制保障，但不能用条条框框把科技创新“管死”。因为科技创新是一个“颠覆超越、脱胎换骨”的过程，看起来与以规范严谨、稳定预期为特质的法律看起来有些格格不入。我觉得可以借鉴国外的一些先进理念与做法。

第一是对科学家的服务理念要树立起来。我们要把服务放在前面，对待科学家相对宽容一点，对人要差异化管理，给科学家们比较好的生态环境。

第二是要找到并遵循科学成长的规律。科学、科创不是规划出来的，也不是政府管理出来的，需要有一个平和自在、充满松弛感的科研环境，这是我们当时在做科创条例的时候着力去构造的。

第三是文件入法的时候，要强调有所为、有所不为，要接地气。

第四是要营造一个尊崇科学、友爱科学家的氛围。有一次立法建议中，我们按照《公益广告促进和管理暂行办法》中关于各类广告发布媒介均有义务刊播公益广告的规定，建议“小区楼宇电梯，应当在中小学上学和放学高峰时段展示科普内容，具体办法由市市场监管部门会同科技管理部门来确定”，就是希望让科学家的形象走进千家万户。

技术迭代，日新月异。相信科学、尊重科学，应当成为推动科创的基本理念。而制度供给，就当守护这样的理念，进而保护想象力、激发创造力——立良法、谋善治。

# 高标准建设国际知识产权保护高地和国际知识产权中心城市

【口述前记】

芮文彪，1970 年 2 月生。曾任上海市第二中级人民法院审判委员会委员、知识产权庭庭长，上海市高级人民法院审判委员会委员、知识产权庭庭长，上海市知识产权局党组成员、副局长等职务。现任上海市知识产权局党组书记、局长，中国知识产权研究会第八届理事会副理事长。

口述：芮文彪

采访：吴海勇、沈洁、王砾

整理：王砾、陈慧

时间：2024年3月4日

从2014年上海开始科创中心建设到现在已经十年了。我之前在上海法院工作期间就长期从事知识产权审判工作，2015年底还是上海市高院知识产权审判庭庭长，正式就任上海市知识产权局副局长是在2016年年初的时候，后来2018年机构编制改革就任副局级局长，再后来2021年新一轮机构编制改革成为正局级局长。回顾这十年，无论是在高院还是在知识产权局，可以说我亲眼见证了上海知识产权事业的蓬勃发展。

## 主动先行先试，上海的知识产权体制机制改革在全国范围内具有重要的破冰意义

2014年5月习近平总书记考察上海时专门强调，要“完善知识产权运用和保护机制，让各类人才的创新智慧竞相迸发”。保护知识产权就是保护创新，用好知识产权就能激励创新。这不啻为上海吹响了科创中心建设的号角，也引领着知识产权改革创新的步伐。

第一，知识产权体制机制改革。从2014年下半年开始，上海市委、市政府立足国际视野、着眼国家战略，以极富战略性和前瞻性的眼光，推动上海知识产权行政管理和司法审判体制改革迈出了重要步伐。这在全国是第一步，对全国的知识产权机构改革产生了深远的影响。

2014 年 11 月 16 日，上海市浦东新区知识产权局成立宣布会现场

——在行政体制改革方面。上海市知识产权局的前身，是 1984 年成立的上海市专利管理局，2000 年升格为独立设置的正局级市政府直属机构，名称改为上海市知识产权局。2014 年之前，全国的知识产权局，包括上海的知识产权局，实际上还是只管专利。2014 年 9 月 26 日，上海自贸区管委会成立了知识产权局，这是全国第一家在自贸试验区管委会成立的知识产权局，统一行使自贸区内专利权、商标权、版权“三合一”的行政管理和执法职能。11 月 16 日，浦东新区政府成立集专利权、商标权、版权“三合一”职能的知识产权局，建立“一个部门管理、一个窗口服务、一支队伍执法”的知识产权行政管理新机制。当时是时任国家知识产权局的何志敏副局长到上海来揭牌的，正式运行是 2015 年 1 月 1 日。时任浦东新区区委书记沈晓明大力推动了浦东新区知识产权局的改革。2014 年自贸区管委会和浦东新区知识产权局成立后，作出了重大的行政管理体制改革，主要是将三大知识产权类型：专利、商标、版权（在世界知识产权组织也被称

为三大支柱），实现了与世界知识产权组织和西方发达国家知识产权机构的接轨。

——在司法体制改革方面。2014年之前，上海有两个中级人民法院有知识产权庭，分别在上海一中院和上海二中院，是当时处理知识产权案件的专门常设法庭。2014年12月28日，上海知识产权法院揭牌成立，当时全国首批只有三家专门的知识产权法院，分别是北京知识产权法院、上海知识产权法院和广州知识产权法院，都是在2014年下半年揭牌的。当时我还在市高院担任民事第三庭，也就是知识产权庭庭长，所以参加了揭牌仪式，印象很深。揭牌仪式是在西郊宾馆的一个大会议厅举行的，由时任上海市市委书记韩正和最高人民法院院长周强共同揭牌。随着上海知识产权法院的成立，之前的两个中级人民法院的知识产权庭就撤销了，职能全部并入了上海知识产权法院。上海知识产权法院成立至今也十周年了。

第二，是起草出台具体实施意见。2015年5月25日，中共上海市第十届委员会第八次全会讨论通过了《中共上海市委、上海市人民政府关于加快建设具有全球影响力的科技创新中心的意见》。我们按照《意见》要求，牵头制定上海科创中心建设“1 + X”配套政策文件中的关于知识产权的文件。2015年11月，市委常委会审议通过了《关于加强知识产权运用和保护支撑上海科技创新中心建设的实施意见》（沪委办发〔2015〕49号文），这是上海首个由市委办公厅、市政府办公厅共同印发的关于知识产权的重要文件，一共有12条具体改革举措。时任上海市委书记韩正在会议审议时指出，加强知识产权运用和保护，是确保持续创新的基础，强调知识产权保护必须得到进一步强化，要把“保护”的文章做足做好，要围绕促进知识产权的运用创新管理方式，要把知识产权人才队伍建设放在更加突出的位置。这些都充分反映出知识产权工作对于上海建设科创中心的关键作用。

《关于加强知识产权运用和保护支撑上海科技创新中心建设的实施意见》（以下简称《实施意见》）的12条具体改革举措，我简单介绍几条：

比如，围绕强化保护，提出了加强司法保护，加强综合行政执法，建立侵权查处快速反应机制，完善纠纷多元解决机制，健全信用管理等措施。因为《实施意见》里面不仅包含司法的内容，也有行政的内容，还有各委办局的一些知识产权方面的职能，因而是涉及整个上海知识产权工作的重要文件。

比如，围绕促进运用，提出了建立健全财政资金支持形成的知识产权使用、处置和收益分配机制，当时就提出了知识产权的转化运用问题，如何使用、如何处置、收益如何分配等，这些问题实际上至今还是需要我们大力推动解决的一项工作，还有推动知识产权密集型产业发展，探索知识产权金融创新等措施。

比如，围绕完善服务，提出了推动建立上海知识产权服务行业协会，完善知识产权公共信息服务，组建上海国际知识产权学院等措施。

比如，围绕推进改革，提出了发挥上海知识产权法院作用，加强与世界知识产权组织的合作，探索知识产权管理体制机制改革等措施。

第三，国际交流合作得到发展。也正是在2014年，在市委、市政府的支持推动下，上海在知识产权国际合作方面取得实质性的重大突破。当年12月8日，时任上海市长杨雄与时任世界知识产权组织（WIPO）总干事弗朗西斯·高锐在沪签署上海市政府与WIPO《关于在知识产权领域发展合作的谅解备忘录》，拉开了双方深化多领域合作的序幕。这也为上海积极参与WIPO框架下的知识产权治理，更好融入全球创新网络创造了有利条件，提供了重要支撑。

## 不断提质加速，通过强化知识产权保护更好地释放全社会的创新创造活力

知识产权一头连着创新，一头连着市场。知识产权制度作为一种新型产权制度，赋予创新成果以合法权利，既是激发创新动力、解决科技创新“最先一公里”的重要激励，也是推动创新成果转化、打通创新价值实现“最后一公里”的关键纽带。知识产权的保护、运用、促进工作，既起到了激励创新的作用，又起到了价值实现的作用。只有知识产权工作做好了，才能不断激发创新活力，让科创成果如泉水一样喷涌，所以我们要把创新创造出来的这些知识产权成果实现价值、转化成生产力，让企业能够在生产过程中通过专利产业化实现价值。

2019年，上海市出台《关于进一步深化科技体制机制改革增强科技创新中心策源能力的意见》(沪委办发〔2019〕78号文，简称科改“25条”)，明确提出要“加强知识产权保护”，正是强调知识产权制度对于激励和保护创新的基本保障作用。

科改“25条”中的第25条是“加强知识产权保护”，一共是4句话，实际体现了保护工作的两个“度”。一个是“力度”，包括通过健全知识产权保护机制、探索引入惩罚性赔偿制度等，显著提高违法成本，按照国际通行规则，充分发挥司法保护、行政执法等多元解决的机制，实现高水平的严格保护。另一个是“速度”，发挥浦东知识产权保护中心作用，深化拓展快速审查、快速确权、快速维权的功能，进一步缩短授权的期限，缩短专利审查周期，加快重点产业专利布局。

2019年上海科改“25条”的出台，正值我们国家加强知识产权保护工作

最为有利的时机，可以说正当其时。2019 年 7 月 24 日，中央深改委第九次会议通过了《关于强化知识产权保护的意见》，同年 11 月 24 日由中办、国办正式印发。这也是首个以中办、国办名义印发的知识产权保护工作的纲领性文件，对建立健全知识产权严保护、大保护、快保护、同保护工作体系作出系统谋划和整体部署。实际上，我们是把中央的意见和上海的科改“25 条”一起落实的。借着这个“东风”，我们主要是依托市知识产权联席会议机制，牵头开展本市有关实施方案的研究制订工作。2020 年 4 月，《关于强化知识产权保护的实施方案》先后经市政府常务会议和市委常委会审议通过，并由市委办公厅、市政府办公厅印发。

2020 年 4 月 26 日是第 20 个世界知识产权日，上海市委、市政府首次召开全市知识产权保护大会。时任上海市委书记李强出席会议并讲话，市长龚正主持会议，出席会议的其他领导还有副市长许昆林、副市长陈群、常委秘书长诸葛宇杰和浦东新区区委书记翁祖亮。这次会议首次提出“加快把上海建设成为制度完备、体系健全、环境优越的国际知识产权保护高地”的工作目标。李强书记在会上指出，强化知识产权保护，既有利于当前稳增长，更事关城市长远发展。他强调，要把保护知识产权作为提升城市核心竞争力的战略举措，全

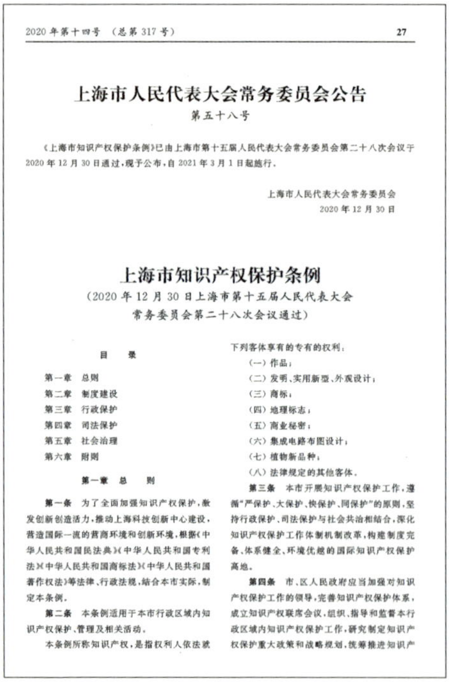
2020 年第十四号 （总第 317 号） 27

上海市人民代表大会常务委员会公告

第五十八号

《上海市知识产权保护条例》已由上海市第十五届人民代表大会常务委员会第二十八次会议于 2020 年 12 月 30 日通过，现予公布，自 2021 年 3 月 1 日起施行。

上海市人民代表大会常务委员会
2020 年 12 月 30 日

上海市知识产权保护条例

（2020 年 12 月 30 日上海市第十五届人民代表大会常务委员会第二十八次会议通过）

目　录

第一章　总则
第二章　制度建设
第三章　行政保护
第四章　司法保护
第五章　社会治理
第六章　附则

第一章　总　则

第一条　为了全面加强知识产权保护，激发创新创造活力，推动上海科技创新中心建设，营造国际一流的营商环境和创新环境，根据《中华人民共和国民法典》《中华人民共和国专利法》《中华人民共和国商标法》《中华人民共和国著作权法》等法律、行政法规，结合本市实际，制定本条例。

第二条　本条例适用于本市行政区域内知识产权保护、管理及相关活动。

本条例所称知识产权，是指权利人依法就下列客体享有的专有的权利：

（一）作品；
（二）发明、实用新型、外观设计；
（三）商标；
（四）地理标志；
（五）商业秘密；
（六）集成电路布图设计；
（七）植物新品种；
（八）法律规定的其他客体。

第三条　本市开展知识产权保护工作，遵循“严保护、大保护、快保护、同保护”的原则，坚持行政保护、司法保护与社会共治相结合，深化知识产权保护工作体制机制改革，构建制度完备、体系健全、环境优越的国际知识产权保护高地。

第四条　市、区人民政府应当加强对知识产权保护工作的领导，完善知识产权保护体系，成立知识产权联席会议，组织、指导和监督本行政区域内知识产权保护工作，研究制定知识产权保护重大政策和战略规划，统筹推进知识产

2020 年 12 月 30 日，上海市第十五届人民代表大会常务委员会第二十八次会议通过《上海市知识产权保护条例》

力打造国际知识产权保护高地，全面营造共抓知识产权保护的良好生态，让上海这座城市成为全球知识价值实现的一片热土，为加快建设国际一流营商环境、加快建设具有世界影响力的社会主义现代化国际大都市提供强有力支撑。

这次会议之后，我们全市的知识产权工作者深受鼓舞、倍感振奋。李强书记对知识产权工作提出要求并且进行部署，号召全社会和各区各部门一起做好知识产权工作，给我们增添了强有力的信心。按照《关于强化知识产权保护的实施方案》要求，上海改革完善知识产权保护体系的步伐不断加快。2020 年，上海首次将知识产权保护工作纳入各区党政领导班子绩效考核，全面压实知识产权保护工作的属地责任；2021 年，上海首部知识产权保护综合性地方性法规《上海市知识产权保护条例》正式实施。这些都为上海加快建设具有世界影响力的科技创新中心提供了强有力的知识产权制度保障。

一个地区创新能力强不强，知识产权是重要因素；一个地区营商环境好不好，知识产权更是关键指标。近年来，我们持续深化知识产权领域创新改革，推动全市知识产权创造、运用、保护、管理、服务“全链条”工作都实现了新发展。我们可以通过几组数据来直观感受：一是创造数量，2019 年，上海有效发明专利拥有量 12.98 万件，PCT 专利申请量 3200 件；2023 年，上述两项的数量分别达到 24.14 万件和 6185 件，都接近实现翻番。二是获奖数量，2020 年以来，上海在中国专利奖评选中获得 13 金、16 银，优秀奖 179 项；上海有 2 家中小企业（上海芯龙光电科技股份有限公司、上海西井科技股份有限公司）获得 WIPO 全球奖，上海也是全国唯一连续两年获此殊荣的城市。三是全球排名，在 WIPO 发布的《全球创新指数报告》中的“科技集群”排名中，上海从 2019 年的第 11 位提升到 2023 年的第 5 位。此外，上海连续三年在全国知识产权保护工作考核中被评为优秀，并连续两年获得国务院对上海知识产权工作的督查激励。

## 对标最高标准，筑牢改革、创新和服务这三个知识产权工作的发展之基

回望上海十年来知识产权工作的发展之路，留下了几个坚定的脚印。我把它概括为：改革、开放、服务。

第一是改革。改革一直是引领上海知识产权事业发展的动力。早在 2014 年上海就在浦东新区率先探索知识产权“三合一”综合管理体制。2018 年，根据机构改革安排，上海市知识产权局实现了对专利、商标、原产地地理标志的统一管理，作为由上海市市场监督管理局管理的部门。2021 年 7 月，中央和市委、市政府从上海改革发展全局出发，进一步深化知识产权机构改革，将我局调整升格为正局级市政府直属机构。至今，我局仍然是全国唯一独立设置的正局级知识产权综合行政管理部门。

此外，我们还积极探索知识产权制度创新。2019 年，为更好服务支撑上海科技创新中心建设，我局启动了知识产权地方综合立法研究。2020 年获得市人大立项，当年 12 月 30 日，上海首部知识产权综合性地方法规——《上海市知识产权保护条例》由市第十五届人大常委会第二十八次会议通过并公布，实现了当年立项、当年通过。立法期间，时任市人大常委会主任蒋卓庆带队开展调研，还专门到浦东新区听取意见。最终，相关富有改革创新导向的内容，被纳入了《条例》。

2021 年，上海又将知识产权保护制度纳入首批浦东新区社会主义现代化建设引领区法规立法项目。我们的目标很明确，就是要主动对标高标准经贸规则，加强知识产权高水平保护，为浦东提供强有力的知识产权制度支撑。

2021 年 12 月 1 日，作为浦东引领区首批先行先试法规之一的《上海市浦东新区建立高水平知识产权保护制度若干规定》正式实施，明确提出加大知识产权侵权赔偿力度、犯罪打击力度，推出了更大力度的惩罚性赔偿和多次违法处罚等措施。

第二是开放。上海地处中国改革开放最前沿，是世界观察中国的重要窗口。在 2014 年上海市政府与 WIPO 签署合作谅解备忘录的基础上，2018 年双方又进一步签署了补充协议。2023 年 12 月 9 日，龚正市长和 WIPO 邓鸿森总干事共同在沪签署了新一轮合作谅解备忘录。与 WIPO 深化合作的十年，双方在推动一系列重要合作项目上取得显著成效，主要体现在“四个一”。

一是做强一个专业国际论坛，即上海知识产权国际论坛。近年来，在国家知识产权局和 WIPO 的共同参与和支持下，论坛嘉宾层级不断提高、内容专业度持续提升、观众覆盖面不断扩大，已发展成为中国最具影响力的知识产权国际论坛活动之一。

二是引入一个仲裁调解中心，即 WIPO 仲裁与调解上海中心。这是首家由中国司法部批准，可以在境内开展涉外知识产权争议案件仲裁与调解业务的境外仲裁机构。目前，该中心已累计受理案件 100 多件，结案 90 件，调解成功率约 36%。

三是推出一个表彰奖励项目，即上海知识产权创新奖。这是国内唯一由地方政府与国际组织合作设立的知识产权类奖项。2022 年 7 月，经中央批准，该奖项提升为省部级表彰奖励，对企业的激励作用进一步增强。目前，共有 34 家上海地区企事业单位获奖。

四是建设一个国际人才培养平台，即上海国际知识产权学院。该学院由上海市政府与 WIPO 依托同济大学共同设立，先后承接了与 WIPO 联合培养知识产权硕士项目以及中国政府“一带一路”知识产权硕士项目。目前，已累计培养来自 50 个国家的 314 名学生，有 5 位毕业生入职 WIPO 总部。

此外，我们还推动在华首个 WIPO 暑期学校项目、首批技术与创新支持中心（TISC）等落户上海。通过卓有成效的国际合作，持续讲好知识产权保护的“中国故事”，支持企业有效运用 WIPO 全球服务体系，加快知识产权国际布局，积极参与国际竞争和合作。近年来，上海 PCT 国际专利申请量持续保持增长态势，2023 年达到 6185 件，是 2014 年的近 6 倍。

第三是服务。上海知识产权工作始终坚持主动服务国家战略、主动服务上海经济高质量发展，主动服务创新主体。

一是创新机制。重点是从更好服务企业创新发展出发，通过机制创新，探索形成具有示范意义的“上海经验”。

在知识产权保护方面，我们瞄准长期困扰企业的知识产权“保护难”、维权周期长等问题，积极拓展知识产权纠纷解决渠道，发挥专利行政保护效率高、成本低、专业性强的优势，在全国率先建立了知识产权纠纷行政调解协议司法确认机制。在与上海知识产权法院探索首件专利侵权纠纷行政调解协议司法确认案件的基础上，我局于 2021 年 4 月与市高级法院共同制定了《关于在本市开展知识产权纠纷行政调解协议司法确认程序试点工作的实施办法》，在全国率先探索行政调解司法确认的规范化、标准化制度规则。

我们还瞄准生物医药先导产业知识产权保护需求，持续健全协同保护机制。一方面，强化上下联动，支撑全国首例重大专利侵权纠纷行政裁决案件审结。2021 年，针对德国勃林格殷格翰公司可能存在的重大专利侵权纠纷案件线索情况，上海作为重大专利侵权纠纷案件的前置审查地，认真把好立案受理的“第一道关”，开展了高效的前置审查工作，最终为国家知识产权局作出重大行政裁决提供了有力支撑。该案是《重大专利侵权纠纷行政裁决办法》施行以来的首例落地案件，对于重大专利侵权纠纷行政裁决的相关性程序性问题和实体判定问题均做出了积极示范。上海应专利权人主动选择成为前置审查地，也体现出外资企业对上海营商环境和专利行政保护工作的高度认可。另一方面，强化跨部门协同，会同市医保局出台《关于加强本市医药采购领域知识产权保护的实施意见》，推动建立医药采购专利侵权争议快速化解程序和企业自主承诺制度，高效化解防范知识产权纠纷。

在知识产权运用方面，针对创新型企业“轻资产、缺担保”的融资困境，持续健全知识产权质押融资服务机制。2019 年 8 月，中国银保监会、国家知识产权局、国家版权局发布了《关于进一步加强知识产权质押融资工作的通知》。9 月，上海市知识产权局会同中国人民银行上海分行等四部门印发《关于进一步加强本市知识产权金融工作的指导意见》。11 月，“上海市知识产权金融服务联盟”在第十三届中国专利周上海地区活动现场揭牌成立，我局与十几家银行集中签订质押融资战略合作协议，开启了市场化知识产权质押融资新模式的探索实践。近年来，上海知识产权金融规模持续扩大、产品更加多元，质押融资金额由 2019 年的 13.58 亿元，上升到了 2023 年的 211 亿元。2023 年还建立了质押贷款风险“前补偿”模式，解决了金融机构的后顾之忧，更好激励金融机构扩大知识产权放贷规模。

二是完善体系。重点是通过整体设计、系统推进，“一揽子”构建促进企业知识产权创造、保护、运用的服务体系。

围绕促进知识产权价值实现，上海自 2021 年 6 月起首批实施了国家专利转化专项计划，通过近三年时间，建设布局了知识产权运营服务基地、产业运营促进中心等多层次运营服务载体，实施各类运营项目 237 个，布局“高频次流转、中低价交易”的专利超市 15 家。同时，自 2022 年 6 月起，在全国首批开展专利开放许可试点，已累计推动 139 家企事业单位发布专利开放许可声明 566 件，达成专利开放许可交易 86 项，其中免费专利开放许可 35

项，收费专利许可金额4125.3万元。通过构建形成左右协同、上下联动、覆盖全域、要素齐全的上海市知识产权运营体系，为促进重点领域、重点产业知识产权价值实现提供了有力支撑。

围绕提升企业办事便利度，针对公共服务线上入口复杂、线下窗口分布不均、服务整合度不高等问题，以一体化理念打造知识产权公共服务体系，推动综合性知识产权公共服务窗口全域入驻全市16个区政务服务中心，通过加强服务资源整合和服务事项标准化管理，实现知识产权公共服务事项“一窗受理”。同时，上线知识产权“一件事”集成服务平台，打造知识产权一窗口统办、一平台交易、一链条保护、一站式管理、一体化服务、一键式咨询集成服务。

三是布局功能机构。重点是聚焦知识产权强市建设关键环节，布局建设了一批重要功能性机构。

在保护方面，经国家知识产权局批准，于2023年和2018年设立了上海市知识产权保护中心和浦东新区知识产权保护中心两家国家级知识产权保护中心，为创新主体提供快速预审、快速确权、快速维权“一站式”服务。依托专利快速预审通道，可以将发明专利的授权周期从3年缩短至3个月左右，有力支撑重点产业企业加快专利布局。

在运用方面，在国家知识产权局大力支持下，国家知识产权运营（上海）国际服务平台于2019年5月设立，在促进知识产权运营交易和价值实现方面发挥了作用。

上海的科技创新资源丰富，无形价值潜力巨大，未来知识产权工作大有可为。2021年，中共中央、国务院发布了《知识产权强国建设纲要（2021—2035年）》，致力于打造中国特色、世界水平的知识产权强国。2021年底，上海在全国率先高规格印发《上海市知识产权强市建设纲要（2021—2035

年）》，这也是上海首个以市委、市政府名义印发的知识产权重要文件。同时，配套出台《上海市知识产权保护和运用“十四五”规划》，首次将知识产权工作规划纳入了市政府专项规划。《纲要》和《规划》明确提出，到2025年，基本建成国际知识产权保护高地；到2035年，基本建成制度完备、体系健全、环境优越、水平领先的国际知识产权中心城市的战略目标，为更好支持创新策源功能发挥和国际科技创新中心建设，更好完善知识产权治理体系和治理能力指明了方向。

对照国家要求、人民期盼，对标国际最高标准、最好水平，上海知识产权工作将以深化改革开放为根本动力，以促进转化运用为重要牵引，以提升治理能力为关键保障，持续高标准建设国际知识产权保护高地和国际知识产权中心城市，重点要做好推进首创性改革、服务高质量发展和支撑引领型开放这三篇“文章”，为上海国际科创中心建设增添更为澎湃的动力。

# 为构建更加完善的技术要素市场而努力

【口述前记】

谢吉华，1964 年 7 月生。曾在共青团上海市委、上海科技投资股份有限公司工作，现任上海技术交易所董事长、国家技术转移东部中心总裁、上海杨浦科技创业中心有限公司总经理等职。

口述：谢吉华

采访：吴海勇、刘玉杰、柏婷

整理：柏婷

时间：2024 年 1 月 19 日

上海要加快建设具有全球影响力的科技创新中心，构建完善的技术要素市场至关重要。技术要素市场是集聚、配置、买卖或交换技术、人才、资金、信息等各类创新要素的平台，是发展新质生产力的重要推手和其他要素市场的功能纽带。作为高阶生产性服务业的一环，它的建设和发展对于促进技术创新、推动产业升级、优化资源配置具有十分重要的作用，同时，该市场还能为科技工作者、企业等提供最新的市场信息和有力的技术支持。因此，技术要素市场是推动创新发展的重要引擎，也是社会主义市场经济体制改革的关键环节。

2024 年，是上海国际科创中心建设十周年。十年来，上海在探索建立成熟的技术要素市场方面下大功夫，推动了上海技术交易所、国家技术转移东部中心、杨浦科技创业中心有限公司等平台的改革、筹建和发展，为技术要素市场的完善提供了重要支撑。作为一名科技领域相关从业者，我和我的团队也有幸参与其中，见证了这些平台的改革发展与筹建创新工作。

## 上技所实现“事转企”改制：建成我国技术要素市场化配置的一个枢纽

20 世纪 90 年代初期，为进一步促进改革开放，上海以经济全球化的视野和勇立潮头的精神，确定了率先建立社会主义市场经济三大要素市场的重要举措，当时担任上海市副市长的徐匡迪就提出来，上海要建设技术要素市场。1993 年，国家科技部和上海市政府就共同组建了首家国家级常设技术市场——上海技术交易所（简称“上技所”）。

上技所在成立初期，就致力于推动科技成果转移转化的服务工作。一方面，上技所积极引进国外的先进技术，另一方面，促进国际先进技术与国内企业、科研机构进行更好的协同与合作。进入 21 世纪以后，为了适应技术市场快速发展的形势，上技所制定了“技术信息网络化、技术合作区域化、技术转移国际化、技术交易市场化”的“四化工作方式”，并学习欧盟的“创新驿站”工作方法，结合国内实际情况，逐步形成具有上海特色的“创新驿站”工作体系。“创新驿站”以中小企业为主要服务对象，通过走访挖掘当地企业的技术需求，并利用互联网技术进行需求和研发的对接，促成了一大批技术交易。

虽然活跃了技术市场，但上技所成立时只是一个事业单位，并不具备市场化运作的能力，也就是说上技所从 1993 年成立以后一直是一家从事技术交易服务、缺少物权交易功能的事业单位。2014 年，党中央提出上海要建设具有全球影响力的科创中心要求后，上技所为进一步提升市场化服务能力，于 2015 年启动转制工作，由事业单位变为企业。转制后，为获得国内跨区域的物权交易资质，2017 年 2 月，上海市政府向中国证监会报送公函，请求对上海技术交易所备案。2019 年 7 月，市科委、市金融监管局向中国证监会做了专题汇报。当时证监会正在清理关停各类交易所，在这个特殊时期，上技所申请获得国内跨区域的物权交易资质是很不容易的。幸运的是，在 2019 年 12 月，证监会清理整顿各类交易场所部际联席会议复函上海市政府，原则同意上海技术交易所备案，我清楚地记得那是 2019 年的 12 月 31 日的下午 4 点，我们在 2019 年的最后一天等到了证监会的批文。正是得益于上海建设具有全球影响力科创中心的契机，中央给了上海这样的一个支持，上技所才能顺利

上海技术交易所

地获得在全国进行跨区域技术交易结算和交易鉴证的资质。

2020 年 10 月 28 日，上海技术交易所开市，它搭载了交易平台的四大核心功能：登记、托管、交易、结算。作为中共中央办公厅、国务院办公厅认可的国家知识产权和科技成果产权交易机构，上技所的开市受到了国家各级政府及社会各界的广泛关注，同时奠定了立足上海、辐射长三角、服务全国、面向全球的发展格局。上技所的开市让我国首个国家级常设技术市场焕发出新的生机，成为我国技术要素市场化配置的一个枢纽，助力上海具有全球影响力科技创新中心建设。

2021 年 1 月 31 日，中办、国办印发了《建设高标准市场体系行动方案》，《方案》指出：“设立知识产权和科技成果产权交易机构。支持中国技术交易所、上海技术交易所、深圳证券交易所等机构建设国家知识产权和科技成果产权交易机构，在全国范围内开展知识产权转让、许可等运营服务，加快推进技术交易服务发展。”当时这份文件的公布，让上技所的全体同事倍感振奋。

从2019年12月31日获得证监会批复，我们拿到“准生证”；到2020年10月28日上技所开市，我们拿到“出生证”；再到2021年1月31日中办、国办发文支持，我们拿到了国家赋予的“身份证”。仅在一年多的时间内，改制后的上技所就拿到了“准生证”、“出生证”和“身份证”，这让我们深切感受到中央对上技所的支持与认同，同时我们也深感重任在肩。

开市后，上技所积极落实国家重大战略部署，大力推动科技成果转移转化工作。作为发展科技成果市场化评价的试点单位之一，上技所探索形成了多元化的科技成果市场交易定价办法，对科技成果给出合理估值；上技所还大力支撑国家重点科技领域的成果转化，如通过上技所，上海空间电源研究所电化学中心与东义资产之间成交了4项涉及盐湖提锂的专利技术，总价超500万元，从2020年10月开市至2024年2月，上技所累计成交金额共计342.15亿元，累计进场成果数9811个；上技所还联合了21家全国技术交易市场搭建了“核心交易网”，联合49家科技市场服务机构搭建了“服务协同网”，通过这两张网实现了活动通、支付通、一证通和交易通，同时，上技所还积极布局全球技术跨境贸易，目前已在香港特区设立办事处，并在美国、加拿大、荷兰、丹麦、韩国等11个国家设立海外分中心，与32个国家形成了国际渠道协同网络。

2023年是上技所成立30周年。在过去的30年里，各级领导和我们上技所的创始团队为我们积累了宝贵的经验，特别感谢他们。对于我和上技所的同事们来说，要认真吸收借鉴前辈们留下的宝贵经验，并结合新时代的需求，促进上技所进一步储备技术市场要素资源，提升上技所的市场化服务能力，加快推进中国技术交易服务的发展，让技术的拥有者、需求者、撮合者、投资者都能进场交易。当然，交易不是我们的目的，只是手段，我们的最终目的是推动科技成果的转移转化、支持产业创新升级。

# 筹建国家技术转移东部中心：打造技术转移服务的“第四方平台”

上技所改制开市后，作为技术交易服务领域的第三方平台，其功能定位主要聚焦于技术交易，要建设更加完善的、高标准的技术要素市场，仅凭上技所的功能定位是远远不够的，需要一个更大的平台来承载技术交易之外的事项，比如技术挖掘、技术撮合等。因此，在 2015 年 4 月，科技部与上海市政府又共同设立了国家技术转移东部中心（简称“东部中心”）。东部中心致力于做“第四方平台”，通过集聚、扶持技术转移服务机构这类“第三方平台”，提供技术交易、科技金融、产业孵化、国际对接的全链条服务，打通高校、研发机构、企业间科技成果的转化通道。目前东部中心已搭建完成四个功能平台：技术转移基础功能平台、全国高校技术市场平台、国际技术交易

国家技术转移东部中心

市场平台、技术转移渠道网络平台，这四大平台由东部中心下属的不同公司独立运作。

一开始东部中心的全称并不是“国家技术转移东部中心”，而是“国家技术转移上海中心”，考虑到这个技术转移中心服务东部、服务全国的功能定位，我们建议将“上海中心”改为“东部中心”，后来科技部在正式命名时也接受了我们的建议，最终定名为“国家技术转移东部中心”。

为了实现服务东部、服务全国的功能，东部中心积极推进国内分中心的建设，目前，东部中心已在辽宁、山东、江苏、浙江、福建、重庆、贵州、云南、甘肃、新疆等地设立有 36 个分中心。东部中心还主动谋划科技领域的全球化合作。2015 年，我们就开始在全球科技创新中心之一的美国波士顿地区建立园区，2016 年 2 月，上海张江波士顿企业园在波士顿国会大厅正式启动，2017 年，上海市科委将其纳入市科委全球科技创新网络管理范畴，授牌“上海创新中心波士顿”。该园以美国东部为中心，集合全美的科研教育、科技、商业和金融等高端资源，聚焦生命科学和生物医药、医疗健康、人工智能、网络信息等领域，着力打造包括研发、孵化、服务、交易、金融、产业和人才的中美创新集群，推动和促进中美之间开展教育、科技、商业的交流与合作。除了在美国波士顿的园区，目前我们在加拿大、法国、英国、丹麦、荷兰、哈萨克斯坦等国都建设有海外分中心，目前我们在欧洲已经建立了 5 个分中心，在全球共有 11 个分中心。我们接下来会进一步整合海外资源，更好地去推动全球范围内的科技合作。

从 2015 年至今，东部中心已经汇聚了全国 1000 余家科创服务机构，提供战略规划、技术研发、技术转移、检验检测、知识产权、创业孵化、科技金融、人才培训等全方位服务，累计促成技术转移项目合同金额 43.41 亿元，发放科技创新券补贴共计 2.73 亿元。

## 打造高质量孵化器：护航科创企业做大做优做强

企业是科技创新的主体，是技术要素市场建设过程中不可或缺的重要一员，但中小型科技企业在成立初期往往面临资金短缺、政策不熟等各方面的问题，因此能够提供良好创业环境的孵化器对于初创企业十分重要。早在1997年，上海市科委、复旦大学、杨浦区政府就共同发起设立了“上海杨浦高新技术创业服务中心”，这一孵化器平台的建立旨在为企业的生存发展提供有力的支撑和保障。当时，创业服务中心的地址就设在复旦大学旁的旧厂房内。在高新区之外、在高校周边设立创业中心，这在当时是全国首创。创业服务中心历经了两次改革，才有了我们今天的上海杨浦科技创业中心有限公司。

第一次改革是在2001年。那一年，我刚加入创业服务中心，当时它是一个传统的事业单位，仅拥有一个6000平方米的旧厂房，依靠租金收入勉强维持开支。大家当时都意识到，事业单位的属性与创业服务中心要承担的企业孵化器功能之间存在矛盾：事业单位旱涝保收，依赖财政拨款，不会被市场逼着去提升服务质量。于是，在各级政府的支持下，我力推体制机制改革，设立“两套班子、两套制度”，把经营权和所有权分离，经营权给新成立的市场化运营的公司——“上海高科技企业杨浦孵化基地有限公司”，所有权给非营利性的事业单位——“上海杨浦高新技术创业服务中心”。同时，为了缓解资金短缺问题，我就努力促成上海市科委、杨浦区、复旦大学三者的合作关系，让这三方都成为孵化基地有限公司的股东。大学校区、科技园区、公共社区的联动后来成为杨浦转型的重要路径，孵化器算是“三区联动”思路早期的实践者。三年之后，杨浦孵化基地就从6000平方米的旧厂房变成拥有

63000平方米的两栋现代化的办公楼。

2005年，“上海杨浦高新技术创业服务中心”被取消事业单位编制，与“上海高科技企业杨浦孵化基地有限公司”一起重组，成立“上海杨浦科技创业中心有限公司”(简称“杨创”)。重组而成的公司员工全部实行劳动合同制，完全以市场化模式运营孵化器，实现孵化器公益性与可持续发展的和谐统一。

2014年，“杨创”以国家技术转移东部中心建设为契机，赋予孵化器新内涵。“杨创”聚焦技术转移上下游，形成技术、服务、产业资源集聚区和资本集散地，构建国家技术转移战略高地，打造全球技术转移枢纽。经过二十余年的发展，“杨创”已逐步成长为集“技术要素市场、技术转移功能型平台、产业孵化、科技金融”于一体的国有科技服务集团企业，全力护航科创企业做大、做优、做强。

华平信息技术股份有限公司给我留下的印象特别深，2003年，他们公司六个人从广州开了一个集装箱车到上海，进入我们的孵化基地，他们的注册资本是100万元人民币。我们和他们一起去努力，用了7年时间，在2010年就帮助这家企业在深交所上市，这是我们自主培育的第一家上市企业。此外，上海儒竞科技股份有限公司是我们培育的第二家创业板上市企业，这家企业专注于电力电子及电机控制领域综合产品的研发、生产与销售，是一家专业的变频节能与智能控制应用方案提供商。在我们的帮助下，儒竞科技与艾默生这一全球电机领域的知名品牌建立了稳固的合作关系，这家企业已于2023年8月30日在深交所创业板上市。

上海技术交易所、国家技术转移东部中心和上海杨浦科技创业中心有限公司致力于成为专业的第三方、第四方服务平台，为科研人员、企业等提供专业的科技服务，促进科学技术成果的转移转化，助力上海建设高标准技术要素市场，加快向具有全球影响力的科技创新中心进军。

但对标目前世界一流的科创中心城市，上海还面临一些挑战：比如专业人才的缺乏。在美国硅谷，一个科技创新的想法产生之后，会有无数专业机构和人员及时介入，助推这个想法落地。但在国内，懂市场、懂技术、懂资本、懂服务的技术经理人等专业人才缺口较大。接下来，我们希望在人才培养机制上能有创新与突破。目前上海交通大学已经设立全国首个“技术转移专业硕士学位点”，期待能为科技领域培养出更多高素质的科技服务专业人才。还有就是对技术交易中新产品的登记、确权、定价问题。很多人认为技术交易就是指专利交易，但事实上，技术交易还有很多其他内容，我们统称为商业秘密。探索商业秘密的登记、确权、交易，对我们来说就是一个新的挑战。此外，如何促进金融与科技的结合、如何运用数字化技术赋能企业服务等，都是我们下一阶段要解决的问题。

面对挑战，我跟我的团队一直强调：我们是中国技术要素市场的开拓者之一，我们没有现成的路可走，只有紧跟时代脚步，不畏艰难、披荆斩棘，才能砍出一条路、蹚出一条路！这是我们的责任，我们应该去承担这些责任。

# 建设研究型大学
# 加速科技成果转化

【口述前记】

江舸，1975 年 12 月生。2008 年 7 月至 2013 年 6 月，先后任中国科学院生化与细胞所科研处副处长、处长、所长助理。2013 年 7 月至今，历任上海科技大学人力资源处处长、副教务长、免疫化学研究所执行所长、党委副书记、副校长。

口述：江舸

采访：王旭杰、黄啸、钱蓓璐、张鼎

整理：钱蓓璐

时间：2024 年 1 月 24 日

上海科技大学（简称“上科大”）于 2013 年 9 月正式建立，是一所由上海市政府和中国科学院共同创办、共同建设的全日制普通高等学校。建校以来，我们始终朝着建设和发展一所小规模、高水平、国际化的研究型、创新型大学的目标不断努力。“服务国家经济社会发展战略”，是上科大的办学使命。2014 年，上海科创中心建设的大幕开启后，上科大积极响应习近平总书记和党中央号召，主动承担重大创新任务，以一流科研平台引才聚才，以有组织的科研助推“双一流”建设。2022 年，上科大成为上海唯一新增的一所“双一流”高校，“材料科学与工程”学科列入一流学科建设名单，一举成为

上海科技大学鸟瞰

“最年轻的双一流高校”。

## 科教融合，奠定科技成果转化基础

中国的现代化进程，必须走科技自强之路，必须建设高水平人才高地和科技创新高地。而两个高地的建设，也离不开研究型大学的贡献。作为一所注重研究、注重创新的大学，上科大可持续发展的三大支柱就是高等教育、科学研究和科技成果转化。高等教育和科学研究的融合发展，又为更好地进行科技成果转化奠定坚实基础。

在高等教育方面，过去十年间，我们始终秉承“立志、成才、报国、裕民”的育人理念，努力培养了一批深入了解中国国情和传统文化又兼具国际视野，拥有扎实科学技术功底及创新创业意识和能力，从事科学发现、高技术创新与新兴产业创业的拔尖创新人才。对于本科生，我们遵循“宽口径、厚基础、小规模、国际化”原则，突出“通、专、新”特色，不断完善由通识教育、专业教育、个性化教育构成的培养体系。对于研究生，我们则注重结合重大科学设施、重大科研项目和重点产业，立足学校定位和特色培养国家战略急需人才。特别是通过产教协同，多学科交叉和工程实践应用，在解决行业关键技术难题中培养面向国家战略产业及上海市三大先导产业（集成电路、生物医药、人工智能）的卓越工程师。教师队伍建设突出“小而精”的特点，学校的全职教授共300多位。教授队伍虽然规模小，但是突出国际化，80%以上的全职教授有5年以上的海外工作或者学习经历。此外，全校在校学生约6000人，其中本科生约2000人，研究生人数是本科生人数的一倍多。师生比例偏高，也充分体现了上科大作为研究型高校的特色。

在科学研究方面，上科大作为上海科创中心建设的重要战略力量之一，学校布局紧贴全市科技发展，深度融入科创中心建设。在新材料新能源方面，我们成立了物质科学与技术学院。在生物医药方面，有免疫化学研究所、iHuman研究所、生命科学与技术学院、生物医学工程学院。近期，我们还主动请缨，为全市建设一所全新的平台型、智慧型、研究型医院——上海临床研究中心，建成后将服务于整个上海的临床研究和生物医药产业。我们的信息科学与技术学院与上海的集成电路和人工智能产业又是密切相关的。可以说，上海的新兴产业在上科大都有所映射。我们最主要的学院和研究中心的建设，也是全部按照为上海经济社会发展服务进行谋划布局的，这样的定位与建设上科大的初衷完全契合。

另外，上科大位于张江高科技园区，是张江综合性国家科学中心的重要组成部分，我们充分利用这一区位优势，与张江地区的科研机构和科创企业开展合作，研究并转化了一批科研成果。例如，与上海同步辐射光源等国家级大科学设施和科研机构有机融合，学校主动承担的“十四五”国家重大科技基础设施项目“硬X射线自由电子激光装置”（SHINE）的建设在2022年取得了阶段性重大进展。与紧邻的张江实验室也开展了大量合作，与张江科学城“政产学研金服用”系统集成创新体系紧密衔接。学校关注的重点学科和张江地区聚集的生物医药、集成电路等产业息息相关。

## 搭建平台，推动科技成果转化改革

上科大的发展壮大，离不开科技成果转化这一关键环节。同时，研究型大学的科技成果转化又是实施国家创新驱动发展战略不可或缺的重要力量，这是上科大对推动经济社会发展的直接贡献，也是践行上科大主动服务国家发展战略时代使命的重要路径。自建校以来，我们始终坚持增强科技成果转化能力，鼓励师生创新创业。2017年，上科大入选了国家双创示范基地，并以此为契机，助力全市乃至全国的各高校院所师生开展科技成果转化，聚焦孵化科创产业种子，布局成果转化体系及机构，使得上科大在科技成果转化能力和水平上有了质的提升。

在诸多举措中，至关重要的一招就是建设技术转移办公室（简称“OTT”：Office of Tech Transfer）。上科大技术转移办公室成立于2019年，目的就是为加快推动科技成果转化，促进创新创业。它不仅是学校知识产权管理的行政职能部门，更是涵盖整个科技成果转化的全周期、全过程、全生态的闭环“经营者”，是成果转化与创业实践教育生态的核心推动力量。通过技术转移办公室的运营，推动高水平基础科研成果到商业应用由“0”到“1”的转化，同时促进从“1”到“10”的商业化延伸发展。

技术转移办公室运营两个平台和七个业务板块。两个平台分别是专利运营平台，负责各种专利的申请、管理和转化工作；另一个是创业实践教育与科技成果转化融资平台。七个业务板块包括：专利运营、创业早期学堂、上科大创新创业大会、科技成果转化与创新创业的生态圈、校内外科创产业早期孵化器、上科大国家双创示范基地、成果转化与创业的新媒体。

近年来，我们以技术转移办公室为载体，利用两大平台，围绕七个业务板块，开展了大量工作：一是培养从事高技术创新和新兴产业创业的拔尖人才，在技术成果转化的过程当中，培养一批创业人才。2020年5月，上科大技术转移办公室创建了创业早期学堂，积极开展以科技成果转化为核心的创业实践教育，提升师生创新创业的实践思维，助力创新创业人才培养。二是举办创新创业大会，通过连续6年举办这项活动，聚集了大量投资人对上科大乃至全国高校创新创业项目的关注。三是打造创业实践教育和成果转化融资平台，公益助力各高校师生将科技成果推向市场。四是通过上科大孵化的初创企业带动专利转化。五是创新教授兼职创业的新模式，采用教授搭台、毕业生唱主角、职业经理人运营的方式。

在技术转移办公室的诸多业务中，上科大科创产业早期孵化器（ShanghaiTech SPACE）是非常能体现学校特色的一个板块。它和学校一样，专注于“小而精”。上科大成立不久，周边空间也有限，所以我们并没有像一般大学那样去建设科技园，而是主要采用校园孵化的模式。在我们看来，这是一种最适合上科大特点的、效率最高的模式。为此，在学校非常有限的空间内，我们调整出两层楼用作校内孵化器。有了这个校内孵化器，许多师生可能只需要一个办公室就可以开始创业，比如 AI 人工智能领域的企业，他们的需求在校内孵化器就能解决。校内孵化器还能为学校营造浓厚的创新创业环境。麻省理工、哈佛等知名学府都有自己的校内孵化器。当然，有的孵化企业需要开展项目实验，需要更大的场地，我们也通过联合校外的合作单位来实现这些目标。

在科技成果转化过程中，我们已经诞生了不少孵化企业的成功案例。例如，成立于 2017 年的和径医药，是一家源头创新的新药研发企业。这家企业的孵化成功使得上科大一系列生命科学研究成果实现了产业化，搭建起了从实验室到临床的桥梁。公司使用上科大许可的专利进行转化，在 2022 年获得了美国食药监局的新药临床批件。这是上海科技大学拿到的第一个新药的临床批件，是非常值得纪念的成果。又如，标新生物是一家主要进行肿瘤免疫的蛋白降解小分子药物研发的公司。公司孵化自上海科技大学免疫化学研究所，由姜标教授、杨小宝研究员等几位在蛋白降解领域深耕多年的科学家领衔创立。标新生物独家授权引进上海科技大学蛋白降解药物（PROTAD）平台专利包，并在此基础上继续自主创新，确立了具有自主知识产权的双平台

（分子胶和 PROTAC）技术路线，使得标新生物获得了在全球范围内独有的差异化优势。2022 年，公司申请的药品 GT919 获得了中国国家药品监督管理局的新药临床批件。为什么这个产品要取名 919？因为我国自主研制的大型客机名字叫 C919，寓意我们在新药领域也有一个“造国产大飞机”的理想。另外，我们孵化的小型初创企业还尝试与医院进行合作，寻求生物医药产业模式的重要改变。我校生命学院陈佳教授孵化的正序生物公司，是一家专注于新型碱基编辑技术的生物医药科技公司。自 2020 年成立以来的短短几年时间内，它就拥有了一项全世界最领先的碱基编辑技术。不久前，公司与广西医科大学第一附属医院合作，开展了针对重型 β- 地中海贫血症的碱基编辑药物“CS-101 注射液”的临床试验，成功治愈了首位患者，实现持续摆脱输血依赖超过两个月的巨大突破。

## 制度创新，为科技成果转化保驾护航

第一，出台科技成果转化管理的制度文件。2016 年 4 月，国务院印发的《上海系统推进全面创新改革试验　加快建设具有全球影响力的科技创新中心方案》明确提出，“发挥上海科技大学的体制机制优势，加快物质、生命、信息等领域特色研究机构建设，开展系统材料工程、定制量子材料、干细胞与再生医学、新药发现、抗体药物等特色创新研究，建设科研、教育、创业深度融合的高水平、国际化创新型大学”。为贯彻落实中央要求，同年年底，上科大发布了《上海科技大学知识产权管理暂行规定》《上海科技大学科技成果转化管理暂行实施细则》。这两个文件的正式发布标志着我们学校建立起了体系化的知识产权管理制度和流程，对于整合校内校外优势资源，加强对知识产权的申请、维护、转化实行全流程一站式管理，降低成果转化的专业门槛，提升知识产权创造质量、运用效益、管理效能，完善知识产权转化运用机制，都有着重要意义。

上科大孵化的第一家科技公司——叠境数字科技有限公司成立于 2016 年 5 月。公司创始人是我校信息学院的一名教授。当时，他设想在国内创业，并希望把他在上科大取得的专利许可给他的公司使用。我们的制度就伴随着这家公司的诞生而产生了。我们用七个月的时间制定出台了《上海科技大学科技成果转化管理暂行实施细则》。叠境公司成为第一家以上科大专利作为关键核心技术的创业企业，如今已成长为一家有着丰厚技术实力的科技公司。

第二，形成以专利许可使用为主要方式的转化模式和制度框架。随着叠境等一批创业公司的创办和成长，我们的科技成果转化制度也在实践过程中不断优化完善。当前，科技成果转化主要有三种模式，一种是专利转让，即由企业买断，按照市场评估价格，专利所有权变更为企业。第二种是作价入股，也是对专利进行估价，与转让不同，不是把价值变为现金，而是变成公司股份，所有权也随之转移。最后一种就是许可使用，在这种转化模式下，科技成果所有权不变更，而是通过协议的方式，同意在一段时间内允许企业使用该项成果。经过了深思熟虑和反复比较，最终选择许可使用的模式。过去，各高校较多采用作价入股方式，这往往让大学背负太多管理成本。大学变成公司股东，给大学的管理带来很大挑战，承担很高的创业风险。而一项好的科技成果专利估价动辄上亿甚至以十亿计，初创企业很难拿出这么大笔的资金。我们在开展调研中发现，国际上的大学最普遍采用的方式就是许可使用。原因是这种模式有利于降低高校科技成果转化的准入门槛，把科技成果快速推向市场，服务社会。通过许可使用的方式，学校在持有专利权的前提下，以低门槛快速许可给创业企业使用，既降低了国有资产流失风险，又进一步开发了成果的商业价值，使学校能与企业共享成果转化的长期收益。

所以，我们自2016年孵化了第一家创业公司后，创业企业数量每年都有可观的增长。目前，已有47家使用上科大的科技成果专利作为核心技术能力的创业企业。

第三，为激发师生申请专利的积极性提供制度保障。在夯实科研成果的源头上，我们做出了针对性的制度设计，以鼓励师生做原创性科学研究，特别是瞄准战略性新兴产业，培育高价值专利。这些在学术和产业上同时领先的高质量专利为上科大的科技成果转化奠定了坚实基础。这一理念与2020年教育部、国家知识产权局、科技部联合发布的《关于提升高等学校专利质量促进转化运用的若干意见》中传达的“坚持质量优先”“突出转化导向”的基本原则完全契合。为此，我们在制度中规定，对国际专利即通过专利合作协定（PCT）途径提交的专利申请，维护费用分阶段由学校和科研团队按比例承担，学校承担比例按时间逐步降低，引导科研团队积极对专利进行转化。鉴于专利申请和维护费用高的问题，特别是国际专利的申请成本非常高，影响师生申请专利的积极性，这个制度设计则有效化解了这一难题。

第四，确定科学合理的收益分配比例。在整个制度框架中，科技成果转化的收益分配比例是非常重要的一环。经过综合考量，我们采取了学校、院所、团队各三分之一的收益分配方式，以达到国家、集体、个人之间的利益平衡。有人认为，过去科技成果转化率低是因为给个人分配的比例少了，激励不够，要大幅增加个人收益的占比。但在我们看来，这是一种短视的做法，没有考虑到学校、院所、集体的投入。个人不在团队中，不在学校的环境下，是难以取得科研成果的。只有充分地考虑学校、团队和个人三者的利益平衡，才能真正起到激励的作用。同时，对所有成果转化的分配，我们都有一个严格的流程把控和公开公示。

## 百花齐放，科技成果转化卓有成效

由于全校上下的不懈努力，也得益于整个张江，乃至整个上海良好的科创大环境，近年来，上科大在科研成果转化方面所取得的成绩有目共睹。据最新发布的有关研究报告显示，2021 年在全国近 1500 家高校中，实现转化科技成果单笔合同金额达到或超过 1 亿元的高校只有 27 家，上科大不仅位列其中，还在过亿元合同数量、专利许可合同总金额这两项指标上位居全国高校第一名。2018 年至 2021 年，上科大过亿元合同累计数量，也是位居全国高校第一的。我们构建的创业实践教育和科研成果转化融资的公益性共享型市场化平台，如今已累计服务了 100 余所高校院所的 2500 余名师生。在生物医药、信息技术 + AI、高端制造、新能源等与国家战略密切相关的新兴技术领域孵化出一批充满活力的科创企业。2016 年至今，上科大已累计孵化企业近

上科大第六届创新创业大会生命科学专场

50 家，通过市场获得早期创业融资额超过 17 亿元人民币，初创企业的投后估值超过 70 亿元，促成了专利许可合同额超 70 亿元。

此外，上科大专利的申请量快速增长。截至 2023 年 12 月底，已申请专利 1600 多件。学校注重申请和维护在海外有同族专利权的发明专利，通过专利合作协定途径申请的外国专利有 480 多件，占比 30%。由上海科学技术政策研究所等机构在沪联合发布的《2022 长三角区域创新机构发展研究报告（高等院校　科研机构篇）》显示，上科大专利的国际化表现突出，上科大欧美日专利累计加总占比达 11.5%，位居长三角创新机构百强高校之首。这是上科大着眼全球化专利布局的具体反映，表现出较强的国际化竞争实力。

当然，这些取得的成绩只能代表过去，但我们坚信在未来，上科大乘着上海科创中心建设的东风，一定会在人才培养、科学研究和成果转化上取得更大进步，真正将上科大打造成一所具有国际影响力的高水平研究型大学，为上海科创中心建设作出新的更大贡献。

# 制度创新激发科技成果转化活力

【口述前记】

李佳，1971 年 1 月生。长期在中国科学院上海药物研究所工作，2013 年 12 月至 2019 年 1 月，任上海药物所副所长。2019 年 1 月起，任上海药物所所长。

口述：李佳

采访：王旭杰、黄啸、张鼎

整理：张鼎

时间：2024 年 1 月 23 日

2014 年，习近平总书记考察上海，作出了“加快向具有全球影响力的科技创新中心进军”的重要指示。这是习近平总书记从党和国家事业全局高度对上海发展作出的战略擘画，上海的发展定位由此从“四个中心”拓展为“五个中心”。对于科研工作者来说，我们深受鼓舞、倍感振奋，有了更明确的奋斗目标和更强大的前进动力。上海药物所作为我国历史最悠久的综合性创新药物研究机构，积极融入国际科创中心建设大格局，迎来了历史上最好

上海药物所正门掠影

的发展时期，取得了一系列标志性成果。科技成果转化能力，是科创中心建设的重要环节，也是衡量科研院所社会贡献与科研产出的重要标准。提升科技成果转化能力，关键在于制度建设。生物医药产业是上海重点发展的三大先导产业之一，上海药物所之所以能在这一领域做出一定成绩，离不开持续推进科技成果转化改革带来的效能，正是通过积极探索科技成果转化机制体制改革，转化成效不断实现新突破。

## 困境与机遇并存，改革呼之欲出

党的十八大提出实施创新驱动发展战略，明确要求提高科学研究水平和成果转化能力，抢占科技发展战略制高点。以中国科学院为代表的科研院所集聚了大批高层次人才，承担着众多国家科研任务，积累了大量科技成果，是成果转化的重要力量。2013 年 7 月，习近平总书记到中国科学院考察，提出了“四个率先”（即希望中国科学院率先实现科学技术跨越发展、率先建成国家创新人才高地、率先建成国家高水平科技智库、率先建设国际一流科研机构）的要求。中国科学院按照习近平总书记重要指示制定实施了“率先行动”计划。作为中国科学院下属的科研机构，上海药物所是整个中国科学院体系内唯一一个专业化从事新药研究的研究所，被赋予的战略定位之一就是实现体制机制创新，促进成果转移转化，成为医药产业发展的火车头。

当时，在科研院所科技创新实践中存在着科技成果相关管理制度与成果转化需求不相适应的情况，导致大量科研成果无法走向市场。例如，政府部门对成果使用、处置事项的审批环节多、周期长，影响了转化的时效性；成果处置收益上缴国库，用于科研人员奖励的支出挤占了工资总额基数，削弱了单位和科研人员成果转移转化的积极性；等等。为贯彻落实党的十八大精神和习近平总书记重要指示，2014 年 9 月，财政部会同科技部、国家知识产权局联合印发了《关于开展深化中央级事业单位科技成果使用、处置和收益管理改革试点的通知》，目标是通过开展科技成果“三权”改革试点，破除制约科技成果转化的制度性障碍，打通科技成果向现实生产力转化的通道，进一步为科研院所和科技人员创新创业添油加力。

考虑到上海药物所的主要任务就是做新药研究，所以它天生地与成果转移转化密切相关。研究成果直接可以转化成新药，或者转移给企业做进一步研发，或者与社会资源结合，形成创新项目孵化公司。这些公司在促成新药不断问世的同时，也推动着整个生物医药产业的进步。在科技成果转移转化的具体实践中，上海药物所也面临着上述管理制度与激发创新活力的矛盾，导致科研成果与产业之间的脱节现象非常明显。

困境与机遇并存的形势，让我们自然地产生了一股内在驱动力去寻求改革，通过探索制定更好的成果转移转化政策来激发活力，为自身“松绑”。因

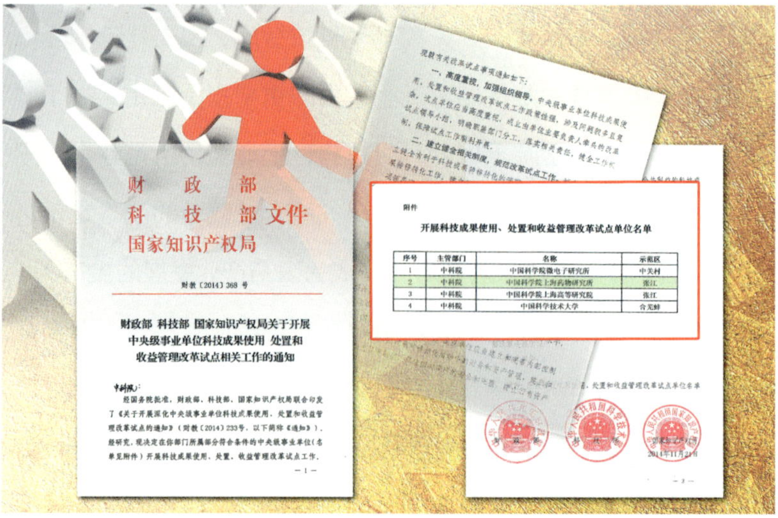


《关于开展深化中央级事业单位科技成果使用、处置和收益管理改革试点的通知》印发，上海药物所入选改革试点单位

此，在得知“三权”改革试点的消息后，我们马上行动起来，主动争取成为试点单位。当时关于试点单位的遴选范围主要集中在北京中关村、武汉东湖、上海张江国家自主创新示范区和安徽合芜蚌自主创新综合配套改革试验区。上海药物所恰巧就在张江国家自主创新示范区内，这是一个重要因素。最终我们的申请通过了审批，如愿进入20家改革试点单位大名单，也是上海仅有的两家上榜单位之一。

## 聚焦“出新药”，多措并举探索新制

改革试点启动时，上海药物所的新领导班子刚刚成立。面对这一难得的发展机遇，大刀阔斧改革恰逢其时。我们认真学习贯彻中央相关文件精神，从一切有利于促进科技成果转移转化的目标出发，积极探索建立符合科技成果特点和科技成果转化规律的管理新模式。在新模式下，既能保障好科研人员的积极性不被挫伤，又能平衡好个人与科研团队、团队与单位之间的利益，让药物研发和成果转化更好地聚焦国家任务，真正使创新驱动发展。为此，我们开展了多次深入调研，了解不同群体的想法和诉求。在多年科技成果转化实践基础上，借鉴国际上较为成熟的好做法和好经验，我们在较短时间内就制定了“科技成果管理改革试点”实施方案，并在后续实践中不断完善。具体举措主要有以下几个方面：

第一，建立规范、合理、有效的科技成果转移转化收入分配和激励制度。这是“三权”改革的关键一环。首先，为进一步调动单位的积极性，让单位从科技成果转化活动中受益，这次改革明确规定，单位科技成果的处置收入从分段按比例留归单位、其余部分上缴国库，改为不再上缴国库、全部留归单位自主支配。其次，关于成果转化收益的分配比例，上海药物所广泛征求了所内科研人员意见，经过反复讨论和充分酝酿，根据实际作出规定：成果收益按比例分配，七成归科研团队所有，其中成果发明人最多可以拿到收益的一半（五成），两成给予成果完成团队，作为后续新药研发经费；剩下的三成“反哺”上海药物所，用于维护科技成果转化平台，支持更多项目研发。需要指出的是，这个比例并非一成不变，在实践中还有一个动态调整的过程。调整的目标是既能够健康地运营科研团队，又能有效推动新药成果研制，让上海药物所逐渐形成促成新药研发的良性生态循环。此外，根据新药研发周期长、风险大的特点，我们还积极探索了成果转化收益的“终身制”和“继承制”。一旦先期成果最终实现转化，相关科研人员即便已退休甚至过世，其本人或家属仍能享受相应的收益回报。这种“功成不必在我”但“功成必然有我”的正向激励，可以让科研人员安心研发，避免了因顾虑进退得失而草率转化成果等急功近利的现象。通过建立规范、合理、有效的收入分配和激励制度，在最大程度上保障各方利益，从而很好地释放了科技成果转移转化的活力。

第二，下放科技成果转化审批权限。考虑到科技成果必须在应用中才能产生价值，具有较强的时效性、不确定性等不同于单位其他资产的特点，为从根本上解决科技成果转化审批慢、周期长的问题，此次改革取消了财政部和上级部门对科技成果使用、处置事项的审批和备案要求，上海药物所被完全赋予了科技成果转化的自主权，可以自主采取转让、许可、作价入股等方式转移转化科技成果，这就为科研成果顺利坐上转化“直通车”提供了制度保障。同时，上海药物所专门成立了成果转移转化处，作为直接负责所内所有成果转移转化的关键部门，重新设计了严格明晰的科技成果转化内控流程，从项目发起、评估，到论证、决策，最后公示、实施，各环节严加把关，确保科技成果转化更加透明公正。

第三，确立“出论文”和“出成果”并重的职称评价机制。此前，上海药物所专利虽多，但专利转化率却不高。因为在当时的职称评价体系下，对科研人员而言，撰写论文远比转化成果有价值。科研人员的研究重心自然倾向于发表关于基础研究和新药研发的学术论文，通过写论文来评职称，而对于将新药转化投放市场则少人问津。试点改革以来，我们逐步打破以发表论文为唯一标准的传统评价机制，探索增加了一种新的职称评价模式——以临床需求为导向，围绕“出新药”这一核心目标，对科研成果转化结果进行评价：若新药获得新药证书和上市批文，研发团队可得到 2 个正高级和 4 个副高级的职称评审名额；获得一项新药临床批件，研发团队可获得 1 个正高级和 2 个副高级职称评审名额。如此一来，科研成果转化与发表高水平论文，都可让科研人员获得“学术晋升”。必须强调的是，对于基础研究，我们同样高度重视，并予以经费上的倾斜。当然基础研究团队不能是“自由探索”的分散模式，一定要紧密围绕研发新药这个总目标来布局研究课题。总之，基础研究团队和药物研发团队不能变成泾渭分明的两个团队，而是要打造成为互相融合、共同发展的科研大队伍。

第四，鼓励支持科研人员自主创业，拓宽科技成果转化路径。科技成果转化不只是在实验室里刻苦钻研，对于所里有志创业的科研人员，上海药物所向他们提供了“全下海”和“半创业”两种选择，并分别作了制度安排。前者是停薪留职三年，年限一过，由科研人员二次选择是否继续创业；后者则是药物所推荐方案：研究员只作为创业企业的股东，将公司交由专业团队经营，自己则依旧在所内任职。有赖于这种弹性灵活的制度举措，改革以来，药物所已有多位成果发明人走上创业之路，将他们研发的新药成果进行市场化运作。

## 成果转化驶入“快车道”，“一年抵过去五年”

自2015年1月正式开启科研成果“三权”改革试点以来，上海药物所通过探索完善成果转化管理流程，加强内控管理，制定符合比例、灵活可选的收益分配方式等一系列体制机制改革，大大激发了科研人员新药研发和转化的热情，成果转化得到实质性提速，呈现井喷式爆发。

2015年年中，参与试点的20家单位联合召开了一次半年度交流会。半年时间，按照最新拟定的科技成果转化流程，上海药物所已经转化了7个新药品种，合同总额达4亿多元，接近药物所前五年转化总额的50%，其中两款抗肿瘤新药合同额均超过亿元。对比有些试点单位几乎还没动静，我们已经明显地看到成效了。最终，2015年全年，上海药物所共有5个排在国家新药分类最前列的1.1类化学药获得临床批件，数量与制药企业恒瑞医药并列化学药物领域全国第一，成为年度化药类最具原始创新能力的药物研发机构。另外，还有10款新药处于临床阶段，1款新药在乌兹别克斯坦注册，转化科技成果15项，合同总额高达8亿元，是过去五年成果转化金额的总和，真正可以称得上“一年抵过去五年”。这份亮眼的科技成果转化成绩单，也让上海药物所成为20家试点单位中的先进典型。

2016年和2017年，上海药物所的科技成果转化速度保持了2015年的稳定状态。中国科技评估与成果管理研究会、国家科技评估中心和中国科学技术信息研究所共同编写的《中国科技成果转化2019年度报告（高等院校与科研院所篇）》对2018年全国3200家公立高等院校和科研院所的科技成果转化数据进行了综合分析和排名。其中，我们所的成果转化合同金额16.85亿元，排名全国第二。2019年，成果转化合同金额达到17.17亿元，排名第一，这个数额占到了全上海所有高校科研院所成果转移转化合同金额的44%。此后连续三年，上海药物所的成果转移转化合同金额稳居上海所有科研院所排名的第一位。

此外，试点改革以来，在以研制新药为目标的导向下，我们所发表的研究论文非但数量没少，质量也保持了高水准。SCI论文数量和他人引用数量持续在我国药学领域名列前茅。“G蛋白偶联受体（GPCR）”的药物靶点研究入选了中国科学院“十二五”重大科技成果及标志性进展。所内科研人员在《自然》《科学》等国际权威刊物发表多篇论文，影响因子跻身这一领域的国际前列。更可喜的是，这些高质量论文为后续研发新药提供了强大理论支撑，进而形成基础研究与成果转化两相促进的良性循环。

## 新形势下，制度创新亟需2.0版本

回顾过往，科研成果“三权”改革试点的成功，关键在于制度创新，它让上海药物所探索出一套行之有效的管理新模式，在很大程度上解决了旧有管理体制与激发创新活力之间的矛盾，从而使大量科研成果加速走向市场，真正让科技创新成为推动社会经济发展的驱动力。这是上海科创中心建设进程中有关科技成果转化制度创新的一项成功案例。然而近年来，随着世界生物医药领域科技创新日新月异，国际竞争愈加激烈，科技成果转移转化的形式也在不断更新，为避免中国在医药领域竞争落于下风甚至掉队，同时进一步深化国际科创中心建设，在科技成果转移转化管理制度方面也应紧跟形势做出迅速创新，尽快推出适应时代发展的2.0版本。根据上海药物所近些年的探索和实践，我认为应该在以下几方面继续努力：

第一，要充分发挥科研院所和科学家在成果转移转化中的关键作用。这两年，我们把科技成果转让给企业后，如果这家企业有志于创新且有能力推动创新，新药研发问世的速度是很快的。但如果企业对新药研发和生产并不了解，仅仅抱着浅尝辄止的态度，或者谋求一时的经济效益，一旦无法达成快速变现的目的，就把我们费尽心血创造的成果晾在一旁，这就背离了我们秉承的让新药上市为百姓解除病痛的核心宗旨。面对市场调节有时失灵的情况，需要在科技成果转移转化过程中，更多地发挥国家和集体的能量和作用，采取多种方式确立科研单位和科学家的关键地位。特别是针对危重罕见病的新药研发，尽管这些新药无法带来巨大经济效益，但它所蕴藏的社会效益是无法估量的。第二，要根据无形资产和有形资产的不同性质制定差异化的管理制度。有些创新意识与创新能力兼具的初创型企业为了自身更好地发展，希望通过转让甚至赠予科研院所部分股权的方式，让科研院所更多地参与到企业的研发和运营中，给予企业更多指导和扶持。但股权属于国有资产，科研院所获得后，必须按照国有资产的管理制度进行管理。但获赠的这部分股权本质上属于无形资产，如果按有形资产的管理模式介入管理，必然会因"货不对板"导致各种矛盾，无疑对成果转移转化造成阻碍。这就需要我们探索制定更有针对性的政策，进一步解决这个难题。第三，要通过优化政策为成果转移转化提供资金保障。特别是在完善 IPO（首次公开募股）政策等方面，希望能够考量科学家创办的创新型企业的现实情况给予充分支持，提升政策精准度，避免一刀切，从而进一步加速科研成果的转移转化，让创新驱动发展战略真正地落到实处。

面对新一轮科技革命和产业变革的突飞猛进、实现高水平医药科技自立自强的迫切需要，我们必须以等不起、慢不得、坐不住的紧迫感，进一步发挥新药创制的"国家队"作用，聚焦医药前沿领域，增强创新策源能力，努力推进科技成果转移转化，提升上海生物医药产业发展技术能级，为加快国际科创中心建设作出新的更大贡献。

# 以大企业责任打造创新联合体

【口述前记】

阴啟明，1981 年 4 月生。2022 年任中国移动上海产业研究院技术部副总经理，2024 年 3 月起任金融科技产品部副总经理。

口述：阴啟明

采访：黄啸、许璇、吴佳奇

整理：吴佳奇

时间：2024 年 2 月 6 日

加快建设具有全球影响力的科技创新中心，是以习近平同志为核心的党中央赋予上海的重大任务和战略使命。中国移动上海产业研究院在浦东新区科经委和金桥管委会的鼎力支持下，加入浦东新区推出的“大企业开放创新中心计划”，乘着浦东创新发展的东风，全面推进数智化转型，实现企业高质量发展的同时，也为上海科创中心的建设贡献一份力量。

## 抓住科技体制创新机遇　顺利加入创新中心计划

习近平总书记明确指出，中央企业等国有企业要勇挑重担、敢打头阵，勇当原创技术的“策源地”、现代产业链的“链长”，这为中央企业深化科技体制改革、布局创新发展新赛道指明了方向。中国移动集团作为央企，积极服务国家创新战略是我们义不容辞的责任。集团建设上海产业研究院就是落实习近平总书记重要指示要求，加强企业研发能力的重要举措之一。

中国移动集团在上海、成都、雄安三地成立了三家产业研究院。在选址时，集团充分考虑各方面因素。选择上海作为三个基地之一，是因为区位优势明显、产业集聚、人才荟萃，更利于集团结合地方发展战略，把握 5G、人工智能等新技术与行业融合的发展机遇。2018 年 11 月，我们上海产业研究院（以下简称“上研院”）在浦东金桥成立。根据集团的总体设计，上海、成

中国移动（上海）产业研究院

都、雄安的这三家研究院各有分工，上研院结合上海“五个中心”的发展定位和行业优势，积极布局未来数字化经济和信息化转型“主战场”，聚焦时空信息、智慧交通、工业能源、金融科技四条赛道，面向全国提供行业信息化产品和解决方案。

上研院成立后，按照集团的布局，全面铺开各条线研发工作，其中一项重要举措就是进行“大企业开放创新中心”建设。中心的设立源自浦东新区的“大企业开放创新中心计划”（GOI，以下简称“创新中心计划”）。浦东新区的这项计划是2021年7月正式发布的，主要由大企业、开放、创新中心三个关键要素组成，是以我们这样的大企业为发起主体，通过设立开放创新中心这样一个平台纽带，能够与外部共享大企业的资源，建设双向开放通道，从而构建起各创新主体相互协同的联合体，以联动“政产学研金服用”各项资源（政府、产业、高校、研究院所、金融、服务机构、用户），进而发挥各自优势，激发创新、打破壁垒、降低成本、拓展市场。根据创新中心计划，各方协同对创新中心进行政策合力赋能、社会资源赋能、专业服务赋能，加快推动技术突破、企业培育和产业升级。

让我们得以加入浦东新区“创新中心计划”中的，也是一次偶然的机遇。我们最初的计划是申请认定为市级科技企业孵化器。申请过程中，评审单位发现我们注册资本高、规模大，不符合孵化器准入条件。虽然评审单位没有通过我们的申请，却给出了一条更为合理的建议，就是加入浦东新区的“创新中心计划”。根据以上建议，我们立即对接了浦东新区科经委，了解创新中心计划相关情况。科经委和金桥管委会在得知我们有意加入这项计划后，非常重视，积极主动送政策上门，给予我们大量的指导意见。

将有关情况上报集团后，集团对我们是否加入创新中心计划做了充分考虑。一方面，中国移动作为央企，不仅有经营的职能，还是国家重大科技项目攻关研究的重要组成力量，肩负移动信息服务产业链“链长”的使命。因此，我们上研院也就具有了双重属性，对外是利润中心式的市场化业务形式，提供信息化的业务交付、支撑、产品等；对内还兼具成本中心的性质，承担一些重大科技专项等国家战略任务，我们承担了移动信息服务产业链中时空信息和智慧交通两个子链的“链长”角色。这就需要我们既做好跨界联合，结合行业客户需求进行技术赋能，还要考虑保障好国家的信息安全和产业链安全。从国家要求、集团战略安排以及自身角色定位来看，上研院的发展必然涉及产业协同和外部协同，这正契合创新中心计划特色定位。所以，加入创新中心计划是很好的选择。通过这个计划，上研院可以更好发挥运营商连接、算力的赋能优势，联合中小企业放大协同效应，助力行业生态繁荣。

另一方面，上研院加入浦东新区的“创新中心计划”能够实现多方共赢。一是发挥央地协同特色，有效结合央企红利和地方性配置政策，为浦东新区发展高新科技产业、聚集创新创业企业提供以央企雄厚资金和技术实力作为后盾的丰富资源优势。二是助推集团科技体制机制创新，并没有拘泥于单一的孵化器模式，而是通过技术指导、资金融通等多重手段，多管齐下，为中心内的创业企业培育核心能力，做出更多实实在在的产品和服务，更好地发挥“链长”作用，打通产业链上的卡点堵点。三是创新中心计划的政策和产业扶持力度大，浦东新区政府在政策、产业、学研、金融、服务、应用六个方面为企业提供帮助，特别是在硬件设备、租金、入驻红利等方面的资金支持，可以大大节省小微企业初创期运营成本，加快入驻企业孵化速度。

在浦东新区科经委和金桥管委会的指导和集团的大力支持下，2022 年 11 月我们开始申报加入浦东新区的“创新中心计划”。仅仅用了一个月时间，申请就获得了批准。申请获批后，成立了中移上研科技创新中心，作为运营创新中心计划的实体。可以说，申请审批过程非常顺利，体现了浦东新区政府对此项工作的高度重视，也反映出浦东新区行政审批的高效便捷。紧接着，我们上研院又获得了“中国移动协同创新基地长三角区域中心”“长三角国家技术创新中心企业联创中心”授牌，承担起更大的责任。

“大企业开放创新中心”铭牌

## 助力科创中心建设　探索赋能新方法

我们在建设创新中心之初，就把它定位为“移动信息垂直行业能力开放共同创新体”，着力将之打造为集能力开放平台、孵化培育枢纽、产业推进载体为一体的综合性平台。主要从两个方面入手：一是有针对性地选择合作伙伴，不仅要了解对方同我们研究领域和赋能方向是否有契合度，业务赋能是否有必要性，还要将合作重点聚焦在产业链上的卡点堵点。作为集团2个子链的链长，我们会基于产业链完整性，重点扶持链上存在技术空白、急需突破技术壁垒的成长型企业。

二是落实红利政策、提供相应配套。在空间共享方面，我们依托上研院母体，对创新中心的软硬件设施进行建设，包括百平方米开放实验室、千平方米孵化办公区及万平方米公共服务区域等。建设后的共享空间可以吸纳更多中小企业和技术人才入驻，空间内各个团队混编、合署办公，有助于协同开发产品、发挥产业集群效应。在放大“央地协同”效应方面，我们则通过创新中心计划向入驻企业下发集团系统性的链长政策红利，从需求牵引、研发合作、资本扶持、资源倾斜，四个维度一共12项配套政策，包括开放供应链、组队国家专项、推动资本合作等。

在发展创新中心的过程中，我们努力扮演好业务纽带的角色，在政府和创业企业之间架起桥梁。前几年，我们调研过某孵化器项目。在我们看来，这个项目沿用的还是房地产行业的那套固有模式，虽然解决入驻企业的用房用地问题，但对入驻企业缺少核心能力发掘和成果转化等增值服务。而我们的创新中心则更多依托集团优势，依靠垂直行业赋能的角色定位，作为业务纽带连接起政府和入驻创业企业双方，像“三通”一样做好合作赋能，不仅帮他们解决业务衔接问题，也会注入资本助力小企业成长，还会做好成果转化，形成开放的发展生态。

在技术赋能方面，我们通过深化企企、校企合作，深度融合产学研的途径，加强对入驻企业的技术指导。我们通过探索联合研发路径，寻找平等的生态合作伙伴，在没有资本层面合作的前提下达成战略合作，做好协同创新。我们向未来潜在客户、合作伙伴开放自己的核心业务及“中台”能力、产学研联合攻关能力、行业生态能力等专业能力，还有中国移动作为运营商的连接能力、算力能力。连接能力包括5G的专网，甚至未来的6G实验网；算力能力则主要是云资源，特别是未来中国移动结合新型网络算力一体化。我们作为本行业最具专业能力的公司之一，还能解决面向行业的大量共性需求。比如很多车企在造车时会采用海外通信模块，我们可以与这类公司深化合作，通过网络对外赋能核心能力，合力做好行业性的认证测试，调试通信模块网络，使之与国内网络相适配、符合中国特点，减少产品下线的弯路。我们还依靠集团提供的广阔平台，加强与高校、科研院所的合作，通过产学研结合的路径，提升入驻企业的技术攻关能力。比如，我们有个合作伙伴的产品目前还很有竞争力，但随着人工智能的发展，产品就亟须更新了，必须融入大模型和AI的能力，不然很快会被淘汰，但又缺乏技术攻关的能力。我们牵头做到“校企企”三方协同，邀请高校学术团队共同参与攻克技术难题，帮助入驻企业升级产品。

在投资赋能方面，通过研投协同，协同创新中心计划生态金融企业及移动链长上海基金，融通股权资源、产业资源与研发资源，促进研投协同，并聚焦北斗时空子链、2V车联网、工业互联网重点领域开展投资策略研究和投资工作。我们在调研合作可行性时发现，很多企业在完成商业逻辑闭环时缺了一口“气”。有一家入驻企业，它的技术能力很强，产品技术水平很高，但对产品以及行业的了解不深入，卖出去的产品对用户的技术能力要求特别高。但现实是我国工业企业技术升级速度参差不齐，很多企业还处在电气化水平，都未曾实现自动化，更别说智能化、信息化。这样的情况下，其客户群体就过窄了，造成难以适销对路的问题。而我们因为有更宏观的市场把握，更丰富的信息来源，更专业的工作团队，能更为准确地分析市场，获取企业需求，针对性地设计产品。这样，我们就可以把合作伙伴缺的这一口“气”补上，形成完整的商业逻辑闭环。在这样的合作中，我们既能联合集团基金提供跟投资金，还能做好投后管理，真正做好研投协同。

在商业赋能方面，依托集团内部协同体系，通过背靠背商业模式，牵头确保商机落地，并与入驻生态企业进行利润分成，完成好行业生态合作项目。一方面，集团能够结合国家战略科技方向，紧盯产业链上重点环节，做好顶层设计。我们根据这些研究方向的设计和规划，精心挑选研究课题，通过将这些课题交付企业，等于向他们提供了符合国家战略和市场需求的研发方向，对于创业企业来说可以少走很多弯路。另一方面，我们可以利用渠道禀赋，开放市场、开放采购链，做好研发成果转化，放大企业盈利能力。背靠集团，我们可以将产品通过专利授权等方式列入中国移动集团产品序列，由 31 个省市、自治区、直辖市公司十几万的客户经理销售，利用强大的销售渠道，为初创的小微企业提升几倍甚至几十倍的销售额，通过分成等方式合作共赢。

## 放眼未来　树立新起点助力新发展

背靠着中国移动这一大树，依靠浦东新区各方的关心支持，我们的创新中心建设取得了不少的成绩。在行业建设方面，助力金桥建立 5G 园区，建成 5G 开放实验室，为生态合作伙伴提供研发所需要的测试环境和设备。在创新中心计划实践运用方面，在工业低代码、车路协同等领域，孵化出数睿数科、启明星辰等十余家企业，赋能中远海运、浦发银行等合作伙伴。在活动推广方面，参与举办创客马拉松大赛，组织开展技术培训、投融赋能、开放日等活动，为创新中心计划生态伙伴提供大量“曝光度”，提升“知名度”。

在今后的发展中，我们将面向实体孵化、空间共享、产研投协同一体化的业务服务，持续进行创新中心计划，配合集团协同创新基地建设和其他创新平台的实践运用，致力于汇聚行业生态集群、服务战略新型及未来产业、打造央地协同标杆，支撑创建国家级协同创新基地。我们要更多地复制典型企业的成功经验，加大推广规模，加速形成移动信息服务产业集群效应。

当然，我们还面临着一些不足和挑战。目前创新中心计划覆盖范围有限，还局限于浦东新区的范畴，如果将来能将创新中心计划在市级层面推广，那我们的创新中心就能争取到更多集团关键资源和政策红利，从而助推整个创新中心计划的进一步发展。还有一些企业没有在浦东地区注册，很多政策和红利就会无法享受，挫伤了其加入创新中心计划的积极性。我们还要进一步拓宽人才交流渠道，打开吸引人才的新局面。虽然，上海的人才环境得天独厚，特别是对海外人才吸引力很强，但创新中心计划建设中需要的高精尖人才仍然存在发掘和引进渠道不够充分的问题。在未来，我们坚信，一定能够打通央国企人才渠道，对接好人才资源，使我们的发展更加顺利、更加有力。

我们要按照习近平总书记“国有企业要做落实新发展理念的排头兵、做创新驱动发展的排头兵、做实施国家重大战略的排头兵”的要求，牢牢把握新使命新定位，将持续紧跟上海科创中心建设的步伐，依托集团强大的资源整合能力和前瞻性的战略布局，建设好中移上研创新中心，全力以赴发展新质生产力，助力上海建设成为具有全球影响力的科创中心。

# 打造自主创新发展的时代标杆　建设国际科创中心核心区

【口述前记】

吴强，1973年2月生。曾任浦东新区建设和交通委员会土地管理处处长，主任助理、党组成员；区发展和改革委员会主任助理、党组成员；区规划和土地管理局局长助理、党组成员；市张江高科技园区管委会副主任、党组成员；市临港地区开发建设管委会副主任、党组成员；中国（上海）自由贸易试验区管委会张江管理局局长；上海推进科技创新中心建设办公室专职副主任、党组成员，市张江高新技术产业开发区管委会副主任等职。2020年，任上海市浦东新区副区长、区政府党组成员，中国（上海）自由贸易试验区管委会副主任。现任上海市浦东新区区委常委、副区长、区政府党组副书记，中国（上海）自由贸易试验区管委会副主任。

口述：吴强

采访：唐洪涛、郭继、严亚南、龙鸿彬、陈钱潼

整理：龙鸿彬、陈钱潼

时间：2024 年 4 月 29 日

作为一名长期在浦东工作的干部，我有幸参与了科创中心建设的一系列具体工作，见证了浦东科创中心建设和发展。2014 年 5 月，习近平总书记在上海考察时提出“加快向具有全球影响力的科技创新中心进军”，上海的发展定位由此从“四个中心”拓展为“五个中心”，浦东的发展定位也由“四个中心”的核心功能承载区拓展为“五个中心”的核心功能承载区。

2023 年 11 月 28 日，习近平总书记在上海张江考察上海科技创新成果展时，再次强调“推进中国式现代化离不开科技、教育、人才的战略支撑，上海在这方面要当好龙头，加快向具有全球影响力的科技创新中心迈进”。这十年来，浦东新区深入贯彻中央的战略决策和上海市委、市政府工作部署，坚定不移实施创新驱动发展战略，积极探索上海自由贸易区和张江国家自主创新示范区“双自联动”发展模式，坚持以开放引领创新，以改革激发创新，以人才支撑创新，以产业带动创新，加快建设成为全国乃至全球范围内科技创新资源最集聚、科技创新成果转化最有效、创新创业活力最显著、科技创新体制机制最灵活、创新创业生态环境最完善的地区之一。至 2020 年，浦东已初步建成上海国际科技创新中心核心功能区基本框架体系，在《浦东新区建设国际科技创新中心核心区“十四五”规划》中明确未来五年的发展目标是：打造自主创新发展的时代标杆，建设国际科技创新中心核心区。

## 强化顶层设计和部门协调　统筹推进科创中心建设

在国家层面，在国家发改委、科技部的指导下，《上海系统推进全面创新改革试验加快建设具有全球影响力的科技创新中心方案》，研究形成并上报国务院。2016年，国务院常务会议审议通过并印发了《上海系统推进全面创新改革试验加快建设具有全球影响力的科技创新中心方案》。在市层面，《中共上海市委、上海市人民政府关于加快建设具有全球影响力的科技创新中心的意见》《上海市推进科技创新中心建设条例》《上海市建设具有全球影响力的科技创新中心"十四五"规划》等先后出台。在新区层面，《上海建设具有全球影响力的科技创新中心浦东新区行动方案（2015—2020年）》《浦东新区加快建设具有全球影响力的科技创新中心核心功能区2020行动方案》《浦东新区科技创新中心核心承载区功能优势倍增行动方案（2020—2025年）》《浦东新区建设国际科技创新中心核心区"十四五"规划》等先后出台。

建设具有全球影响力的科技创新中心是一项系统工程。在全市层面，2016年市委成立了推进科创中心建设领导小组，由市委主要领导担任组长，全力抓推进、抓督查、抓重大问题协调。2018年4月，市委、市政府印发《关于调整完善张江管理机构职能等事宜的批复》，重组设立上海推进科技创新中心建设办公室，作为市政府派出机构，同时增挂了上海张江综合性国家科学中心办公室、张江高新技术产业开发区管理委员会、张江科学城建设管理办公室、上海自由贸易试验区张江管理局等牌子，一体化承担统筹上海科创中心建设全局性、整体性工作，协调推进科创中心建设重大规划、重大政策、重大举措、重大项目的贯彻执行。在新区层面，浦东举全区之力，统筹谋划、周密部署、精心组织、扎实推进，把科技创新中心摆在了发展全局的核心位置，构建形成了纵向到底、横向到边、科经联动的科创中心建设全区统筹推动机制。一是坚持纵向到底，一方面推动市区协同，浦东在市委、市政府的坚强领导下，在市科委、科创办的大力指导下，积极推动市区协同，为推进科创中心建设贡献力量；另一方面加强区内协作，会同区内各管理局、街镇共同参与，形成合力，积极提升区域内科创策源能力。二是坚持横向到边，由区科经委牵头，新区各相关部门协同参与，共同推动科创中心建设。三是坚持科经协同，2016 年，浦东新区经信委和科委整合组建为浦东新区科经委，解决科技和经济“两张皮”的问题，大幅提升科技创新效率。既促进科学研究、应用技术与产业的深度融合，又以产业的发展推进科技的进步和发展，推动区域科技和经济深度联通、高度融合，创新链价值链协同升级。

## 强化科创策源功能　基本形成科创中心核心承载区框架体系

2018 年 11 月，习近平总书记考察上海，要求上海要“以全球视野、国际标准推进张江综合性国家科学中心建设”。2020 年 11 月，在浦东开发开放 30 周年庆祝大会上，习近平总书记强调要“全力做强创新引擎，打造自主创新新高地”，要求“浦东要在基础科技领域作出大的创新，在关键核心技术领域取得大的突破，更好发挥科技创新策源功能”。

张江综合性国家科学中心是国家创新体系的基础平台，是上海科创中心建设的关键举措与核心任务所在。2016 年 2 月，国家发改委、科技部批复同意《张江综合性国家科学中心建设方案》，张江成了第一个国家级的综合性科学中心，此后又相继在安徽合肥、北京怀柔成立了两个国家科学中心。方案出台后，上海市委、市政府立足国家战略，集中各类创新资源，聚全市之力投入国家科学中心建设，建立了由市长担任组长的推进组，由市发改委具体牵头，同时又在市层面专门成立了张江综合性国家科学中心建设办公室。

国家战略科技力量汇聚。国家实验室、国家重点实验室正在高质量建设。一批世界一流的大科学设施落户张江，在建和建成国家重大科技基础设施 11 个，上海同步辐射光源、国家蛋白质科学研究设施、软 X 射线自由电子激光试验装置、硬 X 射线自由电子激光试验装置、上海超强超短激光装置等设施，已成为张江综合性国家科学中心的放大器和倍增器。布局了一批高水平科研创新载体，张江复旦国际创新中心、交大张江科学院、张江数学研究院、李政道研究所、国家量子中心、中国科学院上海药物所、中科大上海研究院、浙江大学高等研究院、中国极地研究中心、上海南方模式生物研究中心等 40 多所重点科研院所集聚张江。

重大科技成果竞相涌现。2010 年以来，浦东共获得国家科学技术奖 76 项，其中特等奖 4 个、一等奖 3 个。3 nm 波长自由电子激光放大出光，水窗波段性能国际领先；上海光源助力破解新冠肺炎病毒关键蛋白结构；“极紫外光刻胶”成为先进材料领域 10 项先导技术之一；“九章”“祖冲之”量子计算机研发成功；沪东中华 23000TEU 超大型集装箱船“达飞·索邦”号入选《中央企业科技创新成果推荐目录》高端装备领域科技创新成果；全球首款支持 Wi-Fi6 的物联网芯片通过认证；复星凯特 CAR-T 细胞疗法阿基仑赛注射液正式获批上市，国内迎来首款获批上市的 CAR-T 细胞疗法产品。

创新型企业加速培育。凸显高质量发展动能，形成双创团队、在孵企业、高新技术企业、专精特新企业、企业研发机构、小巨人（培育）企业、上市企业的企业成长链。一是初创企业。2023 年“创·在上海”国际创新创业大赛初赛，浦东赛区遴选推荐 1479 个项目参与市赛，46 家企业入围国赛，6 家企业晋级总决赛，4 家企业获全国创新 50 强，3 家企业获得名次，这些企业均为浦东硬核科技企业。二是在孵企业。浦东现有在孵企业（团队）近4000家，七牛云、君实生物等一批出自孵化器的明星企业成为浦东创新发展的代表。三是专精特新企业。目前市级专精特新中小企业有2077家，国家专精特新“小巨人”企业有175家。四是高新技术企业。自2019年高企事权下放以来，至2023年，浦东新区有效期内高企达4922家，是2018年的2.22倍，占市比稳定在1/5，高企工业总产值占全区工业总产值稳定在40%。五是企业研发机构、科技“小巨人”(培育)。国家级、市级和区级企业研发机构有844家，外资研发中心有265家，科技“小巨人”(培育)有725家，共占全市25%。六是上市企业。科创板上市企业有50家，占全市55%。

科创载体建设扎实推进。构筑全链条、全生命周期的创新孵化体系，打造热带雨林式的创新生态。一是发布实施大企业开放创新中心计划，引导行业领军企业发挥其创新资源和全球创新网络优势，集聚、培育、孵化中小科技企业。目前已有90家授牌，赋能企业总量超3000家。二是创新型孵化器。浦东创新型孵化器依据管理办法，有进有出、动态调整，截至2023年存量创新型孵化器194家，孵化面积超152万平方米，其中国家级科技企业孵化器和众创空间有39家，市级有100家。三是科技企业加速器。科技企业加速器是为科技企业加速成长服务、培育高成长性企业的载体组织。从2019年启动科技企业加速器登记以来，目前共登记加速器7家。四是自贸区离岸基地。国家海外人才离岸创新创业基地是面向海外人才，具有引才引智、创业孵化、专业服务保障等功能的国际化、综合性创业平台，由市科协和浦东共同建设。截至目前，基地已有合作空间22家、合作伙伴35家、合作机构51家；形成以“海创汇”为主导的“1 + N”的品牌活动体系，共有来自39个国家和地区近4400个项目参与其中。

# 坚持创新驱动、功能带动　加快构建现代产业体系

浦东始终坚持“高科技先行战略”，以科技创新为引领，加快核心技术攻关，促进传统产业转型升级，加快培育世界级高端产业集群，已初步构建形成以三大先导产业为引领、六大硬核产业为支撑、新动能不断涌现的3+6+X的现代产业体系。新区工业总产值从2012年的9226亿元提升至2023年的13660亿元，占全市比重从2012年的27.8%提升至2023年的34.67%。战略性新兴产业制造业产值从2012年的2407.77亿元提升至2023年的7358亿元，占新区工业总产值比重从26.1%提升至53.9%。

三大先导产业向世界级产业集群加速迈进。集成电路产业稳步推进，构建形成了从EDA基础软件、核心产品设计、先进制造封测到装备材料的全链条产业体系。通过中芯、华虹等一批重大项目建设，以及张江实验室、国家集成电路创新中心等一系列重要创新平台的推进，以上海集成电路设计产业园为牵引，全力打造国际顶尖的综合性集成电路产业集群。2023年，浦东新区集成电路销售收入达2464亿元、约占全市的75%。生物医药产业持续突破，构建形成了从靶点发现、药物筛选、临床研究、中试放大、注册认证到量产上市等全周期创新高地。2012至2023年，累计获批Ⅰ类新药21个，诞生全国15%的原创新药和10%的医疗器械。至2023年，浦东新区集聚了11000多家生物医药企业，产业规模达3782亿元、约占全市的40%，成为浦东最具特色、最具优势的产业之一。人工智能产业蓬勃发展，构建形成了基础研究、创新孵化、品牌集聚、制度支撑的全要素生态优势。至2023年，新区人工智能企业约600家，企业数量占约占全市的1/3，产业规模达1477亿元、约占全市的40%。浦东建设全国首个人工智能创新应用先导区，以深厚

国产大飞机 C919 成功试飞

的产业积淀、全球创新资源、强大的配套支持，为人工智能发展打造了一片沃土。

高端装备产业集聚引领功能不断显现。国产大飞机取得新突破，C919 大型客机开启商业载客，民用航空预计全年可超过 120 亿元规模。船舶制造跻身国际一流，国内首制邮轮爱达魔都号实现商业运营，全球最大江海联运型 LNG 船、全球最大 24000TEU 超大型集装箱船签字交付。新能源、智能网联汽车高速发展，特斯拉超级工厂本土化率超过 95%，成为特斯拉全球主要汽车出口中心；“智己汽车”落户张江并量产交付，新能源汽车出口量占全国总量超五成；金桥智能网联汽车开放测试道路正式获批，成为国内首条中心城区自动驾驶开放测试道路，开放自动驾驶测试道路超过 570 公里。

产业新赛道抢先布局。重点布局未来信息、未来健康、未来智能、未来能源、未来空间等 5 大领域 15 个细分赛道，积极谋划张江基因岛、金谷智能终端基地、张江机器人谷、外高桥智能制造等新赛道特色产业园区，抢占产业地标，其中，细胞基因治疗、合成生物、元宇宙、数据交易等多个赛道布局在规模上已初见雏形。

## 不断探索改革创新　全力推进国际一流科学城建设

2017 年 7 月，市政府正式批复同意《张江科学城建设规划》，其总面积为 95 平方公里。2018 年 2 月，《张江科学城规划实施行动方案》正式发布，明确提出要“以国际标准规划建设张江科学城”“以科学特征明显、科技要素集聚、环境人文生态、充满创新活力为理念推进张江科学城规划实施”“力争到 2020 年，初步建成世界一流的张江科学城基本框架”。张江科学城从“高科技园”起步开始，由此实现了从“园区”到“城区”的转变。2017 年《张江科学城建设规划》出台后，张江随即启动了“五个一批”重点项目的推进建设，以进一步加快张江科学城建设规划落地实施，包括一批大科学设施、一批创新转化平台、一批城市功能项目、一批设施生态项目、一批产业提升项目，迄今已经实施四轮、总计 339 个项目，总投资 5000 亿元。

张江科学城“科学之门”

2020 年 5 月 1 日，《上海市推进科技创新中心建设条例》施行，进一步明确了张江科学城、张江综合性国家科学中心、张江国家自主创新示范区的功能定位和建设目标。2021 年，市政府印发了《上海市张江科学城发展“十四五”规划》，张江科学城扩区提质，面积扩大至 220 平方公里。几年来，张江科学城紧紧围绕科技创新策源功能，不断探索改革创新，推动产业集聚发展，加快重大科创项目建设，全力提升集中度和显示度，坚持产城融合发展。至 2023 年年底，科学城完成规模以上工业总产值 3562 亿元，占新区工业总产值的 1/4 以上。

坚持深化改革，已建设成为治理体系创新的开拓之城。科学城不断深化体制机制改革，加强政策制度创新，推进城市治理现代化，探索形成了一套符合科技创新和产业变革的制度体系。比如率先践行全面创新改革试验，颁发了首张外国人永久居留身份证，率先试点药品上市许可持有人制度、医疗器械注册人制度，率先试点外籍人才口岸签证、外国毕业生就业等政策。依托浦东高水平改革开放，形成“1 + 1 + X”政策创新体系，发布了“张江科学城十四五创新发展 20 条”，引领核心技术新突破、发展产业新集群。

坚持自立自强，成为策源能力卓越的创新之城。科学城科学特征日益明显，“从 0 到 1”的原始创新持续增加，张江综合性国家科学中心集中度和显示度不断提升。重大科技基础设施集群化发展，已初步形成我国乃至世界上规模最大、种类最全、综合能力最强的光子大科学设施集群。高水平科技创新机构加快集聚，一批高质量的研究型大学和顶尖的科研机构相继落户张江。一批重大战略科技任务有力实施，C919 飞上蓝天，ARJ21 飞机实现商业运营，“墨子号”量子卫星、“九章二号”量子计算机原型机等相继问世。

坚持聚焦主导，已建设成为产业蓬勃发展的奋进之城。科学城已汇聚了约2.3万家企业、1800家高新技术企业、179家外资研发中心，企业总营收突破万亿，呈现年均10%以上的高增长态势。集成电路产业创新优势加速显现，全球芯片设计10强中的7家在张江设立了区域总部、研发中心。生物医药产业研发创新能力不断提升，全球医药10强有7家入驻张江，全球医药20强有9家在张江设立开放式创新中心。人工智能产业生态圈加速形成，已成为顶尖AI巨头集聚地。

坚持服务科创，已建设成为创新生态优良的梦想之城。科学城科技服务体系日趋完善，创新创业载体建设成效显著，形成了“众创空间＋创业苗圃＋孵化器＋加速器”的创新孵化链条，是上海市双创载体集聚度最高的区域。大中小企业融通创新格局初步建立，金融对科技创新的支撑不断增强，知识产权战略布局稳步开展，成为首批国家知识产权示范园区，建成首家中国知识产权保护中心、首批国家知识产权运营公共服务平台国际运营（上海）试点平台、首个面向关键核心技术自主可控的专利联盟。

坚持人民城市，已建设成为城市功能完善的宜居之城。科学城产城融合进一步深化，城市副中心建设有序推进，高品质公共服务、地标性城市建筑等加快布局。服务功能更趋完善，作为全市唯一以科创为特点的市级城市副中心，商业、休闲、文体、教育、医疗等布局不断完善，生活品质不断提高。人才保障更加充分，构建多层次人才公寓保障体系。城市活力更加凸显，“科学之门”、张江科学会堂等地标性建筑拔地而起，科学城将打造成为开放、多元、充满活力和富有特色的城市公共活动中心区。

新时代以来，习近平总书记多次到浦东考察指导工作，为浦东的发展明确了新方位、新定位、新路径。党中央赋予浦东开发开放新的使命和责任，把首个自由贸易试验区、首批综合性国家科学中心等一系列国家战略任务放在浦东，推动浦东开发开放不断展现新气象。2021 年，中共中央、国务院印发了《关于支持浦东高水平改革开放打造社会主义现代化建设引领区的意见》，要求浦东“挑最重担子、啃最硬骨头”，赋予了浦东更加任重道远的国家战略使命。我们坚信，未来的浦东将继续紧紧抓牢机遇、应势而上，努力建设成为“更高水平改革开放的开路先锋、自主创新发展的时代标杆、全球资源配置的功能高地、扩大国内需求的典范引领、现代城市治理的示范样板”，为改革开放和社会主义现代化建设提供最生动的实践写照。

# 三区联动　创新赋能　打造上海科创中心重要策源地的“大零号湾”

【口述前记】

赵亮，1980年1月生。2018年至2021年任上海市杨浦区副区长。2021年9月起，任上海市闵行区委常委、副区长。

口述：赵亮

采访：汤建英、何文滨

整理：胡俊颖、张凯

时间：2024 年 3 月 1 日

2023 年，“大零号湾”科技创新策源功能区成为上海国际科创中心建设东、西、南、北四大创新格局之一，建设提速发力，发展日新月异。从曾经的“闵大荒”，到如今的科创热土，“大零号湾”的蝶变是闵行转型升级的一个缩影。虽然我在闵行工作时间不长，但经历见证了“大零号湾”发展蝶变的重要时刻。重述这段历史，我觉得很有意义，将更好地指引我们把“大零号湾”打造成为上海建设具有全球影响力科技创新中心的重要承载区、闵行推动高水平科技自立自强和高端产业创新发展的核心功能区。

## 创新三区联动发展

早在 2007 年，时任上海市委书记习近平在考察闵行时就提出，要围绕服务国家战略，增强自主创新能力，推动校区、园区、城区三区联动发展。2014 年，习近平总书记考察上海时又提出“加快向具有全球影响力的科技创新中心进军”，对上海国际科创中心建设亲自擘画、寄予厚望。

面对总书记的殷殷期望，我们认为，上海建设国际科创中心，未来要走的路不应再是“跟随”，而是“引领”，需要围绕高水平研究型大学，打造能够培育未来产业技术的土壤，构建开放的创新创业生态体系，将高校科研成果与产业转化更有效地衔接。这件事情意义重大，不管是政府、大学，还是某一家企业，都不可能单独做，必须要有新的协作机制。

事实上，闵行南部这块一度被称为“闵大荒”的区域，创新资源是极其丰富的。当时，紫竹高新区集聚了英特尔、微软、晟碟半导体等一批以高水平和新技术为主导的国际著名企业，上海交大、华东师大、航天八院等一批全国科研实力领先的高校院所，上海电气集团、上海地产集团等一批央企、国企。

科创源头，“源”在校园。2015 年之前，想在大学附近给学校科研项目的成果转化找一块办公场地并不容易。变化发生在 2015 年 4 月。在中办国办印发《关于深化体制机制改革加快实施创新驱动发展战略的若干意见》的背景下，在市委、市政府的关心指导下，闵行区政府、上海交大、上海地产集团签署合作备忘录，开启了零号湾全球创新创业集聚区的合作之路。在这个名字中，“零号”既体现了与学校零距离开始创新创业的目标，又蕴含了科技成果转化“从 0 到 1”的过程；“湾”则显示了位于“浦江第一湾”的地理位置。我们是这样认为的，“如果不放到全球产业体系中、不是以成为全球科技创新体系的重要枢纽为目标，是不会有可持续的结果的”。

2015 年 6 月，在距离上海交大闵行校区一路之隔的一栋 5 万平方米商务楼内，“零号湾”正式诞生，最初共有 29 支创业团队入驻。“零号湾”以上海沧源科技园的转型发展区块为核心区域，以创业加速器和接力园及人才公寓等创业服务支撑体系为配套区域，重点培育和孵化科技型创业企业，吸引和凝聚国内外创新创业资源，助力上海建设成为具有全球影响力的科技创新中心。到 2018 年，“零号湾”一期入驻项目超过 560 个，设立企业超过 400 家，在孵企业超过 420 家，大部分是上海交大校友、师生创业企业，可以说是成功开辟了一条从实验室到市场的成果转化通道。

2019 年，时任上海市委书记李强在闵行调研时指出，要进一步把大学科技园做大做强。据此，闵行决心将“零号湾”放大，立足环高校核心区域，发挥“高校院所聚集、科技成果密度高、产业承载能力强”的区位优势，拓展打造“大零号湾”。

经过不断发展，“大零号湾”先后获得国家发改委“国家首批双创示范基地”“科技成果转化专项改革试点单位”、科技部“国家科技成果转移转化示范区”、国家知识产权局“第一批国家知识产权强市建设示范城区”等荣誉，并入选科技部、教育部“未来产业科技园建设试点”名单，成为具有完整创业服务平台和成长培育生态体系的科创集聚区。到2023年，“大零号湾”已建成投用高能级科创载体18个，入驻硬科技企业4000余家，一大批创新中心和成果项目相继落地，开放式科创街区初具规模。

2023年2月27日，上海正式发布《推进“大零号湾”科技创新策源功能区建设方案》，将“大零号湾”定位为世界级科创湾区，范围覆盖至上海交

“大零号湾”科创大厦

大、华东师大等高校周边17平方公里，可辐射周边闵行开发区、莘庄工业区、临港浦江国际科技城等区域，总面积约120平方公里。

为了学习十二届市委三次全会精神，推动“大零号湾”科技创新策源功能区高质量创新发展，2023年7月20日，闵行在七届区委七次全会上审议通过了《推动“大零号湾”科技创新策源功能区高质量创新发展的实施意见》，明确布局自主创新、成果转化、前沿产业、人才集聚、产城融合等5大方面20项重点任务。

从“零号湾”到“大零号湾”，不是简单地从一栋楼到一群楼、从几千平方米到17平方公里这一物理空间的扩大，而是从“创新平台”向“创新生态系统”的转变。目的是通过构建“政产学研金服用”一体化的协同创新体系，吸引高校、科研院所、科技领军企业、科技服务机构、金融机构等各类主体集聚，促进人才、技术、资金等要素自由流动、良性互动、融合发展，最终将“大零号湾”打造成为区域创新创业的“核爆点”。

## 发挥政府的引领性作用

“大零号湾”是闵行推动高质量发展的重要区域，是闵行落实上海国际科创中心建设战略的“关键一子”。我们通过找准校区、园区、城区“三区”功能定位，加快各类优势资源集聚、共享、整合，有力推动“大零号湾”科技创新功能布局落地。

自1987年首批上海交大本科生入驻闵行校区以来，上海交大、华东师大等高校先后扎根闵行、深耕闵行，闵行历届区委区政府以长远眼光、前瞻思考、全局谋划，用“舍得”（舍得出土地、舍得出资金、舍得给服务）二字，使闵行成为大院大所大校大企云集之地、创新创业人才集聚之地、创新成果竞相涌现之地。目前，闵行共有两院院士 73 名，约占全市总人数的四成；国家级、市级海外高层次人才近 1300 人，约占全市引进总量的 1/4；集聚 10 多家科研院所和战略科研单位、40 多家国家级科研平台、近 500 家研发机构（大部分集中在环上海交大、华东师大周边区域）。近十年，闵行累计获得国家科学技术奖 65 项、上海市科学技术奖 502 项，连续五年在上海市科学技术奖中获奖比例超 1/5。

“大零号湾”区域拥有紫竹高新区、闵行开发区、临港浦江国际科技城、莘庄工业区、马桥人工智能创新试验区等 3 个国家级和 2 个市级园区，产业承载能力强。近年来，闵行全区全社会研发经费支出占地区生产总值比例始终保持在 10%左右，保持全国、全市领先地位，陆续出台了先进制造业、现代服务业、科技创新、人才引育等一系列惠企政策，有效支撑了区域经济高质量发展。以紫竹高新区为例，自 2002 年成立至今，入驻企业从 4 家增长到 7000 余家，集聚微软、中航工业上电所、中国商飞等一批知名企业和研发机构，拥有跨国企业总部 7 家，累计培育上市企业 10 家、独角兽及潜在独角兽

紫竹高新区

企业各 9 家，有力推动闵行南部区域从传统工业向高科技领域加速转型升级。

长期以来，闵行始终坚持以产兴城、以城促产，在强服务、提品质、优环境等方面持续发力。通过城区功能的不断迭代完善，提供更为优质全面的教育医疗服务、高品质的文体设施和安居保障，打造“会客厅式”的人才服务，为更多成果转化和初创企业发展营造良好环境。目前已建成的途经闵行的轨道交通线路有 11 条、站点 55 座、总里程 92 公里；基础教育设施总量居全市第二，以七宝中学为代表的闵行教育全市知名；拥有医疗机构 589 所、三级医院 9 所，规划建设新虹桥国际医学中心；森林覆盖率达 18.8%，人均公园绿地面积 11 平方米，居于全市前列。

在推进“大零号湾”建设的过程中，我们还探索了一些新模式、新做法。

近期，闵行与上海交大、华东师大等高校签订了新一轮全面合作框架协议，设立了“大零号湾”区校合作专项资金，支持高校实施“基础研究先行区”试点；成立了“大零号湾”管委会，加强与上海交大、华东师大等高校，地产、电气、华谊、仪电等大企业集团的联系，建立常态化对接机制；规划布局了“大零号湾”产业发展拓展区，承接核心区科技成果转化、产业化项目落地；制定了“大零号湾”高质量创新发展重点工作安排，明确 2023—2025 年工作目标，分解 80 项重点工作，实现挂图作战、量化推进。

闵行将继续推进上海交大“转化医学国家重大科技基础设施”及华东师大“超限制造”等重大科研基础设施建设，积极争取国家和上海市重大基础科学设施的规划布局。围绕国家重点实验室重组建设，重点布局、高质量建设中国科学院分子细胞科学卓越创新中心核糖核酸功能与应用重点实验室（RISE）。上海交大正在建设国家集成电路学院，是全国首批建设的 15 家之一，依托电子信息与电气工程学院的学科优势，建设研发平台、培养人才，校外建设集成电路产学研协同创新平台，联合行业龙头企业建设研发中心，孵化技术和企业，赋能集成电路产业。

闵行发挥上海交大、华东师大等在海洋、健康、信息、能源、生态、光学、集成电路、超限制造、生物制药等领域的基础研究优势，支持高校、科研院所、企业承担国家级、省部级关键核心技术攻关任务。设立“大零号湾”关键核心技术攻关榜单，强化行业、企业出题机制，优化“揭榜挂帅”“赛马”等制度，支持区内企业与高校、科研机构合作，开展跨行业、跨领域、跨地域协同攻关，对榜单项目试点“里程碑”式管理。

闵行还建立重大原始创新协同研究机制，市经信委、闵行区政府、宁德时代、上海交大四方合作，布局建设宁德时代未来能源研究院，远期建成全球未来能源创新中心。构建区域联动发展机制，推进“大零号湾孵化 + 马桥人工智能创新试验区制造”战略联动实施，合力承接高校创新成果溢出和产业化落地。畅通成果转化项目导出机制，与上海交大合作成立合资公司“上海大零号湾科技发展有限公司”，与华东师大共建孵化器一期试运营，与电机学院共建转化平台形成合作方案。

## 不断优化科创生态环境

针对创新创业活力不足等问题，闵行以实现高质量创新发展为目标，建立健全利益共享机制，加快形成创新资源优化配置方式。

闵行正研究出台“大零号湾”专项政策，从创新策源能力提升、关键核心技术攻关、高质量孵化器与园区建设、创新人才集聚、激活创新主体活力等五个方面进行重点支持。闵行区科委也已整体搬迁至“大零号湾”，与高校、企业实现“面对面”“门对门”。高校师生、校友在“大零号湾”创业蓬勃发展，如闵行区首家科创板上市企业柏楚电子，企业的 5 位毕业于上海交大的“80”后创始人始终扎根“大零号湾”区域，2023年又与上海交大签署合作协议，围绕高端激光制造领域的基础学科研究展开深度合作。

闵行加快建设“大零号湾”金融港，首批29家基金和金融机构已经入驻。与银河创新等社会资本方合作发起设立“大零号湾”创投基金，规模达1亿元，基金定位“投早、投小、投硬科技”。筹备“大零号湾”科技产业基金，基金规模达10亿元。成立“大零号湾”科创金融联盟，基金规模超200亿元，引导聚焦重点领域开展投资，形成从创业扶持到天使投资、风险投资、股权投资的金融加速支撑体系，建立健全风险共担、利益共享机制。

闵行建成华谊万创·新所、龙湖淡水河畔等约74万平方米的科创载体，“大零号湾”国际智能医疗创新中心、“大零号湾”成果转化中心等科创载体建设项目开工，宁德时代未来能源研究院、佳通夏日创园、宏润上海科创中心、国盛闵行健康智谷等载体建设有序推进，目前在建载体约70万平方米。推动电气轴承厂等地块转型，计划打造成为集五星级酒店、高端商务、住宅、办公为一体的科创社区。紫竹国际教育园区、龙湖天街商业综合体、白金汉爵酒店、新黄浦人才公寓、“大零号湾”图书馆、闵行科创公园、乐动力闵行体育中心、“大零号湾”文化艺术中心启用。

闵行降低优秀外籍毕业生入境门槛，率先推进外国人工作居留许可，设立“大零号湾”人才引进专项资金，实施全球引才三年行动计划，加快引进海内外高层次人才。建立春申金字“大零号湾”高校优秀人才培育制度，支持优秀青年人才在“大零号湾”区域创新创业，加快技术转移人才队伍建设。做强上海市海聚英才创新创业示范基地，发挥留学人员创业园作用，做优春申金字塔人才学院，鼓励合作共建人才孵化器。打造“大零号湾”国际人才会客厅，建立重点人才分层分类联系服务机制，深化人才服务全周期管理。提高人才购房补贴标准，加大人才公寓筹措力度。

## 目标成为世界级“科创湾区”

我们计划，经过10年以上持续建设和发展，到2035年，“大零号湾”形成与黄浦江沿线外滩、陆家嘴、北外滩、前滩等区域错位发展新格局；原始创新能力显著增强，科技成果转化效能明显提高，“硬科技”创新创业活力持续迸发，高科技企业加速集聚，新兴产业规模持续增长，打造成为世界级“科创湾区”之一。

为了进一步抢抓机遇、放大优势，根据市委、市政府统一部署，闵行在市科委等部门的指导下，与上海交大、华东师大等高校共同推进“大零号湾”科技创新策源功能区建设，加快将“施工图”转化成“实景画”。

在产业布局上，围绕区域优势重点产业，打造高端装备、生物医药、人工智能等千亿级新兴产业集群。瞄准未来赛道，积极开展未来产业科技园建设试点，加快培育未来能源和智能机器人产业。在空间规划上，建成从研发到产业化的科创载体，配套布局国际人才会客厅、科创服务大厅等，让科创企业在发展的各个阶段都能找到合适的空间。

大力推进校区、园区、城区“三区联动”，围绕高校资源溢出，与高校建立常态化合作机制，全力服务校内原创性、引领性科技攻关成果在闵行转化落地。同时，进一步整合知识产权、市场监管、税务、人才等方面的政务资源，提供全天候、一站式的科创服务。

树立科技创新全链条观念，加快推动形成科学家敢干、资本敢投、企业敢闯、政府敢支持的创新资源优化配置方式。争取到“十四五”规划末，“大零号湾”金融联盟集聚基金规模超300亿元，推动“科技—产业—金融”良性循环。设立“大零号湾”专项发展资金，重点支持创新策源、金融服务、环境优化等方面。同时，引入社会资金进行存量地块改造和成片开发，争取在“大零号湾”投入千亿资金。

打造开放式科创街区，形成开放包容的科创氛围。聚焦企业、人才所需所求，加快建设体育公园、闵行职业技术学院，未来3年新增5000套以上人才公寓，和上海交大、华东师大共建基础教育园区，积极筹划建设一家研究型医院。

科技创新是上海现代化建设的关键。我们将按照市委、市政府的决策部署，奋勇争先、苦干实干，举全区之力推进国家战略取得新突破，为上海加快向具有全球影响力的科技创新中心迈进、加快建成社会主义现代化国际大都市积极贡献闵行力量。

# 坚持创新破解发展难题的“杨浦实践”

【口述前记】

薛侃，1972 年 7 月生。曾任福建省委办公厅副主任，福建省福州市委常委、秘书长，福建省福州市委常委、鼓楼区委书记，福建省委改革办常务副主任（省委财经办副主任）。2019 年 12 月，任上海市杨浦区委副书记、副区长、代理区长；2020 年 1 月，任上海市杨浦区委副书记、区长。2023 年 4 月，任上海市杨浦区委书记、区长。2023 年 5 月起，任上海市杨浦区委书记。

口述：薛侃
采访：黄伟一、刘菲菲
整理：刘菲菲
时间：2024 年 1 月

2024 年是习近平总书记考察上海提出“上海要努力在推进科技创新、实施创新驱动发展战略方面走在全国前头、走在世界前列，加快向具有全球影响力的科技创新中心进军”重要要求的十周年。回望来路，这是上海发展波澜壮阔的十年，也是杨浦创新发展硕果累累的十年。

## 创新启航，风起于微澜之间

上海的科技创新走过了飞速发展的十年，而对杨浦来说，这个时间还要追溯到更远。

2003 年，市委、市政府作出建设杨浦知识创新区的重大决策，激活了杨浦的创新基因，在 60.61 平方公里的土地上勃发出盎然生机。在时任上海市市长韩正的关心下，2004 年 5 月，《杨浦知识创新区发展规划纲要》获得市政府批复，明确提出大学校区、科技园区、公共社区的“三区融合、联动发展”核心理念。这标志着杨浦的发展建设有了新的功能定位和发展方向。

城区功能从“传统工业”向“知识创新”转变，是一个复杂的系统再造过程，是经济发展方式、城区发展模式的根本性转变，是对现有城区结构、城区形态的一场革命性调整。区委提出，“三区联动”，政府要主动，“服务高校就是服务杨浦、发展高校就是发展杨浦”，走出一条由“传统工业杨浦”到

“知识创新杨浦”的转型之路，为区域发展找到了新的动力和新的路径，实现了传统工业城区的创新突围。

2010年1月，杨浦区被科技部命名为上海唯一的全国首批国家创新型试点城区。2011年8月24日，上海市推进杨浦国家创新型试点城区建设联席会议第一次会议召开，会议审议并通过《落实〈关于推进杨浦国家创新型试点城区建设的指导意见〉的配套措施》。2015年5月，杨浦被确定为上海建设具有全球有影响力的科技创新中心的重要承载区；2016年5月，成为全国首批、上海唯一的全国大众创业万众创新区域示范基地；2017年9月15日至21日，全国双创活动周全国主会场活动在杨浦长阳创谷举办，时任国务院总理李克强发来贺信，时任国务院副总理张高丽出席启动仪式并作讲话。2018年4月11日，李克强到长阳创谷考察，对杨浦推动新旧动能转换、培育创新生态系统成效给予充分肯定，要求以“长阳创谷”为标杆建设“世界级创谷”。

特别是2019年11月2日，习近平总书记考察杨浦滨江，充分肯定杨浦走创新转型之路，把“工业锈带”变成“生活秀带”的做法，鲜明提出了“人民城市人民建，人民城市为人民”重要理念，为深入推进人民城市建设指明了前进方向、提供了根本遵循。习近平总书记考察杨浦并提出人民城市理念，是对杨浦创新发展道路的最大肯定，也是对杨浦创新发展的蓝图擘画、路径点化，标志着杨浦创新发展进入了深入贯彻新发展理念、加快构建新发展格局，从量的增长全面迈向质的飞跃的新阶段。

如今的杨浦成为国家创新型城区、上海科创中心重要承载区、“科创中国”试点城区、创新驱动示范区和全国双创示范基地。2015年以来，杨浦区先后七年承办了全国“双创”活动周上海分会场活动。2023年，杨浦战略性新兴产业集群发展获得国务院督查激励，双创示范基地建设更是5次获得表彰。

2019 年 11 月 15—21 日，2019 全球创业周中国站暨“创响中国”长三角联盟站活动在上海国际时尚中心举行

## 三区联动，转化为鲜活实践

如果要深入感受杨浦转型发展的生动实践，那一定要来大学路。全长只有 700 米的大学路，是杨浦极具代表性的一条路，可以说与区域转型发展深度关联。这个关联主要体现在三个方面：一是时间上高度重合。大学路建设于 2003 年，因转型而生，因创新而兴。20 多年来，一条路与一座城共同走过一段非凡的历程。可以说，这条路是杨浦转型发展的最佳见证。二是过程上高度贴合。大学路的前身，是上海城建局的一家机修厂，还有一些企业的仓库。经过 20 多年的发展，大学路实现了从“工业街区”到如今的“科创街区”的转型。可以说，这条路是“工业杨浦”到“创新杨浦”转型的最生动缩影。三是内涵上高度吻合。大学校区、科技园区、公共社区“三区联动”

的理念，是杨浦20多年转型发展始终坚持的发展理念。这条大学路，一头连接复旦、财大等高校，一头连接创智天地等园区，中间就是创智坊居民社区，校区、园区、社区三区共生共荣，相互影响、相互成就。可以说，这条路是“三区联动”发展理念的最完美诠释。

现在这里又迎来了更大的创新机遇。2024年1月2日，由丘成桐院士担任首任理事长的上海数学与交叉学科研究院落户杨浦。这个研究院属于新型研发机构，开展数学与交叉科学研究、人才引进与培养、国际学术交流等活动，致力于在基础数学理论和应用研究方面取得重大原创成果，助力解决我国战略领域“卡脖子”问题，引领高端产业创新发展。

其实，不只是上海数学与交叉学科研究院青睐大学路的科创“浓香”，香港中文大学也对这里情有独钟，不久前也将港中大上海中心落地大学路。未来的港中大上海中心，既是港中大在上海的教学点，也是港中大科技成果孵

上海五角场创新创业学院在大学路落成

化转化的重要平台，将依托港中大遗传学、基因学和精准医学、信息与自动化技术等优势学科及领域，聚焦杨浦区人工智能、生命健康、数字经济、智能制造等重点产业，吸引港中大的优秀科研成果在杨浦落地。

700 米的大学路，见证了杨浦 20 多年来的创新转型之路。随着一大批高能级平台、高品质企业的落地，未来这里还将焕发新的光彩。

## 接续奋斗，创新发展再出发

敢蹚别人没走过的路，才能收获别样风景；敢拓前辈没啃过的荒，才能开辟新的空间。回想杨浦这些年的探索，我常常感慨“前辈们当时有胆识、有魄力，开启了杨浦的科创之路”。作为接棒者，我一刻不敢忘记这份初心，必须坚定不移举创新旗、走创新路、打创新牌，在提升创新“四力”上出实招、求实效，奋力推进创新发展再出发。

一是全过程增强科技创新策源力。充分发挥杨浦科教资源优势，全面深化大学校区、科技园区、公共社区“三区联动”新内涵，开拓学城、产城、创城“三城融合”新路径，从疏通创新源头、加速创新过程、强化创新体系着手，加快形成“从 0 到 10”“从 10 到 0”双向畅通、循环加速的创新闭环。全力当好重大科技创新的“后勤部长”和“战略合伙人”，提供必要的空间载体、人才服务、政策匹配，助力在地高校院所强化基础研究、原始创新功能，建设“基础研究特区”，构筑原始创新高地。持续提高创新成果承接转化能力，率先建成一批高质量孵化器、新型研发机构和大学科技园示范园，使高校企业科技成果加速转化为生产力，让优质的科创资源更充分赋能区域发展。目前，区内已集聚市级以上孵化器 10 家，其中国家级 5 家，综合服务能力和成效位居全市第二位。

二是全方位提升创新产业竞争力。主动顺应科技创新范式变革和产业变革大趋势，打造人无我有、人有我优、人优我特的杨浦创新型经济矩阵。我们将聚焦塑造高端产业引领功能，构建以数字经济为一个核心主导，以“智能 +”“互联网 +”为两个重点方向，在线新经济、智能制造、创意设计三大千亿级产业集群蓬勃发展，科技服务、人工智能、生命健康、绿色低碳四大新兴领域前瞻布局的“1 + 2 + 3 + 4”创新型现代化产业体系，努力培育更多具有标杆示范意义的一流企业，通过全周期、精准化服务扶持，更好促进独角兽、隐形冠军、“专精特新”等高增长企业发展壮大。全区已集聚美团、抖音、达达、哔哩哔哩等一批数字经济领军企业，2023 年数字经济营收超过 2600 亿元，约占全市的六分之一、中心城区的三分之一。

三是全要素激发创新生态生长力。创新生态好，各类创新要素才能高效配置，各类创新主体才能茁壮成长。我们大力培育生命力旺盛、根植力强大的“热带雨林”式创新生态，让创新的“关键变量”转化为发展的“最大增量”。在壮大人才要素方面，以打造“人才秀带”品牌为统领，持续打好“引”“育”“管”“用”的组合拳，在全市率先落地实施并持续优化区级海外引才“3310”政策，每年设置 6000 万元资金，提供“全链条、一对一、个性化 + 专业化”服务，全力推进高水平人才高地核心区建设。在汇聚技术要素方面，主动服务建设全球技术交易枢纽的重大任务，大力支持上海技术交易所做大做强，推动技术要素在更大范围内高速流动、高效配置。2023 年，上海技术交易所进场成果数为 4570 个，交易金额为 188.1 亿元，全区高价值发明专利拥有量达 7413 件，居中心城区第二。在激活金融要素方面，全力服务上海科创金融改革试验区建设，构建覆盖科技创新全过程的金融支持体系，推出上海首个创新创业企业信用赋能服务平台——信易贷综合服务平台，推动“科技—产业—金融”良性循环，更好地催熟技术成果、支持初创企业、培育新兴产业。

四是全领域彰显创新环境吸引力。一手抓好“软环境”建设，坚持以转变政府职能为突破，着力构建高效便捷的政务服务体系、公平竞争的市场环境，深入实施区优化营商环境6.0版改革方案，落实好4方面、40项、共160条措施，让各类创新主体顺心办事、安心经营、放心扎根。一手抓好“硬环境”建设，加快完善城区创新功能布局、建设环高校国际创新社区、塑造创新友好型公共空间，深入推进大学路“科创街区”建设，与高校联手打造更多兼具烟火气和书卷气、人文景和科技流、时尚风和国际范的创新生活街区、创新生态社区，为各类创新主体提供更高品质的工作生活空间。比如，曾经是上海第一批“两万户”工人新村的228街坊，经过城市更新，焕新成为留存历史与记忆、传承光荣与梦想，集生活、商业、文化和休闲等公共服务于一体的创新生态社区，是住建部推荐参评2023年联合国人居奖的国内唯一项目。

## 守正创新，全面焕发“一股劲”

一代又一代杨浦人，传承发扬劳模精神，干出了“工业杨浦”的辉煌，干出了“创新杨浦”的新生，也形成了以“敢于创新、敢于争先、敢于攻坚、敢于担当”的“四敢精神”为内核的杨浦“一股劲”。“这股劲”与中央、市委提倡的党员干部要敢闯敢试、善作善成的要求一脉相承，是杨浦干部队伍独特的精神特质和宝贵财富，也是杨浦在未来始终走在前列、勇立潮头的底气和保证。

踏上新征程，我们要实现创新发展再出发，最根本的还是人的再出发，仍然迫切需要那股敢于创新、敢于争先、敢于攻坚、敢于担当的拼劲、闯劲、钻劲、韧劲。为此，我们把“重振杨浦‘一股劲’”作为当前和今后的一项重点工作，不断增强全面从严治党的政治定力，加强干部专业化能力锻炼，提升各级干部推动高质量发展、服务人民群众、防范化解风险本领，以干部的新气象、新作为，为杨浦新一轮创新发展注入新动力，为书写中国式现代化建设上海新篇章作出新贡献。

# 上海科创中心建设的“徐汇范例”

【口述前记】

曹立强，1966 年 5 月生。曾任上海市闸北区委常委、副区长，虹口区委副书记、区长，普陀区委书记等职。2021 年 8 月起，任中共上海市徐汇区委书记。

口述：曹立强

采访：项鼎、杨乾丰、邢琪

整理：邢琪

时间：2024 年 4 月 30 日

徐汇区得名于明代科学家徐光启，是中国近代科学思想和文化的发源地，有着天然的科创基因。我 2021 年 8 月到徐汇工作，最大的感受就是这里的创新要素集聚、创新氛围浓厚，科技创新的整体生态非常好。徐汇有着 160 多个国家级、市级科研机构和平台，124 名两院院士在这里工作和生活，还有 1000 多位各领域高层次人才共同创新创造，是一座非常宝贵的“富矿”。到徐汇后，我坚持创新驱动发展重大战略，把徐汇的科创优势进一步放大、用好，大力引进浦江实验室、浦芯研究院、期智研究院等国家级和各类新型研发机构，大力发展新质生产力，加速推动科技成果转化为现实生产力，以高水平科技创新推动高质量发展。

## 服务服从国家重大战略

徐汇科创发展是上海建设国际科创中心的一个生动缩影。一直以来，我们坚决服务服从国家重大战略，围绕全国、全市科创工作大局，谋划和推动区域科创发展。简要回顾整个历程，应该讲有四个比较重要的节点：

第一个节点是 2007 年，时任上海市委书记的习近平同志考察漕河泾开发区，充分肯定漕河泾开发区的科技创新成就，表示“成果很大、不容易”，并提出徐汇有基础、有条件率先突破，为加快建设创新型城市作出新贡献。

第二个节点是2014年，习近平总书记作出“加快向具有全球影响力的科技创新中心进军”的重要指示。2015年，漕河泾开发区被市委、市政府确定为上海建设具有全球影响力的科技创新中心重要承载区，同张江核心区、紫竹、杨浦、嘉定和临港一起支撑上海国际科创中心建设。

第三个节点是2018年，徐汇承办了首届世界人工智能大会。这在当时影响是很大的，习近平主席发来贺信，勉励我们继续推进人工智能发展，极大地振奋了我们的信心。我们牢记习近平总书记的嘱托，推动人工智能实现跨越式发展。

第四个节点是2023年，习近平总书记在党的二十大后首次考察上海，对上海提出了“以科技创新为引领”的更高要求，为我们在新时代推进科技创新指明了前进方向、注入了新的动力。

十年来，我们始终把打造国际科技创新中心重要承载区作为主要的工作抓手。习近平总书记立足党和国家事业全局，为上海亲自谋划了建设国际科

漕河泾开发区

技创新中心的重大战略，和国际经济、金融、贸易、航运中心一同构成了上海城市的总体定位。徐汇创新生态好、创新氛围足，在服务科创中心建设上必须当仁不让、勇当先锋。从1984年漕河泾新兴技术开发区成立开始，我们就一直着力打造良好的创新生态和产业生态，推动产业创新和科技创新的深度融合，这也是我们打造科创中心重要承载区的底气所在。

1984年，市政府提出要利用上海的科技优势、人才优势，建设中国的微电子工业区，当年就选址在了徐汇的漕河泾地区，1986年破土动工，1988年扩建为漕河泾新兴技术开发区，并获批国家级经济技术开发区和高新技术产业开发区，是当时全国唯一一个同时具有双重功能的开发区。今年是漕开发成立40周年，我们也正是以漕开发为核心，开始在全区布局各个创新“核爆点”，形成了现在重要承载区建设的初步架构。当时主要从两方面来布局：

一个是空间上，具体的架构是打造“两极两带”的创新发展新格局。“两极”是漕河泾信息技术产业创新极和枫林生命健康产业创新极。漕河泾信息技术产业创新极以漕河泾开发区为核心，打造以新一代信息技术为先导、信息技术应用为支撑、人工智能为核心的信息技术集群。枫林生命健康产业创新极重点聚焦创新药物、高附加值医疗器械、高端医疗和临床研发服务等领域。“两带”是滨江创新创意带和漕河泾—华泾创新创业带。当时在徐汇滨江规划了350万平方米创新创意载体，以科技创新为主导，文化创意和创新金融融合发展。同时，以地铁15号线为线，串联起漕河泾—华泾创新创业带，推动存量载体改造、业态调整和路网建设，让产业园区、老厂房腾换空间，为创新创业发展预留空间，形成多层次、梯度化的产城融合发展。

另一个是产业上，除了数字经济、生命健康、文化创意、科创金融外，我们还重点抓科技服务业，进一步促进科技和经济的深度融合。当时主要打“五张牌”。第一张牌是科技服务产业牌。大力推动研发服务、知识产权服务、创业孵化、检验检测等行业集聚发展，引进和培育一批科技服务龙头企业，打造产业链生态。第二张牌是知识产权牌。主要是依托漕河泾国家知识产权服务业集聚发展示范区的建设，促进知识产权服务业专业化、集聚化发展。第三张牌是协同创新牌。推动高校、科研院所整合并开放科研资源，面向市场提供专业化研发服务，以企业为主导组建产业技术联盟、协同创新平台等，开展关键共性技术的研发和应用。第四张牌是改革创新牌。聚焦科技研发、技术转移、知识产权、科技金融等关键环节，系统集成、先行先试，不断促进科技成果加速转化。第五张牌是政策牌。研究出台专门针对科技服务业发展的专项政策措施，形成政策体系，优化政策环境，促进科技服务资源和机构向徐汇汇集。

## 把握“两条原则”推进科技创新

习近平总书记在黑龙江考察时首次提出“新质生产力”，强调要整合科技创新资源，引领发展战略性新兴产业和未来产业。从历史上看，每一次科技革命都会带来生产力的跃变。当前，我们正处在第四次科技革命爆发的前夕，习近平总书记提出“新质生产力”，意义是非常深刻的。我们学习理解，“新质生产力”的核心是以科技创新推动产业创新，在生产过程中不断优化生产要素，让科技创新与产业创新相互促进、相互融合，推动新技术培育新产业、新模式、新业态、新动能。在过去的实践中，我们也坚持一手抓科技创新、一手抓产业创新，推进产学研用的深度融合，不断提高科技成果转化和产业化水平。当中，坚守了两条原则。

第一条原则是一以贯之。我们始终紧跟国家重大战略，找准科技创新和产业创新的正确方向，结合自身的资源禀赋优势，一开始就抢风口，先形成领跑优势，再一以贯之地深耕相关领域，做大做强新增量。

最明显的一个例子，就是我们的人工智能产业。2017 年，国务院印发了《新一代人工智能发展规划》，2018 年，中央政治局围绕“人工智能发展现状和趋势”进行了集体学习。当时，我们就敏锐地意识到人工智能将是引领这一轮科技革命和产业变革的战略性技术，而徐汇在这方面是有基础、有优势的。我们有深耕近 40 年的微电子、集成电路等产业基础，又有中国科学院系统、上海交通大学等科研机构和大量的创新人才，应该在国家发展人工智能上扛旗帜、走在前面，这既是服务国家战略的需要，也是服务地区发展的需要。

2017 年，徐汇率先召开了全球（上海）人工智能创新峰会。2018 年，在市委、市政府的支持下，我们承办了首届世界人工智能大会。从那时起，我们就加快在人工智能产业上的全方位布局，制定《关于建设人工智能产业集聚区的实施意见》，努力构建“应用驱动、协同创新、产业集聚、生态培育、人才汇聚”的新一代人工智能“4 + 1”发展体系。这几年，我们又集聚了期智研究院、树图区块链研究院、微软亚洲研究院等一大批新型研发机构，浦江实验室也落户徐汇。同时，还集聚了阿里、腾讯、华为、小米、商汤、中电金信等龙头企业和一大批独角兽企业、创新型企业，形成覆盖基础层、技术层和应用层的企业集群。到 2023 年底，我们已经连续承办了六届世界人工智能大会，人工智能产业总产出达到 803 亿元，连续多年保持两位数增长。徐汇人工智能产业集群 2019 年作为上海唯一入选全国首批战略性新兴产业集群获国务院表彰，2023 年获国家发改委评价优秀。

我们在深耕人工智能产业的同时，时刻紧盯人工智能的最新前沿技术，大力发展大模型产业，打造产业发展的“第二曲线”。2023 年 8 月，在市委、市政府的指导下，仅用 38 天时间，市区共建了全国首个大模型生态社区——

上海“模速空间”大模型创新生态社区，目前已引育大模型企业 67 家，全区集聚 127 家，2024 年预计将达到 150 家规模，其中四批次通过大模型备案企业的有 15 家，占全市 60%以上。此外，我们还加快推进具身智能产业发展，相关企业已集聚了 100 多家，涵盖机器人本体、零部件、软件系统、芯片等主要产业链环节，正在加大力度布局全产业链。

第二个原则是全过程创新。只有完成了科技创新的整个过程，才是真正意义上的创新。我们坚持全过程创新的理念，重点抓好科技创新的三个阶段。第

模速空间内景

模速空间外景

一个阶段是从 0 到 1，就是基础研究阶段，徐汇大院大所大校大企大园多，科创人才多，我们主要的工作是做好服务保障和协同创新，帮助解决好各方面问题，让科学家们可以心无旁骛地开展科学研究。第二个阶段是从 1 到 10，这个阶段是创新不断加速的过程，在这个过程中，需要资本投入，风险共担。2021 年 9 月，我们成立了徐汇资本投资有限公司，注册资本为 200 亿元，是全市首个区级注册资本超百亿的国资创投平台，瞄准的方向就是科技创新，进行风险资本投资。第三个阶段是从 10 到 100、到 1000、到 10000，科创成果要从“实验室”走上“生产线”，创新才能有更大动力，我们努力打通转化、孵化、产业化的路径。转化方面，我们打造了首批 6 个“科创街区”，从原来的区域型 TTO（技术转移办公室），迭代成立区科技成果转化服务中心，加强和高校院所科研处的紧密衔接，对接梳理高价值的项目及需求，特别是找到适配徐汇产业发展需要的项目，跟进解决转化的堵点。孵化方面，在“六大街区”里面，我们建设首批 13 家高质量孵化器，通过建设高质量孵化器，承接科创成果转化溢出效应，这也是我们当前的一个工作重点。产业化方面，徐汇有 48 家工业、科技、文创等各类园区，我们正在进行统一布局，同时联动“五大战区”招商机制，更好承接孵化毕业的企业落地，为企业提供全生命周期服务，尽可能地把更多的好企业留在徐汇，让企业更好成长、深耕徐汇。

## 建强科技创新的支撑体系

科技创新离不开创新支撑体系的建设，这是一项长期性、基础性、战略性的工程。我们始终坚持以最大的耐心把环境做好、把服务做优，努力打通全链条科技创新。

比如，人才保障。人才是第一资源。徐汇把服务好人才作为推进科技创新的重要抓手，真金白银、真心实意、真抓实干地去做。第一个是人才政策，2014年，徐汇就发布了光启人才行动计划，通过这个计划把各部门政策中涉及人才的部分归拢到一起，这也是全市区级层面最早出台的品牌人才计划之一，后来又更新了两版，人才的感受度和满意度都很高。第二个是人才培养，2006年，徐汇就在考虑进行区级人才的培养。2013年开始了“光启人才”的推选工作，人才一经入选就可以有3年的培育期，区里给予项目扶持。2022年，我们给人才最直接的现金奖励，最高可以拿到50万元，今年的光启人才推选，将给用人单位更大的自主权，形成一套“组合拳”，为“好苗子”提供充足的养分，培育造就一批人才。比如，米哈游的刘伟、泰坦的谢应波、澜起的杨崇和等，都是从光启人才起步，现在成为国家级或市级的人才。另外，我们一直坚持“以赛引才”“以赛选才”，2023年举办了S创大会、“汇聚未来”创新创业大赛等活动，吸引了全球的创新创业人才。第三个是人才服务，我们始终坚持全周期服务的理念，大到公司上市、小到清洗空调，做到“有求必应、无事不扰”。特别是在人才安居上，2017年，徐汇在全市率先出台了一揽子人才安居政策，既有租房补贴，又有人才公寓配租，尽可能地帮人才特别是青年人才消除后顾之忧。近五年，已经累计发放区级人才租房补贴超1亿元，惠及人才近万名，筹措1万多套房源优先保障各类人才的需要。

比如，科创金融。金融是经济的血液，也是科技创新的重要保障。我们将科创金融作为徐汇的四大产业之一来推动发展，全力做大做强，推动金融赋能实体经济、赋能科技创新。2021年，我们成立了区金融办，2024年根据机构改革要求并入区商务委，前面也讲到挂牌成立徐汇资本，有力推动了科创金融产业的长足发展。近两年，徐汇区连续获评中央财政支持普惠金融示范区，普惠贷款增速30%，上市挂牌企业70家，在中心城区排第一。我们主要采取了两方面举措：一方面，是大力发展金融产业，吸引集聚包括红杉、IDG在内的一批金融头部机构，全国社保基金长三角基金也落户我们徐汇，全区1000多家股权投资机构总管理规模达1.5万亿元，为科技创新提供了强力的资金支持。另一方面，是投早投小投硬，徐汇资本直投9个项目共15.9亿元，包括商汤科技、联影医疗、无问芯穹、沈德无创时代等，在人工智能领域投资近14亿元，占80%以上。2023年，我们发起科创投基金，总规模达10亿元，聚焦生命健康、生物医药和AI大模型等前沿赛道。我们与复旦大学合作成立复旦科创母基金，构筑科技成果转化“生态圈”。今年，我们还将成立徐汇科创母基金，更好地带动社会资本一起投早投硬，促成“科技—产业—金融”的高水平循环。同时，还在“大模型”生态社区打造科创金融服务综合平台，集聚了近40家投资机构，依托这些PE/VC股权投资机构，银行、交易所、专业智库等，打造集融资对接、专业咨询、上市服务于一体的金融扶持科创的标杆。

再比如，知识产权。徐汇的知识产权服务业从传统代理型起步，集聚了大量的知识产权功能性平台，构建了完整的服务链条，使徐汇成为上海知识产权服务业比较发达的一个区域。2017年，上海商标审查协作中心、上海市知识产权服务中心、上海知识产权交易中心、上海市知识产权保护中心和上海市知识产权服务行业协会、上海市商标品牌协会等相继落户徐汇。目前，我们拥有160多家知识产权服务机构，涵盖从代理、信息、商用化到法律服务的知识产权服务全链条，其中22家有国家级资质称号，占全市同类机构的六成以上。我们还拥有全国首位知识产权领域的“千人计划”专家，以及各类领军人才93位，市知识产权局专家库160人，执业专利代理人500余人，占全市一半以上。我们的国际专利申请量位居中心城区第一，被评为国家知识产权强市建设示范城市（城区）和国家知识产权保护示范区建设城市

（地区）。

一直以来，我们把知识产权服务作为推动高质量发展的重要优势。一手抓政策体系，不断完善知识产权政策体系，服务全区各类主体的创新发展。2017 年以来，先后制定了《徐汇区关于加快发展知识产权服务业的扶持办法》《徐汇区知识产权运营服务体系建设专项资金实施细则》《徐汇区加快知识产权高质量发展扶持办法》等政策文件，扶持对象包含企业、高等院校、科研院所，等等。在这些政策的引导下，徐汇的 PCT 国际专利申请量位居中心城区第一，商标集聚度、活跃度连续七年位居全市第一。一手抓服务质量，不断推出更多便民利民的举措。2021 年 6 月，我们在全市率先开设了国家知识产权局商标业务上海徐汇商标受理窗口。2023 年 4 月，设立了全市首个区级知识产权公共服务平台，提供 8 类 17 项知识产权服务事项，方便企业人才办事。

## 打造更优创新生态和产业生态

习近平总书记考察上海时，强调以科技创新为引领，加强科创和产业融合，为上海推进科技创新指明了努力方向。我们第一时间学习贯彻习近平总书记重要讲话精神，召开十一届区委六次全会，制定了贯彻落实的实施方案，共 25 个方面，把建强科创中心重要承载区放在重要位置。下一步，我们将沿着习近平总书记的战略指引，全力以赴推动创新驱动发展。目前围绕贯彻落实习近平总书记重要讲话精神，主要在抓三方面的工作：

一是强化政策支撑保障。近年来，徐汇出台了一系列支持科技创新的政策，形成了“1 + 2 + 2 + 1”政策体系，包括引领性的科技创新政策、人工智能和生命健康两大战略性新兴产业政策、打造未来增长曲线的元宇宙新赛道和大模型新赛道政策，以及增强产业内生动力的成果转化政策等，从源头创新，到成果转化，再到产业落地，构成了全链条的政策支持。接下来的工作，一方面是要继续丰富政策工具箱，另一方面更需要抓好政策的落地落实，深入企业院所走访，把重点企业“服务包”制度落实好，送政策和服务上门，当好服务管家，让企业更有感受度。

二是建设科创街区。我们把科创街区建设作为加速科创与产业深度融合的具体抓手。科创街区具有“小尺度”“高密度”“大融合”的特征，现在首批布局了6个科创街区，分别是西岸大模型创新生态科创街区、枫林生命健康科创街区、环交大人工智能科创街区、环华理生物材料科创街区、漕河泾数字技术科创街区、汾阳视听器械科创街区，在极小的空间内集聚高密度的院所、人才、资金等创新要素，让这些要素发生融合、聚变，形成“核爆点”，爆发出更大的能量，达到科技创新赋能产业升级、产业发展反哺创新策源的目的。2024年第一个工作日，我们举办了高质量孵化器建设推进大会，布局13家区级高质量孵化器，把孵化器打造成为科创街区的标杆项目。目前，其中9家已投入使用，入驻企业近130家。同时，加强区科技成果转化服务中心与孵化器的衔接，排摸潜在转化项目，建立项目储备库，一旦条件成熟立即推动项目入驻，推动高质量孵化器早出效益、科创街区早出形象。

三是培育一流创新企业。企业是创新的主体，我们根据产业链发展需要，一手抓招大引强，强链、补链、延链，厚植产业生态圈。一手抓本土企业培育，我们已经成功培育了米哈游这样的企业，还将进一步建立完善优质企业梯度培育体系，精准服务企业的全生命周期发展需要。同时支持龙头领军企业提升核心竞争力，走向国际市场，推动创新型中小企业、专精特新企业、小巨人企业、独角兽企业等集群生长，支持各类企业发展壮大，营造更加充满活力的企业生态。

党的二十大提出要“坚持创新在我国现代化建设全局中的核心地位”。建设国际科技创新中心既是党中央和习近平总书记交给上海的任务，也是上海勇当“改革开放排头兵、创新发展先行者”的重要抓手。在上海国际科创中心建设的总体框架下，我们将勇担使命、守正创新，不断提升科技创新体系效能，全力建强上海国际科创中心重要承载区，贡献更多“徐汇范例”。

# 嘉定科创之路：从科学卫星城到上海科创中心重要承载区的蜕变与展望

【口述前记】

陆祖芳，1972年2月生。2015年7月至2020年3月，任嘉定区副区长、区政府党组成员。2020年3月至2021年10月，任嘉定区委常委、区委统战部部长、区政协党组副书记。现任嘉定区委常委、常务副区长，区政府党组副书记。

口述：陆祖芳
采访：付庆杰
整理：陈鑫、蒋毅炜、厉莹
时间：2024 年 3 月 20 日

党的十八大以来，嘉定坚定不移贯彻落实党中央和上海市委的决策部署实施创新驱动发展战略。特别是 2015 年以来，围绕打造上海具有全球影响力的科技创新中心重要承载区，全力增强科技策源能力，持续激发科技创新活力，做大做强科技创新产业，全面营造科技创新生态，为上海科创中心建设贡献了嘉定力量。

## 引凤聚源　从科学卫星城到科技城

嘉定地处上海西北角，东接宝山、普陀，西通江苏省昆山，南连吴淞江，北与江苏省太仓为邻。特殊的地理位置让嘉定成为长三角地区的一个重要节点城市。我们是有名的汽车之城，第一辆“凤凰牌”小轿车就是“嘉定制造”；我们还是教化之城，至今已经建县 800 多年，人杰地灵，才俊辈出；我们更是科技之城，科技资源丰富，科技人才集聚，科技底蕴深厚。

厚植“梧桐树”，引育“金凤凰”。早在 1958 年，嘉定镇被列为科学卫星城，也由此拉开了我们科技发展的大幕，大批科研机构、高校新建或从别处迁入。到 1978 年，部属、市属科研单位、高校共有 12 个入驻嘉定。科研院所勇担科技使命，打造国之重器，一个个“第一”在这里诞生：为第一颗原子弹研制作出贡献的 J501 大型计算机，我国第一台每秒 500 万次的大型计算机，以及第一台等离子喷涂装置、第一块激光钕玻璃等，为我国“两弹一星”、航空航天事业发展作出了重大贡献。

随着上海市场经济改革的不断深入，院所也开始逐浪市场，考虑自身的对外发展和人才需求，不少院所都选择搬迁至市中心城区，或将主要工作力量转移到中心城区。院所的转移，给我们带来了深深的危机感——科技资源不单要“引得来”，还要做好“留得住”这篇大文章。2005 年，我们启动建设了国内首条跨省轨交 11 号线，为院所的合作交流发展解决了交通难题。2006 年，我们启动了“凤还巢”战略，由区主要领导带头敲开院所的大门，深入对接和积极响应每个院所的诉求，扫清院所在“还巢”路上的障碍。在用地空间方面，我们以科研用地划拨方式，为院所增供 1800 多亩土地。就拿中电科 32 所（原华东计算技术研究所）来说，2000 年院所工作重心从嘉定迁到市区，随着业务的飞速发展，员工人数从几百人发展到了上千人，市区 2 万平方米的使用面积日益捉襟见肘，甚至到了连设备仪器都难以容身的地步。“在不到 30 亩的土地上，有将近 900 名工作人员。因为无法再容纳先进设备，很多实验不得不找第三方做。”当我们听到中电科 32 所面临的困境时，主动伸出了援手，递上了实实在在的“橄榄枝”，为其在原址周边提供新增用地，由原来 120 亩增至 300 亩，经过几年有序建设，2016 年 6 月，中电科 32 所工作整体搬回嘉定。2018 年，中电科 32 所党委书记王文原接受《嘉定报》采访时十分动容地说：“尽管我们工作重心当时不在嘉定，但嘉定还是每年邀请我们去参加院所座谈，倾听我们的困难与需求。嘉定一直没有忘了我们，我们心里也一直想念着嘉定。”

中电科 32 所的回迁只是嘉定科研院所“凤还巢”的一个缩影，我们深知在留才、留创新资源方面存在的短板，在引回院所的同时，也在不断提升城市建设、管理、配套、服务等水平。我们区域内拥有同济大学、上海大学、上海师范大学天华学院等高校，又设立了除北京地区以外，全国唯一一所由中国科学院参与合作办学的实验学校——中国科学院上海实验学校，除此之外还引进和开办交大附中嘉定分校等优质学校。在医疗方面，引进了瑞金医院等三甲医院。在交通方面，如今我们拥有发达的综合立体交通体系，除了轨交 11 号线外，还有规划中的嘉闵线，以及“三横四纵”的高快速路网络。在文体配套方面，嘉定拥有国内唯一一座 F1 赛车场，还新建了保利大剧院等场所，全方位妥善解决科研人员子女入学、医疗保障、文体娱乐等需求。同时，我们还为人才提供更多实质性的“软件”支持。比如在住房保障方面，至今已经为科研人才提供了 700 多套配售房，为了让科研人才有更多的选择，还提供了货币化购房补贴，让他们在购房时能够得到实打实的支持。此外，为了让科研人才在暂时没有购房条件的情况下也能安居乐业，我们提供了近千人的租房补贴。这一系列政策使得更多科研人才能在嘉定安家落户，让他们没有后顾之忧，可以全身心投入科研工作中。我们不但实现了“凤还巢”，还引得其他“凤来巢”，中国科学院上海技术物理研究所、声学研究所东海研究站都在嘉定建设园区或整建制迁过来。通过不懈努力，如今全区形成了 11 家国家级院所和 7 所高校的科技资源布局，两院院士、高层次领军人才等 2 万多名科研人员在嘉定工作，嘉定科技策源这潭“源头活水”越来越深。

## 凤舞策源　从科技城到上海科创中心重要承载区

2014 年 5 月，习近平总书记在上海考察时提出“加快向具有全球影响力的科技创新中心进军”，上海的发展定位从“四个中心”拓展为“五个中心”。2015 年，在上海科创中心建设布局中，市委、市政府综合考虑嘉定的科技优势和产业优势，明确要将我们打造成市郊首个“创新要素集聚、综合服务功能强、适宜创新创业”的科创中心重要承载区，进一步布局未来产业。那时我正好刚到嘉定任职，可以说我全程参与了嘉定建设上海科创中心重要承载区的整个进程。

源头活水深，怎向渠中引。初来嘉定时，我分管汽车城的建设。我们是上海的产业重镇和制造业大区，也是全国单体城市中汽车产业规模最大、汽车产业链最完善、产业集聚最凸显的地区，一度位列上海GDP第二大区。2016年，嘉定汽车制造业产值占上海全市近三分之二。汽车为嘉定贡献了70%产值、60%销售、50% GDP、40%就业、30%税收。尔后，我又分管科技工作。随着汽车电动化、智能化的“车轮”滚滚驶来，新势力造车风生水起。近年来受中美贸易摩擦影响，各种缺“芯”、缺原材料、缺核心设备等现象此起彼伏，严重影响着我们汽车产业，以及生物医药、智能传感等新兴产业发展，究其原因还是我们自身的科技创新能力不足，缺乏核心技术的自主研发能力。这让我们深刻认识到，只有加快科技创新，才能推动产业转型升级，实现高质量发展。

精心规划，谋篇布局。就在我们被确立为上海科创中心重要承载区后，2015年6月，区委五届八次全会上通过了《中共上海市嘉定区委上海市嘉定区人民政府关于加快建设具有全球影响力的科技创新中心重要承载区的实施意见》，成立嘉定推进科创中心重要承载区建设领导小组，区委书记任组长，区长任第一副组长。“十三五”以来，我们在《实施意见》的基础上，相继出台了一系列规划和行动方案。在区域规划方面，围绕院所、高新产业、创新载体等资源要素集聚区，明确“一心两轴三区”的核心区空间发展格局。在产业发展方面，充分发挥科技资源、产业化空间和产业链配套等比较优势，聚焦汽车“新四化”、集成电路、生物医药三个千亿级产业以及在线新经济，进一步延展深化、集成创新，努力走出一条具有时代特征、嘉定特色的创新驱动发展新路。

院地、校地深度合作。“凤还巢”计划实施至今，我们已集聚了丰富的科技资源和人才资源，我们不仅要“凤还巢”，更要“凤起舞”，力求将高校院所的发展与嘉定经济社会发展有机融合起来，创新合作机制，推动共赢发展，为此，我们与中国科学院上海分院共同牵头，与驻区11家院所和7所高校成立院地（校地）合作联席会议制度，由区委书记和中国科学院上海分院主要领导作为召集人，全面深化与驻区院所、高校合作，合作推进数十项兼具引领意义与市场价值的重大创新工程建设，促进院所、高校的科研成果与区域产业融合发展，同时，我们提出打造院地合作、校地合作两个千亿级科技园目标，探索和实践院地（校地）合作的“嘉定模式”。十年来，嘉定与驻区院所、高校开启了两轮战略合作，携手推动实施了50余项院地合作重大项目。比如：先后合作打造首台国产质子治疗装置、8英寸研发中试线、新能源核心装备等一批重大创新项目；先后落地中科神光产业园、拟态安全产业园、新微创源、科嘉示范园、核创空间等一批校地院地合作载体，国家肝癌科学中

上海微技术工业研究院8英寸研发中试线

心、神光 II 激光实验装置等国家重大科技基础设施取得重要进展，国家智能传感器创新中心落地嘉定。正因有着这样的科技资源优势，在市区联动支持下，嘉定承接了上海微技术工研院、智能型新能源汽车两个市级研发与转化功能型平台建设任务，为全市“3 + 6”先导产业和重点产业高质量发展贡献嘉定力量。

创新创业“双轮驱动”。我们需要“凤凰起舞”，也需要“百鸟争鸣”。在深化院地（校地）合作机制的同时，我们也着力探索激发创新创业的举措。任何一家龙头企业都是从初创企业开始的，这意味着我们要搭建多元化的创新平台，提供丰富的政策支持和金融服务，以满足科创企业不同阶段的需求。一是鼓励众创空间、孵化器的建设。十年来，嘉定区一个个曾经的老厂房如今成为大大小小的科创产业园区。新微创源是一家比较具有代表性的国资主导的专业孵化器。成立近十年来，他们从企业痛点出发，帮助企业开展应用研究，并提供了成果转化、咨询市场对接等服务，陪伴一批又一批传感器领域的尖端技术走向市场。在他们累计培育过的百余家科技企业中，与智能传感相关的公司超过 90%，高新技术企业近 30 家，“专精特新”企业 4 家，企业五年存活率达到 95%以上。2023 年，新微创源被认定为全市首批七家高质量孵化器之一。二是组建“嘉创联”。2019 年，由嘉定区科委作为指导单位，区内 17 家众创空间自发成立了名为“嘉定区众创空间联合会”的社会团体，希望结合嘉定的产业特色，以联合会为纽带，增进众创空间彼此间的合作与交流，让分散在各地的空间产生聚变，共同实现行业内外部的资源整合与合作共赢。经过多年的发展，“嘉创联”也从“小舟”升级到“大船”，并正式更名为“嘉定区创新服务联合会”，会员单位增至 71 家，现有市级科技企业孵化器总数达 19 家（其中国家级 4 家）、众创空间 8 家（其中国家级 1 家），共举办 1500 余场活动，服务创业者 1 万人次。

促进创新开放共享，打造长三角科技创新平台。创新不是“闭门造车”，也不是单打独斗，我们要聚四海之气，借八方之力。作为沪宁发展轴上重要的长三角综合性节点城市，我们在促进区域科技创新一体化和优化资源配置方面，做了很多努力和尝试。一方面，我们积极与长三角兄弟城市加强合作，不断优化创新生态，扩大远亲近邻朋友圈。以嘉昆太协同创新核心圈为引领，打造了安花白（安亭、花桥、白鹤）、工业区、太仓成果产业化集群，在苏州设立嘉昆太科创产业园。同时，还与浙江温州协同，在温州设立嘉定工业区温州园，同时温州在嘉定也建设了“科技创新（研发）园”，形成了跨区域发展合作机制、利益共享机制，有力促进了资源共享和优势互补，也推动了区域经济的协同发展。另一方面，我们加强与长三角区域的科技创新合作与交流，探索区域科技创新合作机制和路径模式，2018 年起，围绕长三角一体化科技创新、科技成果高质量转化等目标，与上海市科委共同牵头举办“长三角科技成果交易博览会”（以下简称长三角科交会），目前已成功举办六届，通过“政府引导 + 市场化运作”模式，实现长三角 41 个核心城市共同参与，累计吸引院所、科技企业参展 1500 余家次，同期活动总数近 250 场，累计实现技术交易成交金额超 12 亿元，打造了“长三角青年科学家论坛”等一系列品牌活动。

## 行稳致远　上海科创中心重要承载区建设成效初显

2023 年中央经济工作会议上，习近平总书记指出，必须把坚持高质量发展作为新时代的硬道理。新时代新征程，我们必须以抓铁有痕的决心、久久为功的韧劲，把推动高质量发展贯彻到经济社会发展的全过程各领域。建设上海科创中心重要承载区以来，我们始终坚持贯彻创新发展理念，围绕“科创产业化、产业科创化”目标，深化产学研协同创新，努力走出一条以科技创新引领区域高质量发展的新路子。

在增强创新策源能力方面，2015年以来，全区研发投入持续增长，自主创新加快推进，在量子计算、海量存储、反物质探索等方面取得了丰硕的成果，驻区院所为“深空、深地、深海、深蓝”等领域发展作出了重大的贡献。2015—2022年，区域全社会研究与试验发展（R&D）经费总投入从约58亿元增长至153.29亿元，占GDP比重从3.3%增至5.54%。每万人口发明专利拥有量从16.96件增至71.08件，增长319%。

在促进产学研协同和科技成果转化方面，驻区院所、高校创新辐射功能显著提升，新型研发机构加快建设，科技成果交易和技术合同成交额屡创新高。中国工程院院士专家成果展示与转化中心落地嘉定。2015年至2023年，全区技术合同成交金额从7.41亿元增长到456.48亿元，平均每年以近6倍的速度增长；2023年全区认定高新技术成果转化项目45项，十项高转入围市高新技术成果转化百佳项目。

在加快创新主体和创业载体培育方面，高新技术企业和科技小巨人（培育）企业数量快速增长，创新载体加快建设，校地、院地合作科技园建设成效显著。全区高新技术企业总数，从2015年不到700家增长到2023年的2527家，增长了3倍多；科技小巨人（培育）数量从146家增至283家。区内国家级孵化器“从无到有”，现有国家级孵化器4家，市级科技孵化器从11个增长到19个。同济大学科技园2023年实现规上工业总产值204.13亿元，汽车“新四化”共享实验室平台“青蓝几何实验室共享服务平台”“上海械谷高端医疗器械共享实验室”于2023年揭牌；院地合作完成规划编制，我区院地合作企业总数约650家，主攻新能源、新材料、生物医药、集成电路、信息技术、高端制造等前沿科技领域，年总产出体量超300亿元；培育了电科数字、航天电子、沪硅产业、欧菲智联等一批优势企业，年产出超亿元企业达30余家。

在推动新兴产业发展方面，汽车“新四化”、集成电路、生物医药三个千亿级产业加快培育。汽车“新四化”产业发展方面，我们始终高举“汽车牌”，构建“三港两园”重点布局，促进产业集聚发展，同时建设智能型新能源汽车研发与转化功能型平台，完善创新支撑体系建设，加快创新转化应用；在高端医疗设备和精准医疗方面，我们在全区范围规划9平方公里，以“一轴一镇、两谷两区”的空间布局，打造精准医疗国际创新突破、高性能医疗设备及器械国内生态领先的生物医药创新引领示范区，而其中的“一镇”指的是“联影小镇”。联影医疗是我区高性能医疗设备产业“链主”企业。联影医疗董事长张强曾说：“这里营商环境好，创新资源丰富，研发人员可以‘埋头研发无忧愁’，联影医疗有此成绩，得益于产学研医密切合作。”这体现了我们对科技创新的大力支持。在智能传感器产业发展方面，我们布局建设上

位于上海嘉定工业区的上海联影医疗科技股份有限公司园区外景

海微技术工业研究院，同时与上海大学共建了上海微电子学院，还建设了国家智能传感器创新中心、上海集成电路材料研究院、摩仑智能传感研究所等；2015—2023年，战略性新兴产业工业产值从643.7增长到1552.3亿元，在全区规上工业总产值占比从21.2%增长到34.4%；高新技术产业产值从1393.8亿元增长到2428.3亿元。2023年1—11月，“三个千亿级”总产出达到1956.5亿元，其中汽车“新四化”1435.6亿元，智能传感器及物联网425亿元，高性能医疗设备及精准医疗242.3亿元。

## 新时期　新征程　新动能

我们将坚决扛起科创中心重要承载区和高端制造业主阵地的使命担当，增强科技创新策源功能，激发新动能，赋能高质量发展。为此，我们发布《嘉定区科创“新动能”发力行动方案（2023—2025）》，聚焦优势产业、空间布局、创新主体、科创人才、创新生态、管理体制等关键环节，实施八大行动，重点聚焦汽车“新四化”、集成电路、生物医药以及新兴数字产业，瞄准“2＋2＋1”未来产业领域，全力打造“核心技术创新主阵地、创新创业产业集聚地、成果转移转化引领区、协同创新发展先行区”。

在院地合作产业方面，我们启动编制了《院地合作千亿级科技园总体规划》，紧紧围绕打造科创产业高质量发展“科技源·转化场”的总目标，聚焦未来数字智能、未来能源装备、未来材料科技、未来空天海洋、未来生命医学等五大领域，细分23个主攻方向，构建了“5＋23”主导科技产业体系，明确了“一核示范，两翼拓展，四园多点”的院地合作发展格局。

在校地合作产业方面，我们启动了《嘉定校地合作千亿级科技园总体规划》编制工作，将依托同济大学、上海大学为代表的一批优质高校，结合高校优势学科及创新资源，对接上海未来产业及嘉定三个千亿级产业，着力打造“6 + 30”产业合作赛道与领域，主攻未来材料、电动与氢能汽车、智能网联汽车、新一代集成电路、高性能医疗器械、前沿精准医疗6大产业合作赛道，主要聚焦30个重点领域。全力打造“全国高校成果转化示范区、上海未来赛道培育加速器、嘉定新旧动能转换动力源”。

除了院地、校地科技园两片科创主阵地发展布局外，我们还打造了第三片科创主阵地，那便是张江高新区嘉定园。针对张江嘉定园的发展范围进行了多轮的空间动态调整，园区面积从最初的2平方公里扩至现在的51.75平方公里，总面积在全市排名第三。我们打造了“一核辐射，两轴牵引，多园协同”空间发展格局，其中“一核”是科研院所核心，“两轴”是医疗健康及集成电路创新集聚带、汽车“新四化”创新集聚带，“多园”则是由嘉定工业区产业创新基地及智能传感器基地、嘉定新城企业总部集聚区、上海新能源汽车及关键零部件基地等18个各具特色的产业区块组成，为“科技 + 产业”发展留足空间。

新时代，我们将聚焦新质生产力，牢牢抓住科技创新这一核心要素，全力打造“创新技术策源地、创新要素集散地、创新成果转化地”，为我区经济社会高质量发展注入新动能，开启新征程。

# 长三角G60科创走廊蹚出区域一体化高质量发展新路

【口述前记】

程向民，1964年7月生。曾任闵行区政府副区长，普陀区委副书记、区长等职。2016年1月至2024年7月，任上海市松江区委书记。其间，2019年6月，任长三角G60科创走廊联席会议执行主席；2019年12月，任推进G60科创走廊建设专责小组副组长。2021年，获评全国优秀县委书记。

口述：程向民
采访：唐洪涛、朱慰军、王华、刘捷、严亚南
整理：朱慰军、王华、张洁、靳美艳
时间：2024 年 3 月 29 日

新时代，贯穿沪苏浙皖一市三省的长三角 G60 科创走廊，在习近平新时代中国特色社会主义思想的指导下，秉持新发展理念，改革辟路、创新求实，唯实唯干、拼搏奋进，从地方生动实践上升为国家战略重要平台，充分印证了习近平新时代中国特色社会主义思想的真理伟力和实践伟力。历经八年风雨兼程，长三角 G60 科创走廊从策源地上海松江出发，串起嘉兴、杭州、金华、苏州、湖州、宣城、芜湖、合肥，在一市三省党委政府的坚强领导下，九城一体、协同创新，以高铁客运和国际物流多式联运复式功能的松江枢纽为战略支撑，形成 G60 高速公路、沪苏湖高铁“V 字形”布局，蹚出了一条长三角区域一体化高质量发展新路。

在全球经济逆势环境下，G60 九城市以全国 1/25 的人口和 1/120 的区域面积，贡献了全国 1/15 的 GDP、1/7 的高新技术企业以及超 1/5 的科创板上市企业。策源地松江规上工业产值、战略性新兴产业占规上产值比重、进出口额、全社会研发投入强度、规上工业企业数、专精特新和高新技术企业数等保持全市前列，跃升为有力支撑国家区域重大战略的创新策源地。

## “指路明灯”凝聚高质量发展共识

2007 年 8 月 23 日，时任上海市委书记习近平同志考察松江时强调，松

江要大力发展先进制造业，大力发展生产性服务业，推动与长三角周边城市的分工合作，不断提升产业能级和水平。面对地区经济转型发展的艰巨任务，习近平同志的殷殷嘱托就是我们勾画长三角 G60 科创走廊施工图、蹚出一条高质量发展新路的“指路明灯”。

2016 年 2 月 1 日，我到松江担任区委书记，走出一条新路的重任历史性地落到了新一届区委领导班子肩上。

我们秉持新发展理念，开启了长三角 G60 科创走廊的探索与建设历程。八年来，市委、市政府领导高度重视并多次考察，强调大刀阔斧推进转型发展，走出一条新路，对松江提出“一高地、三生态”定位。2023 年 5 月 25 日，市委书记陈吉宁在出席长三角 G60 科创走廊科创生态建设大会时要求，要共筑科技创新策源地、共建世界级产业集群、共育国际一流创新生态，勇当我国科技和产业创新的开路先锋。

回顾“新路”的启程，根据当时的规划布局，松江城市开发边界已无法新增。新的产业空间在哪里？必须向规划要品质、向存量要空间、向科创要

G60 科创云廊

动力、向质量要效益。

事不避难，敢破善立。2016 年，全市“五违四必”区域环境综合整治期间，区委提出“依法、铁腕、稳妥”工作要求，在九亭——松江“五违”乱象最突出的镇，拉开拆违攻坚战的序幕，吹响全区转型发展“集结号”。全区党员干部敢啃最硬的骨头、勇挑最重的担子，先后拆除 1300 万平方米违法建筑，淘汰 4167 家落后产能企业，九亭地区 7.98 平方公里市级整治区块完成整治，优化了城市生产生活生态空间。2017 年 2 月 22 日，市委、市政府在九亭召开综合治理现场会，肯定松江“五违四必”整治工作“干出了基层的战斗力、干出了干部的精气神、干出了群众的实得感”。

土地是财富之母。作为重要生产要素的土地，在资源有限的情况下如何实现土地要素精准有效供给？我们面临着走“老路”还是走“新路”的大考。当时，松江房地产用地出让价格达每亩数千万元，工业用地每亩仅 100 万元左右。这就好比“公鸡”与“母鸡”的关系，房地产是“公鸡”，会打鸣，但只能一次性受益；实体经济则是“母鸡”，可持续“下蛋”，是推动经济持续发展的关键。我们最终决定将 1000 余亩房地产备用地调整为工业用地。“五百两黄金”买一匹马，而千里马倍至。在这之后，一大批先进制造业重大项目纷至沓来。松江逐步摆脱了对房地产的依赖，实现了产业结构的深度优化调整，高质量发展指标持续走在全市前列，全区党员干部在发展中凝聚了对新发展理念的信心和力量。

## 唯实唯干推动基层生动实践上升为国家战略重要平台

明灯指路，指引的是方向。实践创新、制度创新是关键。

回溯世界科技产业发展史，硅谷、128 公路、M4 高速等全球高科技产业集聚地都具备这样两个特征：沿交通要道进行科技和产业创新要素集聚布局；周边有一流大学科创要素支撑。比较来看，松江有 G60 高速公路贯穿全城，坐落有松江大学城在内的 14 所高等院校，自身又是面向长三角、以产业链和创新链为纽带的制造业重镇，这些产业配套基础和资源要素禀赋与国际高新技术产业高地相似。

在国内外对标调研基础上，区委对标一流、因地制宜，调研并制定了面向长三角的 G60 科创走廊 1.0 版建设方案。面对新一轮科技革命和产业变革加速演进，我们不能照搬照抄，必须坚定“四个自信”，以高质量党建引领高质量发展，把党组织建在产业集群上，把党的组织优势转化为高质量发展优势，服务高水平科技自立自强，在唯实唯干中增强“科创自信”。

2016 年 5 月 24 日，G60 上海松江科创走廊建设推进大会召开。这是一个历史性的时刻。1.0 版的 G60 上海松江科创走廊，基于创新链、产业链、供应链、人才链底层逻辑，构建“一廊九区”空间布局。我们坚持以科创驱动和制度创新作为 G60 科创走廊的“双引擎”，把参与制定质量标准作为迈向全球

G60 科创走廊“零距离”审批服务中心

产业链创新链价值链高端的重要举措，打造质量标准、产融结合、先进制造等六大新高地，加快形成具有世界竞争力的产业集群。建设之初，G60科创走廊的创造力、辨识度、竞争力就呈现强劲之势：2016年松江地方财政收入较上年增长33.2%，战略性新兴产业占比显著提升。G60科创走廊探索实施的“零距离”综合审批制度改革获市委主要领导批示肯定。G60科创走廊建设被国务院评选为“全国供给侧结构性改革典型案例”。

根据习近平总书记关于松江要“推动与长三角周边城市的分工合作”的重要指示要求，2017年7月12日，松江与浙江杭州、嘉兴签订《沪嘉杭G60科创走廊建设战略合作协议》，G60正式进入2.0版。2.0版从原先松江段的40公里延伸到沪嘉杭段的180公里，三地市联动率先打破行政区划壁垒，推动要素自由流动和高效配置。

长三角地区是经济最活跃、开放程度最高、创新能力最强的区域之一。长三角任何一个城市的发展都不可能独善其身，也不可以独惠其身。党的十八大以来，习近平总书记考察上海重要讲话精神和关于长三角一体化发展的重要讲话和指示批示精神，为我们提供了根本遵循。长三角一体化，首先要在城市空间上实现连接。怎么连？“轨道上的长三角”是我们的重大战略比较优势。在市委、市政府的坚强领导和国铁集团的关心下，在上海市其他有关部门支持下，区委区政府提出规划建设高铁客运和物流多式联运复式功能的“松江枢纽”，将其作为提升长三角G60科创走廊资源要素配置能级的战略支点，聚焦强化“四大功能”，放大高铁“同城效应”，增强产业链供应链韧性，打造具有国际影响力的上海西南门户枢纽。松江枢纽汇集的沪苏湖高铁与商合杭高铁贯通，就像“心脏搭桥术”，将长三角80%以上的主要城市串联起来，形成一条贯通中国中部到东海之滨的交通大动脉，这对促进长三角区域一体化发展具有重大意义。与此同时，我们勾画位于石湖荡的国际多式联运物流枢纽，将长三角一体化发展战略与云南西南大通道及“一带一路”倡议实现战略功能链接。

2018 年 6 月 1 日，《G60 科创走廊总体发展规划 3.0 版》发布，G60 科创走廊第一次联席会议在上海松江召开。沿 G60 高速公路、沪苏湖高铁、商合杭高铁沿线，松江、嘉兴、杭州、金华、苏州、湖州、宣城、芜湖、合肥九城市共同打造“一廊一核九城”总体空间布局，标志着 G60 科创走廊从高速公路时代迈入高铁时代。

面对更高定位，长三角 G60 科创走廊在时代大潮中扛起使命担当，不断实现跃升：2019 年 5 月，被纳入《长江三角洲区域一体化发展规划纲要》，从秉持新发展理念的基层生动实践上升为推动长三角一体化高质量发展国家战略重要平台。2020 年 10 月，科技部、国家发改委、工信部、人民银行、银保监会、证监会等国家六部委联合印发《长三角 G60 科创走廊建设方案》，明确“中国制造迈向中国创造的先进走廊、科技和制度创新双轮驱动的先试走廊、产城融合发展的先行走廊”战略定位和“建设具有国际影响力的科创走廊和我国重要创新策源地”发展目标。2021 年 3 月，国家“十四五”规划和 2035 远景目标纲要提出要“瞄准国际先进科创能力和产业体系，加快建设长三角 G60 科创走廊和沿沪宁产业创新带，提高长三角地区配置全球资源能力和辐射带动全国发展能力”。2022 年 4 月，长三角 G60 科创走廊策源地作为地方高质量发展典型案例被《习近平经济思想研究》创刊号刊登。2023 年 12 月，长三角 G60 科创走廊写入中央《关于支持上海加快“五个中心”建设的意见》，在新征程上被赋予新的重要使命。

## 蹚出区域一体化高质量发展新路

八年来，松江作为 G60 科创走廊策源地，接待了海内外前来考察参观者超 75 万人次，很多人都会问这样一个问题：从基层实践上升到国家战略，你们的发展要诀到底是什么？我们的答案是：秉持新发展理念不动摇，任凭风吹雨打，唯实唯干当好“施工队员”！

关于“九城一体、协同创新”，我做过一个比喻：九座城市好比九个泥人，打碎以后重塑一个新的泥人叫“长三角 G60 科创走廊”，你中有我、我中有你。我们始终坚持市场化、法治化、国际化导向，聚焦科创“蝶变”、产业“裂变”、要素“聚变”，破除行政区划的藩篱和壁垒，加强科技创新和产业创新深度融合，推进一体化高质量发展。对此，我们找到了一个撬动支点：强化精准制度创新和有效制度供给。早在 2018 年，在一市三省党委政府的关心支持下，松江就牵头成立了长三角 G60 科创走廊联席会议办公室，这是全国首个实体化运作的地市级层面一体化发展协调机构。2019 年，科技部会同国家发改委、工信部等 19 家单位，共同成立了国家层面推进 G60 科创走廊建设专责小组，推动重点任务的落实。在这之外，松江始终坚持从全局谋划一域、以一域服务全局，牵头服务九城不断探索并推出一系列精准制度创新和有效制度供给，最终形成了“央地联动、省市支持、区域协同”的工作格局。从这个角度看，长三角 G60 科创走廊一体化协同发展的过程，也是九城市践行新发展理念，生动实践创新和制度创新的过程。

科技创新和制度创新双轮驱动，是长三角 G60 科创走廊的永续动力所在。我们瞄准集成电路、人工智能、生物医药、脑科学、新材料等前沿领域，选取 39 个“卡脖子”工程和颠覆性技术作为重点方向，鼓励企业围绕关键核心领域实现技术突破。在西方“小院高墙”和“脱钩断链”逆境下，长三角 G60 科创走廊策源地松江实现“从 0 到 1”和“从 1 到 10”的重大科创成果突破，如 300 毫米和 450 毫米集成电路用晶体生长系统、高端光刻胶、生物节律紊乱体细胞克隆猴技术、新型航空发动机、同联制药可利霉素等科创成果丰硕。

在新一轮科技革命和产业变革浪潮下，要因地制宜加快发展新质生产力，持续强化发展韧性和竞争力，加快建立研发、中试、量产等环节高效衔接的科创产业融合发展体系。面对科技迭代的加快，突破不成链，就是“昙花一现”，科技和产业创新“突破成链、集群发展”是关键。我们聚焦集成电路、生物医药、人工智能等“6 + X”战略性新兴产业，高效推进海尔、腾讯、正泰智电港等一大批百亿级重大项目和头部企业落地。以数字经济产业集群中的卫星互联网产业为例，总投资超300亿元的“G60星座”计划，发挥国家级新型工业化产业示范基地优势，建成长三角首个卫星制造“灯塔工厂”并正式投产，打造“G60卫星互联网产业基地”，已经被科技部列入国家创新型产业集群试点。此外，我们还强化产业链跨区域延伸，形成了长三角G60科创走廊“1 + 7 + N”产业联盟体系，目前联盟数量已经达到16个。同时，我们深化与中国商飞、腾讯长三角AI先进计算中心等头部企业合作，形成龙头带动、区域配套、集群落地的良好态势。金华、宣城、芜湖等长三角城市的18个科创飞地集聚G60策源地松江。

G60科创走廊的优势在创新生态，出路也在创新生态。九城市在2023年5月25日共同发布了《G60科创生态宣言》，聚焦“五个特质”，着力构建新发展理念指引下的科创生态，市场化、法治化、国际化的科创生态，开放共享、共建共生的科创生态，具有持续科创动力的科创生态，具有更优营商环境的科创生态。着眼市场化，着力培育创新主体云、基金云、互联网云“三朵云”，强化金融赋能，加速科技成果向现实生产力的转化，设立G60产业基金，深化“双创债”“批次包”等金融创新产品，九城市累计发行科创债（含科创票据等）、绿色债共314单，发行金额1819.05亿元。着眼法治化，我们率先建立长三角G60科创走廊“一网通办”机制，发出全国第一张跨省异地办理的工商登记执照，被国务院列为长三角政务服务“一网通办”首批试点。推进九城市协同立法，设立全国首个跨区域知识产权行政保护协作中心，九城市法院、检察院建立协作机制。着眼国际化，连续多年代表上海接受世界银行营商环境测评，提供13大项105个案例样本，为中国营商环境排名跃升作出贡献。鼓励更多G60科技领军企业在前沿科技领域开展国际合作，支持一批头部企业参与相关领域国际标准制定，打造质量标准新高地。用好国家移民实践基地政策，以“聚天下英才”为理念，2022年留学生落户松江人数同比增长442%，“来来来，到G60；去去去，到G60”成为共识。

## 风雨路上的常态、心态、状态

长三角G60科创走廊一路走来，彩虹和风雨共生，机遇与挑战并存。新征程上，对于服务国家战略的基层“施工队员”而言，有风有雨是常态，风雨无阻是心态，风雨兼程是状态。

长三角G60科创走廊不是凭空想出来的，是以习近平新时代中国特色社会主义思想为指引，历经多年不懈奋斗出来的。现在，长三角G60科创走廊已经成为上海国际科创中心建设、长三角一体化发展、“一带一路”建设的交汇点，逐渐形成全球影响力和辨识度。长三角G60科创走廊先后受邀中阿改革发展论坛、中瑞地方可持续发展论坛、世界互联网大会乌镇峰会……长三角G60科创走廊一次次站上国际舞台，国内外媒体报道累计超39.5万条，2023年国际主流媒体报道增长79.2%。当下，我们仍要改革辟路、创新求实，唯实唯干、拼搏奋进，当好“施工队员”。

我们还要常态化面对两个大局背景下的“惊涛骇浪”。突如其来的疫情冲击、外国“小院高墙”“脱钩断链”一浪接一浪……我认为保持战略定力至关重要。新发展理念必须完整、准确、全面贯彻，不能一碰到困难就退回老路。松江在 2023 年的经历颇具代表性。当时，虽然经过全力稳订单稳产业链，延缓了区内一家重点电子设备制造台资企业产能转移，但受地缘政治影响，该企业最终还是减少了近 800 亿产值，我们一下子成为全国单体转移订单最大的区域。如此大的冲击下，该怎么办？我们坚持“三个对冲”，即以自身发展的确定性对冲外部环境的不确定性、以产业链创新链的完整性对冲全球产业变局的不确定性、以制度供给的精准性对冲市场预期的不确定性，最后还是牢牢保持住了发展势头。当年全区规上工业产值和工业固定资产投资均保持全市第二，规上工业企业数量保持全市第一，以先进制造业为支撑的实体经济展现了强大韧性和竞争力。

## 让真理之光照耀 G60

真理之光穿越波谲云诡，照耀长三角 G60 科创走廊。在外部环境复杂性、严峻性和不确定性上升的背景下，长三角 G60 科创走廊高质量发展成就引人瞩目：九城市获国家科学技术奖占全国 16.2%；省级以上专精特新企业数增长 3.98 倍，省级以上专精特新“小巨人”企业数增长 226.4%；PCT 国际专利申请数量增长 134%，研发投入强度均值达到 3.77%。策源地松江研发（R&D）经费投入强度达 6.79%，其中 91.4% 的研发投入来自市场主体，专精特新企业数、高新技术企业数保持全市前列，战新产业占规上产值比重达到 60%区间，克隆猴、嵌合体猴、大硅片、光刻胶、新型航空发动机、G60 星座等一批科技成果入选上海科技创新成果展。长三角 G60 科创走廊已成为长三角一体化发展的重要任务、重要成果、重要品牌。

我们深刻感悟到：事业靠人，人靠精神，精神靠理想信念。长三角G60科创走廊建设在八年奋斗历程中，始终以习近平新时代中国特色社会主义思想作为根本遵循，结合松江实际，推动其在基层落地生根、开花结果。同时，我们把贯彻新发展理念的政治自觉、思想自觉、行动自觉强不强，作为检验“四个意识”强不强的试金石。

我们深刻感悟到：狠抓落实就是忠诚担当。在转型发展攻坚克难的关键时刻，必须振奋不畏艰险、敢闯敢试的拼搏精神，勇做新时代的不懈奋斗者。我们以伟大建党精神为引领，全区上下形成了“秉持新发展理念，改革辟路、创新求实，唯实唯干、拼搏奋进”的新时代松江精神，增强了越是艰险越要向前的斗争意识，涌现出一大批实干家和开路先锋，抢抓国家重大战略发展机遇，最终披荆斩棘闯出了一条新路。

我们深刻感悟到：创新是引领发展的第一动力。“开放、创新、包容”是上海这座伟大城市的城市品格，长三角G60科创走廊正是这种品格的生动体现。我们始终鼓励创新、勇于创新、包容创新，让创新泉涌长三角G60科创走廊，面向科技创新“星辰大海”，推动创新主体“星罗棋布”，实现科创成果“星汉灿烂”。

路走对了，就不怕遥远。我们一起走过风雨兼程的八年！长三角G60科创走廊蹚出了一条科技创新引领区域一体化高质量发展的新路。迈向远征的路，艰难困苦，尚未玉成，筚路蓝缕，不懈奋斗！

# 奋力打造上海科创中心主阵地

【口述前记】

李晨昊，1968 年 8 月生。曾任上海市委办公厅秘书处处长，上海市委办公厅副主任等职。2019 年 9 月，任上海市委副秘书长、市委办公厅主任。2023 年 11 月起，任中共上海市宝山区委书记。

口述：李晨昊

采访：戴建美

整理：祁昕、戴建美、王素炎、郭莹吉

时间：2024 年 2 月 6 日

2024 年是习近平总书记对上海提出“加快向具有全球影响力的科技创新中心进军”重要指示十周年。十年来，宝山区认真贯彻落实习近平总书记考察上海重要讲话精神，按照陈吉宁书记调研宝山提出的要求，将市委全会精神持之以恒细化为“施工图”、高质量转化为“实景画”，起而行之、奋而有为，当好“施工队长”“施工队员”，聚精会神抓发展、奋力推进“北转型”。

## 描绘新愿景，打造新蓝图

建设具有全球影响力的科技创新中心，是习近平总书记在 2014 年对上海提出的重大战略部署。国家战略决定着资源配置的重点、政策支持的方向，蕴含着巨大发展机遇。对于宝山来说，搞好科创，宝山这只“小齿轮”就能挂上国家战略的“大齿轮”，区域的“小端点”就有望跃升为全局的“大节点”。同时，宝山历经吴淞开埠的“开放立区”，到建设宝钢的“实业兴区”，转型发展奠定了雄厚基础，不仅兼具中心城区和近郊优势，而且高校、央企等科技力量雄厚、产业腹地较广，在服务全市科创中心建设上责无旁贷。2020 年，上海市委十一届十次全会明确提出，要将宝山打造成为全市科技创新中心建设的主阵地之一，这是市委赋予宝山具有里程碑意义的战略定位。为了贯彻落实市委、市政府要求，宝山将主阵地建设纳入“十四五”规划，制定专项规划，并陆续出台了《实施意见》和《三年行动计划》等一系列支持政策，转型发展迈向“科创强区”新征程。十年来，宝山以强化科技成果转化与产业化功能为重点，通过建好“策源地”、布局“硬科技”、打造“大平台”、营造“生态圈”，努力培植核心竞争力。

大学科技园一方面连着高校，另一方面牵着产业，既是重要的创新策源地，也是科技成果转化的首发地。宝山区全力推进区校协同创新，广泛链接市内外高校院所，形成了西有环上大科技创新核，东有上海北大科技园、复旦科创中心等大学科技园的“一核一带”的集群发展态势。通过多元化的运营、精准化的扶持，以及构建有体系的科创生态，宝山的大学科技园较好地发挥了桥梁、孵化、研发、赋能作用，初步达到了载体布局连点成链、产业集群初具规模的良好效应。目前，环上大科技园 13 个核心基地建成运行，宝山复旦科创中心有 3 个基地完成授牌，各大学科技园累计孵化培育科技型企业 572 家，转化科技成果 144 项，多项成果获国家科学技术奖、国家颠覆性技术创新大赛优胜奖等。宝山的大学科技园已成为全市大学科技园的后起

宝山的大学科技园空间生态体系

之秀。

宝山曾经以钢铁工业闻名，当前正通过新旧动能转换，创新力度增强，成为高新科技集聚的高地。我们推动吴淞材料实验室落地，长三角数字医疗研究所实体化运行。聚焦成果转化“最初一公里”，发布全市首个区级概念验证中心管理办法。推动市场化主体与高校院所合作，完成环上大的智能制造概念验证中心空间改造。对标全市的高质量孵化器建设要求，制定宝山区高质量孵化器行动方案，复旦软件园获批国家孵化器。我们还新增4家市级双创载体，市级以上双创载体总数达到33家，全市各区中目前排名第3位。揭榜“建设多主体全链条的创新联合体”国家创新改革试点，启动了3个创新联合体建设，运用“揭榜挂帅”“赛马”等组织形式，来推动关键核心技术攻关和产业底层技术率先突破，成为加速产业转型发展的“关键一招”。

科创产业发展离不开产业平台的支撑，南大、吴淞这两个转型的重点板块以及我们上海机器人产业园、超能新材料科创园、北上海生物医药产业园、数智南大产业园和碳中和产业园五大市级特色产业园区，正加速成为宝山科创中心主阵地的核心承载区。吴淞创新城是上海市转型区域中面积最大、条件最好、配套最全的一块不可多得的“大衣料子”。我们正在深入贯彻陈吉宁书记现场办公会的指示要求，重点优化市区联动、央地协同的机制，加快推进特钢183米超高层、上大美院等转型项目建设，配合“大吴淞地区”规划研究，全力打造面向未来的长三角科创中心。南大智慧城同样是市五大重点转型区域之一，地理位置十分优越，交通方便快捷。南大正按照“不低于黄浦江两岸”的标准推进功能集聚、品质开发，携手临港共建地上、地下、云端“三座城”，立足打造科创金融服务的新标杆、硬核科技集聚的新高地、高品质城市建设的新典范。除此以外，宝山的五大市级特色产业园区，也为我们进一步集聚优质企业，布局产业新赛道提供了有力的抓手。

宝山正在打造热带雨林般的创新生态，着力激发区域创新活力。我们培育壮大科技企业集群，优化企业培育成长链，发挥双创载体、大学科技园等孵化作用，用好先投后股、创业保险试点等各类工具箱，推动科技企业扩容提质。引导企业与高校院所合作，支持企业申报国家、市级科技专项，形成一批原创性科技成果项目。持续加强协同创新，完善科创生态体系，深化长三角国创中心合作。优化“投保贷”联动机制，形成多元化的科技金融生态体系。同时，我们系统推进人才队伍体系建设，构建全链条人才队伍体系。提升“科创宝”、数字科创港功能，引进科技中介服务机构，提供专业集成化的科技服务。营造良好创新文化，持续开展“科创中国”试点城市的建设，丰富“科创街区”的内涵。举办科技创新大会、宝山杯大学生创新创业大赛等重大活动，进一步提升“科创宝山”影响力。开展科普示范创建，促进全民科学素质提升。

## 聚焦科创中心建设，布局重点产业

“十四五”以来，宝山区立足“四个放在”，明确“两个成为”，锚定邮轮旅游、绿色低碳、机器人及智能制造、生物医药及合成生物、新材料、新一代信息技术这六大重点产业方向，久久为功、持续发力。主要体现一个“新”字，有这么几个方面：

一是邮轮旅游产业迎来新起航。邮轮产业一直被誉为“漂浮在黄金水域上的黄金产业”，是先进制造业和现代服务业深度融合的生态体系。宝山区十年磨一剑，我们已经建成世界第四、亚洲第一的邮轮母港——吴淞口国际邮轮港，宝山区还获批全国首个“中国邮轮旅游发展实验区”“中国邮轮旅游发展示范区”，正式揭牌“上海国际邮轮旅游度假区”，邮轮已成为宝山的独特

2018 年 7 月 13 日，吴淞口邮轮港新客运大楼投入试运营并迎来“盛世公主号”“诺唯真喜悦号”“地中海辉煌号”三艘大型邮轮同时靠泊

名片。“蓝梦之星”邮轮全国率先复航，国产首艘大型邮轮“爱达·魔都号”也成功开展了商业首航，华夏国际邮轮有限公司正式落户宝山，宝山邮轮旅游产业正迎来“奋力一跳”的新阶段。着眼未来，我们更关注宝山邮轮旅游的国际范、民族风和惠民生，加快建立邮轮全产业链的体系和产业生态，打造具有全球影响力的民族邮轮品牌，去参与国际竞争；持续升级提标邮轮滨江带，把最好的资源留给人民，推出更多港城联动、文旅融合、群众喜爱的拳头产品，持续示范引领中国邮轮经济高质量发展。

二是绿色低碳产业打开新布局。宝山的绿色低碳产业发展，一开始就承担着老工业基地的厚重使命和转型样板区的战略任务，更有典型意义。我们创新推动了绿色低碳供应链先行先试，聚焦碳核算、碳认证和碳金融等领域，主动应对全球经贸绿色低碳规则重构，统一产品碳足迹数据核算标准和评价，力争形成“上海标准”，来争取国际话语权；我们紧盯绿色低碳供应链核心功能区的打造，推进宝武碳中和产业园建设、同济路“绿色经济带”集聚，参建宝武百亿绿碳基金，引育一批链主企业、功能总部、服务机构，壮大绿色低碳产业圈；我们把握长三角绿色低碳供应链公共服务平台上线运营的契机，来加快引流、夯实壮大。我们围绕生产方式的转变，聚焦传统产业重点领域，抢抓产业新机遇；聚焦能源转型，推进清洁能源替代；聚焦金融支撑，探索建立绿色金融体系，不断寻求动能的新突破。

三是优势产业取得新进展。上海科创中心建设十年，宝山始终在全市乃至全国的产业版图中切入细分赛道，在加强科技与产业融合上下功夫，加快构筑有效承接创新转化的现代化产业体系，持续向先进制造业、高端制造业和战略性新兴产业进军。在生物医药产业方面，宝山围绕创新药物、细胞和基因治疗、疫苗、体外诊断、合成生物、AI + 生物医药、CXO、高端医疗器械等细分赛道，聚焦“北上海生物医药产业园特色核心园 + 专业精品园”打造，建设全市生物医药及合成生物产业“张江研发 + 上海制造”的北翼关键节点。2020 年到 2022 年规上工业总产值年均增速超 53%，主要是生物医药领域的规上工业总产值，宝山生物医药产业起势迅猛、产业能级逐步走强。在机器人及智能制造产业方面，以大模型等人工智能技术突破为引领，宝山面向未来，努力布局人形机器人；面向当下，做强工业与服务机器人，坚持创新引领、应用牵引、龙头带动、软硬协同、生态培育，推进核心部组件、整机产品、专业软件等链式集聚，打造具有全球影响力产业生态圈。2023 年，宝山机器人及智能制造产业产值达到了 680 多亿元，占全区规上企业工业总产值的 27% 左右，产业支柱效应逐步显现。在新材料产业方面，2023 年，宝山先进材料规上企业工业总产值 930 多亿元，占全区规上工业总产值的 36.7%，也就是三分之一以上，“压舱石”作用进一步凸显。同时，宝山聚焦先进金属材料、电子信息材料、碳基新材料、新型功能材料等赛道，以国家新型工业化产业示范基地建设为引领，力争到 2026 年实现产业规模突破

1100亿元以上、营收超亿元企业争取达到100家以上、打造10家以上领军企业这样一个目标。在新一代信息技术产业方面，宝山已经培育了欧冶云商、上海钢联、欧冶工业品等全国领先的互联网经济平台，龙头链主效应逐步强化起来。同时，我们积极布局动漫电竞产业，用好吴淞创新城等独特实景资源，增强电竞赛事、动漫会展、场景体验等功能，加快实现弯道超车；我们贯彻落实市政府《关于支持宝山区打造吴淞创新城等生产性互联网服务平台集聚区的若干措施》，进一步培育大宗商品电子商务示范园、南大智慧城等若干“平台＋园区”的产业社区，进一步打造平台经济新高地。

## 从“立柱架梁”迈向“雕梁画柱”

当前，宝山打造“科创中心主阵地”战略使命的第一轮三年行动计划已经顺利收官了。我们深刻地体会到，这三年，宝山持续推进科创中心主阵地建设，奠定了新时代新征程宝山现代化发展的坚实根基。接下来，我们要继续发扬已有工作中形成的好的做法和经验，在深化提升上下功夫，加快从“夯实基础功能”向“构筑核心功能”迭代升级。

市委要求宝山打造成为全市科创中心建设的主阵地之一，也是从全局和战略高度作出的判断，我们要深刻领会好、贯彻好、落实好。对宝山区来说，科技创新是深度融入国家战略的机遇所在，也是上海科创中心建设的大局所需，更是加快发展动能转换的大势所趋。我们要始终把科技创新作为宝山转型发展的必由之路。我们会牢牢把握功能转换和能级提升的战略主动，持续拓展转型特色功能，夯实城市基础功能，坚定不移地走科创发展的道路，这样才能做到既为一域争光，更为全局添彩。

这三年，我们主动对接和服务中央、市委的重大战略部署，推动“科创宝山”全面起势对标看齐，确保中央、市委决策部署在宝山能够落地生根。今后，我们仍要把准政治站位、总体定位和实践落位，主动把宝山的转型发展放到中国式现代化的大场景、放到全市工作的大局中再审视，聚焦宝山如何更好服务全局、建设什么样的宝山、如何建设宝山等事关长远的命题，来一次再思考，落实“两个成为”，加快建设“一地两区”，做细做实“三个转型”，一步一个脚印地向前推进。

当然，一个地方的发展是接续奋斗的连载故事，“一届接着一届干”是历届宝山区委久久为功的真实写照，历经了“十年磨一剑”，主阵地建设已初具规模。接下来，我们要始终树立“功成不必在我，功成必定有我”的责任担当，从最重要、最紧迫的事情抓起，善于起势和造势，引导人人起而行之，推动人人参与、人人奋斗、人人创造。通过滚动实施、压茬推进，心往一处想、劲往一处使，一轮接着一轮干，不断积小胜为大胜，最终实现量变到质变的突破。

下一步，关于宝山如何继续推动科创中心主阵地建设，我想有三个方面：

一是集聚科创要素。一方面，要围绕全链条布局。陈吉宁书记指出，科技创新必须完成整个过程，才是真正意义上的创新。我们正在围绕科创转化全链条，推动各类科创要素加速集聚，构建覆盖全生命周期的成果转化体系，有效闭环成果转化“最初”与“最后”一公里。另一方面，要聚焦专精度来发力。我们将围绕重点产业领域，更多引入专业人才、资金和团队，引育一批垂直类概念验证中心、高质量孵化器，推动吴淞材料实验室、长三角数字医疗技术研究所等建设，在聚焦细分赛道中锻造核心优势。

二是激发创新活力。我们要着力打造富有活力的创新生态，让创新场景无处不在。突出聚焦南大、滨江、吴淞“三箭齐发”，在空间转型当中更多注入科创功能，构建全域创新格局。南部打造科创转化带，提升科技金融、科创中介等各类专业服务能级；北部打造科创产业带，推动科技创新和战略性新兴产业互促发展。我们还要依托大学科技园建设，通过校区、园区、社区的融合发展，让创新创业文化充分溢出、广泛辐射。同时，我们会推动实施人才赋能和倍增计划，推进全周期服务改革，做优做强服务阵地，不断优化樱花卡和人才公寓等服务供给，更好地为科创宝山招“才”进“宝”。

三是壮大科创产业。宝山的主阵地，是科技成果转化和产业化的主阵地。关键是要积极嵌入全市乃至全国的产业发展版图，依靠科技创新来锻造核心优势，大力发展六大重点产业。同时还要优化工作机制、压实各方责任，集中资源力量加快推进，确保每个重点产业都有三年行动方案、每个目标都有推进措施，加快构筑有效承接创新转化的现代化产业体系。

总之，市委将这样的重任交给我们，体现了对宝山发展高度重视、对宝山工作大力支持。我们将始终高举科创大旗，滚动推进三年行动计划，不辱使命、不负重托，为全市科创中心建设贡献宝山力量。

# 以上海为龙头合力打造长三角科技创新共同体

【口述前记】

阮青，1963 年 11 月生。曾任上海市计划经济研究所宏观经济研究室主任、所长助理，市发展计划委员会综合计划处处长，市发展改革委发展规划处处长、副总经济师，市委研究室副主任、市决策咨询委员会秘书长等职。2014 年 2 月至 2024 年 3 月，先后任市发展改革委副主任，党组副书记、副主任，市发展改革研究院院长，2018 年至 2024 年任长三角区域合作办公室常务副主任。现任市政协常委、经济和金融委员会常务副主任。

口述：阮青

采访：严爱云、郭继、孙宝席

整理：郭继

时间：2024 年 3 月 13 日

建设具有全球影响力的科技创新中心是习近平总书记亲自交给上海的战略使命，长三角一体化上升为国家战略是以习近平同志为核心的党中央作出的重大战略决策。上海作为这两大国家战略的重要承载地，牢牢抓住科技创新这个“牛鼻子”，把强化区域创新协同摆在突出位置，与长三角三省一起，在科技和产业创新上取得了一批重要成果。我 2014 年从市委研究室重新回到市发改委工作至 2024 年初整十年，可以说是与上海科创中心建设共奋进，在此期间又担任长三角区域合作办公室常务副主任，亲历了科技创新由上海一个地方干到长三角地区一块儿干的历史过程。

## “四个所”：国家战略叠加的共同需要

国际经验表明，世界级城市群关键是要有若干个世界级的产业集群，任何一个城市群都不是靠外部技术依赖就能崛起的。对这个问题，习近平总书记不仅看得远而且谋划得早，2014 年他向上海作出加快向具有全球影响力的科创中心进军的重要指示，同时要求发挥上海在长三角地区合作和交流中的龙头带动作用。这两个题目很大，都是具有战略意义的任务。我当时正好接任市发展改革研究院院长。我们学习下来认为上海要建设科创中心的核心功能，不仅包括策源能力、转化能力，还应该包括人才集聚能力、资本激励能力等。于是，我们从实际出发在这些方面配合市里做了一些关于上海建设科创中心的课题研究。

2018 年 11 月，习近平主席出席首届进博会开幕式，宣布正式将长三角一体化上升为国家战略，随后在上海市考察时，又对上海以及长三角发展提出明确要求："要在推动长三角更高质量一体化发展中进一步发挥龙头带动作用，把长三角一体化发展的文章做好，使之成为我国发展强劲活跃的增长极。"那么，包括上海在内的长三角地区要能成为我国强劲活跃的增长极，关键靠什么？我的理解是关键靠科技创新和产业创新。

2019 年 5 月，中央政治局审议通过国家发改委牵头起草的《长江三角洲区域一体化发展规划纲要》，指出长三角是我国经济发展最活跃、开放程度最高、创新能力最强的区域之一，长三角要强化创新驱动，建设现代化经济体系。就是在这个《规划纲要》中，首次明确提出打造长三角科创共同体的目标，并对如何发挥好上海国际科创中心为牵引加强区域协同创新产业体系建设进行了顶层设计。2020 年 8 月，习近平总书记在扎实推进长三角一体化座谈会上进一步要求长三角地区要勇担我国科技和产业创新的开路先锋。2023 年 11 月，习近平总书记在深入推进长三角一体化发展座谈会上再次要求长三角区域加强科技创新和产业创新跨区域协同。

习近平总书记要求上海加快建设科创中心，谋划推动长三角一体化发展，特别强调长三角加强科技创新和产业创新，是顺应科技产业发展趋势，把我国建设成为世界科技强国作出的重大战略决策。改革开放以来，长三角地区经过长时间的快速发展，世界级城市群正在崛起，地区之间的共同发展需求也发生了变化，过去大家希望、强调基础设施的互通互联，现在长三角一体化主战场要及时转移到科技上，要在科技和产业方面形成合力。可见，长三角科技创新共同体作为国家科技创新战略的重要抓手之一，是大势所趋、形势所迫、国家所需、长三角所能。

所谓“大势所趋”，是因为当今世界正在经历一轮新的全球范围的科技革命和产业变革，趋势越来越明显，奇点时刻较原预期可能会提前。量子计算、可控核聚变、人工智能等前沿技术的奇点时刻已有迹可循，将会影响各国经济增长动能的切换、社会演进的变革和国际政治格局的调整。所以，国与国之间的博弈，在科技创新和产业变革的时代谁都输不起。

所谓“形势所迫”，是因为随着世界百年未有之大变局加速演进，围绕科技制高点的竞争空前激烈，“脱钩”“科技冷战”需要长三角地区扛起国家队的重担，加快成为科技创新共同体和产业共同体国家突出重围的“先手棋”，为国家赢得战略主动。

所谓“国家所需”，是因为我们国家已进入高质量发展时代，经济动能正在从以房地产、城镇化为主的旧动能向新动能切换，新动能的发展要靠创新、靠自主创新、靠开放式创新，发展新质生产力。

所谓“长三角所能”，是指长三角地区已具备了作为一个整体为国家科技

长三角资本市场服务基地

创新突破多作贡献的整体实力。长三角地区科技资源、教育资源非常富集，创新动能活跃，经济实力雄厚。长三角地区名校云集，还有很多实力雄厚的科研机构集中在这个区域；长三角地区的 GDP 占到全国近 1/4；不论是制度改革、创新生态也好，还是政府政策的协同也好，都能为创新的实践提供支撑。此外，长三角地区也是我国的开放重地，有着开放的优势。

总之，长三角三省一市有基础、有条件，更有潜力，能够在服务国家科技创新战略中各展所长、强强联合、大有作为。

## 重在把“长板”拉长：共同构筑长三角科创共同体

2020 年，为更好地促进长三角科创共同体的打造，科技部以习近平总书记在扎实推进长三角一体化发展座谈会上的重要讲话精神为指导，研究制定了《长三角科技创新共同体建设发展规划》(以下简称《发展规划》)。《发展规划》对长三角科创共同体进行了总体设计，将长三角定位为“高质量发展先行区、原始创新动力源、融合创新示范区、开放创新引领区”；对科创共同体的目标进行了界定，提出力争到 2025 年形成现代化、国际化的科技创新共同体，到 2035 年全面建成全球领先的科技创新共同体，并从协同提升自主创新能力、构建开放融合的创新生态环境、聚力打造高质量发展先行区、共同推进开放创新等方面提出具体措施，这是建设长三角科技创新共同体的“集结号”。

众所周知，长三角合作由来已久。2005 年，首次长三角两省一市主要领导座谈会在杭州召开，区域合作纳入长三角最高决策层视野。2009 年，安徽省正式加入，三省一市合作机制正式形成。进入新时代，三省一市主要领导对科技创新问题进行了充分酝酿和谋划。从 2018 年开始，我因担任长三角区域合作办公室常务副主任，连续5年进入会场聆听了三省一市主要领导会议。领导们在讨论长三角怎么为国家科技创新作贡献时，设想与科技部一道成立一个办公室，共同对区域性创新目标、重点任务、资源布局等进行协商和统筹。后来这个办公室命名为科技创新共同体办公室。

2021年4月，科技部成立了推进长三角科技创新共同体建设工作专班。5月27日，在第三届长三角一体化发展高层论坛上，长三角科技创新共同体建设办公室正式揭牌。办公室由科技部与三省一市共同组建，实行“双主任”制，科技部主要负责同志和上海市市长担任主任，三省一市和科技部的分管领导担任副主任。8月27日，长三角科技创新共同体建设办公室首次会议顺利召开；10月，三省一市科技部门选派8名干部赴上海集中办公，长三角科技创新共同体建设工作专班秘书处实体化运作。

在解决好组织架构问题的同时，三省一市主要领导还就如何推进共同体建设进行了深入的谋划。这个科创共同体不是简单地补短板的共同体，是要拉长各自长板的共同体；不是用别人的长板补自己的短板打造一个小水桶，而是三省一市各自贡献自己的长板打造一个大水桶。比如上海市的长板是基础科研能力，也就是策源能力强，许多大科学设施、大装置都集中在上海，上海又是人才、“五个中心”集聚地，具有其他地区无法比拟的优势。江苏省的长板是科技成果产业化能力，江苏有个产业技术研究院就很注重创新链中科学成果到产业技术之间的转化环节工作。浙江省的长板是技术交易市场特别活跃，科技成果交易、转化通过市场的方式进行交易已很成熟。安徽省的长板是既有合肥国家综合性科学中心、合肥实验室等，又有中国科技大学、合肥工业大学等科研实力雄厚的高校，还有科大讯飞这样知名的科技企业。正是在把长板拉长思路的指导下，三省一市坚持谁有能力谁有意愿谁来干的原则，从过去上海一家干到现在大家一起干，努力把长三角科技创新共同体这个“大水桶”打造起来。在科技部支持下，长三角科技创新中心在上海成立，总部设在上海浦东，中心主任由江苏产业技术研究院院长刘庆担任，下面有江苏产业技术研究院、上海长三角研究院，下一步还要发展安徽、浙江等分院。这是长三角拉长板的一个典型实践案例。

当然，长三角科技创新共同体的核心是上海科创中心。上海是龙头，必须发挥担当的作用。长三角区域合作办公室又设在上海，因此，长三角区域合作办公室积极支持助推这个共同体的建设，将科技专题合作组调整为上海固定轮值，既发挥上海科技优势，又保障相关工作不断不乱、持续稳定推进。

我们滚动编制实施两轮三年行动计划，把科技创新作为重要板块予以单列，并分解到年度工作予以重点推进；将科技协同创新作为重要议题纳入每年长三角地区主要领导座谈会闭门会议进行讨论，并将主要领导议定事项转化为合作事项予以全力推进。组织开展长三角一体化发展若干重大问题研究，对标国际最高标准最好水平找差距，在基础研究、新型研发机构培育等方面谋划了一批合作事项，如2023年三省一市签署的《上海张江、安徽合肥综合性国家科学中心合作共建协议和长三角重大科技基础设施联动发展合作备忘录》，旨在协同推进大科学基础设施集群开放共享；支持协同开展跨学科交叉基础研究，复旦大学、上海交通大学、上海科技大学、南京大学、中国科技大学等积极推进交叉学科基础研究并取得积极进展。

## 织网络、建平台、筑生态：攥指成拳初见成效

《发展规划》发布后，三省一市通过织网络、建平台、筑生态，围绕贯彻落实开展了大量的工作：

一是围绕全链条协同增强创新力量“织网络”。形成汇聚国家实验室、国家重点实验室、重大科技基础设施等的战略科技力量网络，企业“出题”、政府“选题”、联合“答题”的跨区域联合攻关网络，长三角科技转移转化网络，以长三角科技资源共享服务平台、长三角科技创新券通用通兑平台为核心的科技资源共享网络。其中，长三角科技资源共享服务平台，集聚区域内重大科学装置27个、大型科学仪器超5万台、仪器总价值超500亿元，很好服务长三角各类科研机构开展科研活动。

科技创新券的通用通兑是增强协同创新的又一重要举措，是利用长三角区域财政科技资金，支持区域内科技型中小企业向长三角区域内服务机构购买专业服务的一种政策工具，有助于技术、资金、人才等要素跨越区域“牵手”，促进科研服务业发展势能。目前，上海、浙江全域打通，安徽和江苏部分地区打通。

二是依托重点区域一体化推进创新高地建设“建平台”。核心是加快推进“一廊一带多中心”建设。其中，“一廊”就是长三角G60科创走廊，“一带”就是沿沪宁产业创新带，“多中心”就是发挥上海、南京、苏州、杭州、合肥等中心城市优势带动周边区域创新发展，还有环太湖创新带等。特别是长三角G60科创走廊随着《长三角G60科创走廊联合攻关方案》的落地实施，跨区域协同创新体系不断建强，跨区域产业链合作不断加深。

三是营造好协同创新的生态。强化海内外高端人才引进、卓越工程师培育，探索推动职业资格、职称和继续教育学时互认，持续推进高水平创新人才队伍建设；加快科创金融改革试验区建设，依托长三角资本市场服务基地、科创板等强化协同创新的金融支持；强化知识产权保护协作，完善知识产权服务体系，形成与长三角科技创新相配套的知识产权体系；依托浦江创新论坛、世界顶尖科学家论坛等活动，以及国际大科学计划，共建多层次国际科技合作渠道；长三角国际创新挑战赛、长三角科技成果交易博览会等活动有效破除创新要素流动壁垒，“双创基地”联盟工作在上海杨浦区牵头下也有声有色。

位于浦东的长三角国创中心

截至目前，长三角地区的战略科技力量加速集聚，9个国家实验室里有6个在长三角地区，其中上海有3个。这些实验室按照“核心 + 基地 + 网络”模式加快形成体系，104个国家重点实验室加快重组，与已建或在建的25个重大科技基础设施共同构成长三角重要战略科技力量。依托这些战略科技力量，标志性的科技成果，“九章”量子计算机原型、食蟹猴大脑全皮层三维单细胞图谱、克隆猴等重量级科技成果相继诞生。技术攻关上也建立起长三角科技创新共同体联合攻关专项机制，首批15个联合攻关项目加快实施，四地财政投入超过8000万元，带动企业投入超过5亿元，吸引40余家长三角高校院所、企业参与；第二批28个项目基本完成立项，即将启动攻关。自主可控的12英寸集成电路综合智能制造系统模块成功开发。2022年，长三角地区承担国家重点研发计划资金额67.4亿元，其中跨省市协同参与的资金额占比84%，四省市间技术合同成交额较2020年增长418%。在世界知识产权组织发布的《2023年全球创新指数报告》

中，上海—苏州集群列世界科技集群第五位。

## 深刻领会最新指示精神，推动共同体建设走深走实

2023 年 11 月 30 日，习近平总书记主持召开深入推进长三角一体化发展座谈会并发表重要讲话，在肯定长三角一体化发展取得的显著成效的同时，指出长三角一体化发展有许多深层次问题有待进一步破解。进一步破解这些深层次问题的首要任务是加强科技创新和产业创新跨区域协同。长三角办 2023 年根据市委主要领导要求，委托国际咨询公司作了长三角与世界城市群进行国际对标的研究，用翔实的数据和案例剖析长三角在科技创新和产业创新方面的优势条件和差距不足，特别是在"创新策源"维度上与国际城市群相比整体存在明显差距。

根据习近平总书记要求推动长三角一体化发展取得新的重大突破，在中国式现代化中走在前列，更好发挥先行探路、引领示范、辐射带动作用的重要指示，我体会长三角三省一市在未来更加关键的十年里，应该聚焦加快打造区域发展、科创和产业"三个共同体"，努力做到"四个干"：

一要从源头上干。从国际看，2022 年长三角高被引论文数仅为 2000 篇，而同期美国波士华城市群为 79000 篇，日本太平洋沿岸城市群为 4000 篇。因此，长三角地区必须适应大科学时代分工专业化同时不断综合的趋势，组织长三角相关高校院所各展所长协同开展跨学科交叉基础研究，更高效率提升基础研究能力。

二要合起来干。当前，创新活动地域、组织与技术边界不断延伸、融合，多主体协同创新趋势明显。虽然 2023 年世界知识产权组织发布的全球创新指数"科技集群"排名中，上海—苏州集群跃升到第五位，但与东京—横滨、

深圳—香港—广州、北京等仍有差距，我们长三角区域的杭州、合肥等城市单个纵向比进步很快，但是长三角作为一个整体还没有充分体现出来。因此，未来建设全球创新城市集群大家不能单干，必须合起来干。

三要用新的方式干。全球科学研究范式已进入深刻变革期，以重大任务为驱动的有组织、成规模科研在基础研究中逐步加强，学科交叉融合、跨部门合作趋势进一步明显，数据密集型科研和智能科研（AI for science）不断刷新科学界的认知，这对我们组织科研提出了新的命题。我们必须学会用新机制、新方法、新模式进行改革创新。

四要开放地干。习近平总书记强调“以更加开放的思维和举措参与国际科技合作，营造更具全球竞争力的创新生态”。长三角科创共同体建设就是要利用长三角的开放优势，发挥好国际大科学计划“聚”的作用，国际科技组织“连”的作用，尤其要充分发挥上海对外开放的通道功能和国际化优势，高水平一体化链接全球创新网络，高能级加速承接和集聚全球创新资源，提升长三角地区对全球高端创新资源的吸附和整合能力。

长三角一体化越成功，后面遇到的问题也会越多、越棘手，但我们不应回避问题。我们要有担当、定力、能力去攻克这些问题，把科创共同体按照国家战略要求一步步实施好，为建设自立自强的科技强国做更多的事情、贡献更多的力量。这是我们长三角三省一市都要承担起来的共同责任。

# 研发作为产业　技术作为商品——长三角国家技术创新中心的建设发展及创新举措

【口述前记】

刘庆，1964年11月生。曾任丹麦Riso国家实验室高级研究员、清华大学金属材料研究所所长、教育部先进材料重点实验室副主任、重庆大学材料学院院长、重庆大学副校长、重庆自主品牌汽车协同创新中心主任等职。现任长三角国家技术创新中心主任、上海长三角技术创新研究院院长、江苏省产业技术研究院院长、第十四届全国人大代表。兼任中国工程科技发展战略江苏研究院执行院长、江苏欧美同学会副会长和江苏省金属学会理事长。

口述：刘庆
采访：孙宝席、赵冬英、周春燕、吴言荻
整理：吴言荻、卢颖卓
时间：2024 年 3 月 30 日

长三角区域是国家区域发展总体战略的重要组成部分，在国家经济社会发展大局中占据重要地位。2018 年 11 月 5 日，习近平主席在首届中国国际进口博览会上宣布，支持长江三角洲区域一体化发展并上升为国家战略。2020 年 10 月，国家科技部正式批复长三角国家技术创新中心建设方案。2021 年 6 月 3 日，长三角国家技术创新中心（以下简称“长三角国创中心”）在上海正式揭牌运行。

习近平总书记强调指出，“上海和长三角区域不仅要提供优质产品，更要提供高水平科技供给，支撑全国高质量发展”。建设长三角国家技术创新中心，是贯彻落实国家创新驱动发展战略和长三角一体化发展战略的重要部署，是深化科技体制机制改革、率先形成创新驱动发展格局的重大举措。我们长三角国创中心定位于实现从科学到技术的转化，将国家战略部署与长三角区域创新需求有机结合，以推动重要领域关键核心技术攻关为核心使命，产学研协同推动科技成果转移转化与产业化，以一体化的思路举措为长三角区域产业发展提供源头技术供给和转化服务，打造成为长三角一体化高质量发展的核心引擎。

2022 年，上海市政府办公厅发布了《关于本市推动长三角国家技术创新中心建设的实施意见》，市科委、市财政局、市发展改革委等九部门发布《关于支持上海长三角技术创新研究院建设和发展的若干政策措施》《上海长三角产业技术研发专项经费管理办法》等系列政策文件，进一步为长三角国创中心和上海长三角技术创新研究院（以下简称“上海长三院”）的建设和发展提供良好的政策支撑。

## 架设起“两个桥梁”，助力长三角科创一体化

在我看来，长三角区域一体化发展其实由来已久，大致经历三个阶段：20世纪80年代的上海“星期天工程师”，造就了以苏南模式为代表的乡镇经济；20世纪90年代浦东开发开放、中国加入世贸组织，跨国资本把总部设在上海、生产工厂设在苏浙皖，带动长三角成为世界工厂，促进了区域产业体系分工的一体化发展；党的十八大以来，特别是2018年“长三角一体化发展”上升为国家战略以来，伴随着全球科技革命和产业变革的快速演进，长三角代表中国承担起了建设全球影响力的产业高地使命，必须更好把上海全球科创中心的创新策源与长三角雄厚的产业基础相结合，推动科技创新和产业创新跨区域协同和要素深度融合，推动长三角产业向中高端跃升，才能实现高质量发展。

基于长三角一体化高质量发展的时代要求背景下，在国家科技创新体系框架下，长三角国家技术创新中心应运而生。我们聚焦中国产业创新转型升级所需技术，构建技术从学术到产业、跨越“死亡之谷”的平台和桥梁，提供高水平科技供给，支撑产业向中高端迈进，进而推动长三角区域从要素驱动、资本驱动向创新驱动转变，实现高质量发展。

长三角国创中心架设了“两个桥梁”，一个是从科学到产业的桥梁，另一个是将全球创新资源一体化对接到长三角一体化地区的桥梁。目前，上海长三院和江苏产研院按“一套机制、一个团队、一体化管理”，推进长三角国创

长三角国创中心一楼大堂铜牌

中心各项建设任务。一体化统筹布局、配置协调各类创新要素；针对载体建设、重大项目培育、人才引评激励培养等施行“一套运作机制”，最大限度保障要素畅通流动和资源高效配置，真正实现长三角科创一体化发展。

## 探索创新机制，发挥改革“试验田”作用

科技部将长三角国创中心定位为科技体制改革的“试验田”，我们很多创新改革举措都是“试验田”这三个字赋予的，或者说“试验田”三个字为国创中心的多个探索和尝试提供了保障。我们坚持发挥市场在创新资源配置中的决定性作用，在创新机构建设、人才引进激励、财政科研资金使用上，努力破除制约创新要素流动和科技成果转化的壁垒障碍，构建有利于技术创新和成果转化的新型运作机制，促进重大基础研究成果产业化，集聚更多高水

平创新资源，设计有利于培育、激励科技人才发展的保障机制，更高质量服务长三角产业实现创新驱动发展。

改革措施一：尊重市场规律，汇聚高水平科技力量，统筹布局研发载体。

长三角国创中心面向长三角地区重点产业领域，高水平、高标准布局遴选建设一批具备核心技术研发和集成创新能力，从事共性技术开发与集成、关键核心技术研发和技术成果转移孵化的研发载体。研究所采用混合所有制企业法人，坚持“多元投入、团队控股 / 持股、轻资产运营”的机制，科研人才和团队可以成为按市场化运行的研究所的控股人，拥有研发机构的运营权、成果所有权、处置权和收益权。把机构的发展与人的积极性有机结合，最大限度调动科研人员积极性。

截至 2024 年 3 月，长三角国创中心已经在长三角区域布局专业研究所 97 家，累计总投入超 250 亿元，研发人员达 16000 人，年科研收入超 35 亿元，累计转移转化技术成果 9000 多项，衍生孵化企业 1500 多家，服务企业超 20000 家。

习近平总书记指出，“让要素在更大范围畅通流动，有利于发挥各地区比较优势，实现更合理分工，凝聚更强大的合力，促进高质量发展”。所以，要让市场规律来决定先进技术该到哪里，实现创新要素的自由流通。举个例子，激光技术作为高端制造的核心技术之一，在精细化制造、智能制造等领域有着极其重要的地位，中国科学院上海光机所在激光技术方面实力雄厚。2013 年 3 月，中国科学院上海光机所与南京经开区共建南京先进激光研究院，开展产业技术研发、技术转移转化、技术服务和中小型科技企业孵化工作，把上海光机所的重大创新成果进行“二次开发”并推向市场。2014 年，江苏产研院与南京先进激光研究院等合作成立“先进激光研究所”，研制出多普勒测风激光雷达。2018 年，激光所把激光技术辐射到安徽芜湖，设立安徽中科春谷激光产业技术研究院，推动激光技术在汽车行业的运用。2023年，研究所参与浙江省激光智能装备技术创新中心的建设。技术发端于上海、南京，又辐射到安徽、浙江，这些创新资源的流动的背后，主要是市场规律在发挥作用。

再举个例子，中国科学院苏州生物医学工程技术研究所的一支技术团队在医疗信息及健康大数据领域具有非常强的实力。为了更好服务公立医院的数字化转型，团队不仅需要更多数字化与人工智能方面的人才加盟，更需要与医疗信息化程度更高、更高端的医院进行合作。在长三角国创中心的支持下，苏州医工所的团队在上海宝山成立了长三角国家数字医疗技术所，依托上海更加丰富的医疗资源和人才实现更大发展，助推传统医疗产业的数字化转型。

这两个研究所都是与长三角国创中心合作或由长三角国创中心孵化的研究所，他们的发展与壮大，并不是由国创中心在做顶层设计，而是我们破除多种阻碍，助力创新要素按照市场规律在更大范围内畅通流动的结果，这就是长三角国创中心营造的促进创新要素畅通流动机制。

改革措施二：深度挖掘企业需求，有效组织揭榜挂帅，助力现有产业转型升级。

长三角国创中心不仅为中小企业提供技术服务，也通过凝练龙头企业的真难题并提出解决措施，助力现有产业转型升级，并提升整个长三角区域的技术水平。

我们探索与企业建立联合创新中心，并投入一定费用，由企业专职人员配合国创中心把企业上下游的技术需求找出来。通过这种方法，我们摸索出一些规律，并成功对接解决了企业的部分需求。截至目前，我们在长三角区域，已经与400多家行业龙头企业建立联创中心，收集和凝练出超过2000项企业愿意出资解决的技术真难题，并成功帮助企业对接解决了近三分之一。

针对上海央企国企大企业集团资源优势，我们发挥平台组织功能，与复星集团、中国商飞、上海德汇集团、中广核数字科技公司等大型企业集团签署战略合作协议并推动项目合作。如与5家复星体系龙头企业共建联创中心并对接解决技术难题，合同金额累计超4000万元；与德汇集团控股公司凯鑫森共建企业联创中心，并协助对接体系内研发平台和南洋理工大学等开展产学研合作；推动上海智能制造功能型平台与上海飞机制造公司开展关于民机结构激光冲击成型与强化工艺、装备合作研发；与中广核上海数字科技共建高端工控研究院等。

2023年1月，长三角国创中心与上海浦东新区共同建设运行“揭榜挂帅”公共服务平台，通过多种形式征集企业技术需求，推动产学研深度合作。平台累计发榜216个项目，其中企业榜单有203个项目，项目意向投入资金总额超7亿元。企业榜单项目累计有30个已成功揭榜签约，揭榜项目总金额超过5200万元。

举个例子，再生复合功能纤维材料是集抗紫外线、瞬间凉感、吸湿速干及抗菌等多种功能为一体的复合功能面料，当前国内外市场上已有单项功能的纤维面料，但研发和生产出集多功能于一体的纤维面料依旧是纺织行业的共性难题，因为这种多功能纤维材料的开发工艺复杂、周期长，技术难点高，涉及母粒造粒、纤维拉丝、纺丝织布到最终成衣制品等产业链的多道工序，单独一家企业很难组织全流程的研发和生产。

面对市场的巨大需求，单家企业完成难度系数大，技术需要上下游企业协同攻关，在长期调研中，我们长三角国创中心敏锐地发现了这个共性技术问题，通过多次走访企业、拜访专家和组织论证等一系列工作，重新梳理和提炼了技术难题，结合长三角产业发展状况，组织和筛选了4家行业上下游企业，通过“众筹科研”的方式，由四家企业和长三角国创中心共同出资，并在浦东揭榜挂帅平台上进行了榜单发布，寻求解决方案。在国创中心的组织推动下，经过多轮技术方案筛选，集萃先进纤维材料研究所有限公司成功揭榜，推动解决集多功能于一体的纤维面料的研发生产。

过去有的人认为，企业有技术需求可以在网上的技术交易市场去找。但技术需求是个性化、专利性、经验性的，需求的解决也不是简单的交易，长三角国创中心五大事业部的专业化队伍就发挥了重要作用。举个例子，我们的联创企业——上海复宏汉霖生物技术股份有限公司是生物医药领域的龙头企业，企业的一项需求就是要实现抗体药物制造关键生产技术国产化。长三角国创中心生物医药事业部团队与复宏汉霖反复深入沟通，并开展技术需求梳理，将他们的具体需求，分解并细化为细胞株培养基开发、工艺开发、AI自动化控制等多个核心技术指标，并整合多方资源，经过多轮对接和论证，最终成功促成华东理工大学和江苏百林科公司共同揭榜。

改革措施三：通过拨投结合模式，组织实施引领性重大创新项目，助力培育未来产业。

引领性、前瞻性技术创新项目往往存在回报周期长的特点和投资者与技术拥有者对技术评估价值偏差大等问题，针对这类面临市场融资失灵困境的项目，我们创新财政资金使用方式，采用“拨投结合”模式支持重大创新项目进行成果转化。“拨投结合”是在对项目进行全面研判的基础上，先通过科技项目立项给予团队研发资金支持，在项目进展得到市场认可进行社会融资时，将前期的研发资金按市场价格转化为投资，参照市场化方式进行管理和退出，并实行勤勉尽责、宽容失败机制。“拨投结合”机制于2021年被科技部、国家发展改革委纳入13项全面创新改革举措在全国试点推广。

2023年1月，我们以“拨投结合”模式支持的“激光晶体材料”和“泛

汉骅半导体

半导体腔体”两个重大技术创新项目正式落地宝山区。宝山区是国家发改委和科技部等部委有关“拨投结合”政策改革的先行试点区，在与上海长三院对接时，双方很快就达成共识，并借鉴上海长三院的“拨投结合”模式，设计出宝山区的“先投后股”政策，支持两个产业化项目迅速落地宝山高新技术产业园区。对项目所需的研发资金，宝山区以“先投后股”的模式，与上海长三院1∶1投入项目公司，同时与项目团队签订项目建设合作协议。自2021年6月长三角国创中心揭牌成立到2024年3月，上海长三角技术研究院通过拨投结合的模式，支持了19项原创性、引领性重大项目落地上海多个区。

## 聚焦当地资源禀赋，支持地方高质量创新发展

在长三角国创中心的发展和建设过程中，我们扎根长三角沃土，与三省一市、各级政府和地方园区紧密协作，围绕地方发展要求和产业需求，提供“一地一特色”专业服务，同地方政府、园区、企业建立多种类型的地方合作

平台，为长三角区域的一体化高质量发展提供有力支撑。

长三角国创中心与地方园区的合作基本上包括三方面内容。一是导入创新资源。长三角国创中心高标准遴选海内外创新资源，根据地方、园区产业布局和需求，推动长三角国创中心优质创新资源落地园区，共建创新平台，推进成果转化，开展科研项目及产学研合作，加强对现有合作项目的跟踪服务。二是培育新兴产业。我们联合地方和园区，为项目经理团队、海外研发公司和机构提供办公空间，服务入驻团队，提供人才、科技等政策咨询服务；对早期项目进行投资，协助对接资本市场。三是赋能科创生态。长三角国创中心各部门、合作伙伴以及地方、园区有关机构、院所、企业一起，组织项目路演、技术交流、对接等活动，多方联动，集聚创新资源。四是助力产业升级。探索与地方合作的新内容、新模式；深度参与地方、园区的重大科创活动，增加与园区合作伙伴的横向交流和资源共享；对接园区龙头企业，推动园区企业联合创新中心的建设。五是打造人才高地，开展地区高校人才联合培养工作，深入与地方龙头企业及高校合作，建设人才培养基地，助力园区人才高地进一步提升。六是开展战略研究，帮助地方、园区开展产业发展战略研究、产业技术研发方向、产业科技成果转化及重大创新平台建设。

截至 2024 年 3 月，长三角国创中心已经分别与长三角一体化发展示范区，上海浦东、宝山、嘉定、普陀、金山、闵行、虹口等区，上海化工区，临港集团等建立战略合作关系，实现江苏 13 地市院地合作全覆盖，与浙江和安徽多地的合作正在积极推进之中。

2022 年 7 月，长三角国创中心与长三角生态绿色一体化发展示范区签约，双方将充分发挥长三角国创中心科技体制改革试验田和示范区一体化制度创新试验田的优势，聚焦生态绿色技术、新一代信息技术等重点领域，推动各类科技创新资源要素向示范区集聚，在青吴嘉衍生孵化一批未来产业，助力产业高质量发展。上海市青浦区是长三角生态绿色一体化发展示范区等重大战略承载地，区位优势明显，发展潜力广阔。目前，青浦区处于全面跨越式发展阶段，除了进博会永久举办地、长三角一体化发展示范区承载地外，还承接了虹桥国际开放枢纽等重大战略，吸引了华为研发中心落户，涵盖了从“生态宝地”到“发展热土”的全过程。我们认为，青浦区可深度对接上海国际科创中心建设的目标，充分利用区位优势、资源优势，着力发展科创产业，加快集聚国际顶级创新资源要素，打造一批创新产业集群。长三角国创中心希望能进一步与青浦区合作，紧密结合青浦资源禀赋、产业发展需求，充分发挥长三角国创中心综合优势，推动优质科创资源项目落地，合作打造标志性创新成果，携手推动长三角一体化发展取得新突破。

2024 年是上海国际科创中心建设十周年。在长三角一体化发展中，上海是国家战略科技力量建设的主力军，始终扮演着“龙头”角色，发挥着独特的引领、辐射和带动作用。新时代，新征程，上海要进一步发挥全球科创中心的优势。一是要充分联动苏浙皖地区产业发展的需求，以长三角为基础吸引集聚全球高端人才和创新成果，为长三角乃至全国链接导入全球创新资源；二是要聚焦产业链价值链高端环节，以“研发作为产业，技术作为商品”的理念优化产业结构，以市场化的方式为长三角乃至全国企业提供高水平科技供给。三是要进一步发挥上海国际金融中心的作用，推动金融资本助力科技创新和战略性新兴产业培育。

长三角国创中心将坚持以深入贯彻落实党的二十大精神为主线，以国家战略为牵引不断提升国际化视野、战略性思维，聚焦重点领域和关键环节强化跨区域协同、各扬所长、共锻长板。以一体化、高质量的思路和举措，更好服务构建新发展格局，在中国式现代化新征程上交出长三角新答卷。

# 为科创企业谋划全生命周期的综合金融服务

【口述前记】

李军，1969 年 9 月生。2003 年至 2014 年就职于上海市金融服务办公室机构处、地方金融管理处等部门，其间 2013 年 12 月至 2014 年 9 月在中国（上海）自由贸易试验区管委会担任副秘书长。2014 年 9 月任市金融服务办公室副主任。2018 年 11 月至 2021 年 8 月任市地方金融监督管理局副局长、市金融工作局副局长，现任海通证券党委副书记、总经理、执行董事。

口述：李军

采访：年士萍、唐旻红、曹典

整理：唐旻红

时间：2024 年 3 月 4 日

2021 年下半年，我刚从上海市地方金融监督管理局（以下简称市地方金融监管局）调到海通证券时，市领导就要求我好好思考资本市场应该怎样更有效地服务于科技型企业。近年来，市委、市政府多位领导也在不同场合多次提到了这个问题。2023 年 11 月召开的中央金融工作会议提出的金融强国建设目标，将“科技金融”列于金融支持实体“五篇大文章”之首。这都说明，从中央到地方各级领导对金融机构如何进一步做好做实科技金融服务都予以高度重视。而我个人，在政府机构工作时主要任务之一就是协调整合各方资源，推动金融服务实体经济。而现在身在证券公司，以帮助科创企业直接融资为职责，更需要关注企业的未来和成长，挖掘企业最深层次的价值。这就要求我们具备专业的能力素质和独特的眼光视角，能从沙子里淘到黄金。

## 以配套政策文件服务于科创金融双中心和长三角一体化战略

在市地方金融监管局工作时，无论是我分管的金融合作处还是金融市场服务处，或是金融协调处，都与科创密切相关，算是一直在分管科创这块，致力于通过发展资本市场来推动科技与金融的紧密结合，为上海建设科创中心营造良好的创新创业环境。

加快建设具有全球影响力的科技创新中心，是以习近平同志为核心的党中央对上海作出的重要指示，也是国家作出的具有全局意义的重要战略决策。2015年上海市委、市政府发布了《关于加快建设具有全球影响力的科技创新中心的意见》(以下简称《意见》)。《意见》提出推动科技与金融紧密结合，营造良好的创新创业环境，并明确要求制定包括完善金融支持体系在内的若干配套政策文件，形成可操作的具体实施计划和工作方案，加快落实各项政策措施，这是提得很到位的，因为金融是科创企业发展和突破最重要、最依赖的条件之一。

2015年前后，上海抓住自贸试验区建设的大好机遇，积极推动金融领域改革和对外开放，加快建设国际金融中心，这与建设具有全球影响力的科技创新中心是紧密互动、相辅相成的。科创中心建设是上海国际金融中心建设的一个鲜明特色和亮点，为国际金融中心赋予了新的内涵；国际金融中心建设也为科创中心建设提供了重要支撑和有力保障。坚持金融和科创双轮驱动，上海就能具有无限的发展潜力，更好地服务全国发展大局。

在市委、市政府的领导下，市金融工作党委、原市金融办会同市政府有关部门和人民银行上海总部等金融管理部门，按照《意见》部署，结合贯彻落实《中共中央、国务院关于深化体制机制改革加快实施创新驱动发展战略的若干意见》《国务院关于大力推进大众创业万众创新若干政策措施的意见》有关金融创新工作的内容，做了许多深入调研，既分析上海科技创新中心建设对金融服务的新要求，也学习借鉴国内外科技金融服务创新的先进经验，联系上海实际，从地方政府推进金融服务创新、营造良好科技金融服务环境的角度，研究制定了《关于促进金融服务创新支持上海科技创新中心建设的实施意见》，作为配套政策文件提出了8个方面、20条政策措施，于2015年8月由市政府办公厅发布。其后，原市金融办牵头，围绕着推进多样化信贷服务创新、发挥多层次资本市场的支持作用、增强保险服务科技创新的功能、推动股权投资创新试点、加大政策性融资担保支持力度、强化互联网金融创新支持功能、鼓励创新创业服务平台与金融机构加强合作、建立科技金融服务工作协调机制等方面，一步步推动相关工作落实。

2018 年 11 月 5 日，习近平主席在首届进博会上宣布在上海证券交易所设立科创板并试点注册制后，时任市委、市政府主要领导高度重视，应勇市长 11 月 14 日带队到上交所调研座谈，李强书记 11 月 20 日带队到上交所调研并作指示。在市委、市政府领导挂帅指导下，市金融工作党委、市地方金融监管局会同市、区相关单位，全力配合证监会、上交所推动科创板及注册制试点的重大任务落地。其中最重要的一项举措，就是 2019 年 7 月 30 日，由市政府办公厅印发了《关于着力发挥资本市场作用　促进本市科创企业高质量发展的实施意见》，我们称为“浦江之光”行动。

同时，借助科创板东风及实际需求，也为呼应上海科创中心、金融中心建设及长三角一体化发展国家战略，市地方金融监管局还牵头推动了《上海市、南京市、杭州市、合肥市、嘉兴市建设科创金融改革试验区总体方案》（以下简称《方案》）的联络和起草工作。2022 年 11 月，《方案》终于以人民银行等八部委名义印发出台。

科技原创，如同撬动新事物的杠杆，能迸发出令人意想不到的强大力量。但是很多“早、小、新”科技型企业普遍具有强专业、轻资产、少抵押、高成长、高风险等特点，很难从单一融资渠道获得与其核心竞争力相匹配的资金支持。这就要求我们金融机构加强凝聚力，打好组合拳，尽可能通过综合金融方案解决科创企业一揽子问题。当年通过大量调研、研讨、磨合而提出的一些方案，有的已经通过央地出台的一系列政策措施而成功落地了，有的则可能还在推动过程中。

# “浦江之光”助推科创板启航

作为本市各部门合力推进科创板建设的指导性文件，“浦江之光”聚焦科创企业成长的全生命周期，从加大孵化培育力度、推进改制挂牌上市、吸引集聚要素资源、持续优化基础环境4个方面，提出18项具体举措、78项任务。我们市地方金融监管局负责牵头落实，从加强沟通、完善制度、企业培育、宣传推介等方面不断推进工作。

一是建立多层次工作机制，合力推进科创板重点工作。分管市领导牵头建立了科创板专项协调机制。市金融工作党委、市地方金融监管局牵头协调市经济信息化委、市科委、上海科创办、上海证监局、上交所等单位及相关区，制订分工明确的工作方案，推进科创板重点工作及重点企业上市，形成部门联动、市区协同的常态化工作落实机制。

二是加强调研分析，配合搭建完善相关市场制度。推出科创板并试点注册制涉及资本市场多项重大改革，针对科创企业特征，对未盈利、红筹、同股不同权、全员股权激励、实际控制人短期变更等企业均持包容态度，涉及的改革突破难度较大。正因为有了科创板及其一系列改革措施的推出，中微公司、盛美上海这类半导体公司选择从美股上市转为到科创板上市；中芯国际、华虹公司等则在原来美股、港股上市的同时，又在科创板上市；还有原在沪市主板上市的集团公司，如上海电气，将其中的电气风电单独分出来在科创板上市。

科创板相关制度主要是由证监会、上交所为主，地方政府也配合多方面听取相关方面意见和建议，了解企业的问题和诉求，梳理并反馈共性问题，以配合证监会、上交所制定完善科创板相关制度。比如证监会发布、修订科创属性评价指引、完善红筹企业发行上市监管政策、推进医疗器械企业适用第五套上市标准、推进科创板做市商制度落地等，我们都积极参与，积极提供意见建议。

三是紧抓培育环节，建设“浦江之光”企业库和政策库。科创板设立之初属于新生事物，很多企业都在观望。如何找到优质的科创企业首批上市，如何培育源源不断的后备企业，是摆在市地方金融监管局面前的一项重要任务。我们会同相关部门、机构和部分区，对本市的优质科创企业进行了初步排摸、联合走访，储备了一批潜在企业名单，确保2019年7月22日首批25家企业顺利上市，其中5家为上海企业。

同时，我们在市经济信息化委“改制上市培育企业库”、市科委“科创培育库”基础上，汇总形成“浦江之光”科创企业库，于2020年8月正式上线，作为全市科创企业储备库。后续我们又对其不断优化完善，逐步将市相关委办局重点企业资源分步纳入，2023年12月该库已升级为“浦江之光”数字化服务平台，入库企业也从最初的1400余家，扩大到了目前的2400余家。同时，我们通过与市大数据中心合作，进一步丰富企业信息资源，与上交所“星启航”系统合作，优化企业评价体系和企业画像，形成分层分类分梯队上市资源，做好潜在企业的发现以及重点企业的上市评价工作。

2020年开始，我们又连续4年汇总发布“浦江之光”行动政策库，包括《政策汇编》和《办事指南》，为科创企业提供常用、好用、实用的政策“工具书”和办事“指路标”。针对拟上市企业提出的合规证明开具难等问题，我们又在市司法局的支持下推进了专用信用报告替代合规证明在上市场景的落地实施。目前，企业已可通过“合规一码通”扫码出示，覆盖了41家单位，很大程度上解决了企业上市需要跑多个部门分别出具合规证明的烦恼。

四是聚焦重点企业，“一企一策”做好精准跟踪。在重点企业上市协调机制下，我们会同市有关部门，根据科创板重点服务领域梳理并跟踪本市重点企业情况，市区合力提供“一对一”精准服务，形成“一批已上市、一批审核中、一批即将申报、一批积极准备”的梯次上市良好局面。

如作为首批上市公司的中微公司，是本市集成电路设备产业的重点企业，打破了西方国家在半导体关键设备领域的垄断，并大幅降低了国内公司采购进口设备的成本。在科创板设立前本来是准备搭建红筹架构在境外上市的。科创板推出后，中微公司积极拆除公司红筹架构，加快股份制改造，拟申请科创板上市。这就需要在短时间内完成海外股东退出及新股东引进、公司境内外员工期权行权、员工股权激励、合规证明开具等多项工作，涉及部门众多，不少事项为科创板注册制后首次碰到的问题。市地方金融监管局主动牵头，协调相关部门，主动跨前，在依法合规的前提下，推动解决企业面临的主要问题。最终中微公司2019年7月22日顺利登陆科创板。

在“科技—产业—金融”良性循环和三角互动中，科创板又反过来发挥了重要的牵引作用，极大地激发了社会资本投资科技创新以及产学研结合的热情，有力推动了上海国际金融中心和科技创新中心建设，促进金融资本和科创要素深度融合。

比如在引领资本流向关键领域、节点企业方面，科创板的上市效应打通了科技创新行业“募投管退”全环节，激发了创新资本“投早、投小、投硬科技”的积极性。尤其是它所打开的退出通道，解决了社会化资金的“最后一公里”，使其敢于对科创企业进行早期投资。96％的科创板企业在上市前获得创投机构投资，较科创板推出前增长明显。科创板独有的询价转让制度，实现了创投资本与机构投资者的有序接力，为创新资本高效循环提供了有益补充。

同时，科技人员和创新项目在资本市场的价值实现，也进一步激发了产

2023 年 3 月，全面推进“浦江之光”行动升级暨 2023 年上交所资本市场上海综合服务周正式启动

学研结合。超六成科创板公司的创始团队为科学家、工程师等科研人才或行业专家，超三成与高校、科研院所建立了产学研项目，近五成参与国家重要科研专项。这些都实质性地助力了上海科技创新策源功能的强化。

## 从“科创所需”到“海通所能”

作为市属大型金融国企，海通证券致力于将服务优质科创企业投融资和建设专业化新投行作为突破口，将“科创所需”与“海通所能”紧密结合。

一是全力发挥投行品牌优势，助力科创企业上市。海通紧抓科创板“硬科技”的市场定位，在集成电路、生物医药、人工智能等领域已形成独具特色的投行品牌优势。自 2019 年 7 月科创板开板以来，公司累计服务近 60 家企业登陆科创板，科创板总市值排名前 20 的上市公司，海通保荐了其中 5 家，累计募资规模位列行业第二；服务了包括中芯国际、中微公司、沪硅产

2023 年 8 月 7 日，华虹半导体成功登陆上交所科创板

业、天岳先进、广钢气体、芯联集成、复旦张江等一大批国内知名科技创新企业。2023 年，海通分别向科创板、创业板、北交所申报注册地位于上海的科技型企业 IPO 项目 3 个，并完成 IPO 挂牌 4 个，募集资金 267 亿元；完成再融资发行 4 个，募集资金 38 亿元。

得益于在政府金融部门工作的经历，来海通证券工作以后，我带领同事着力提升公司在最大范围、最大限度整合集聚资源的能力，以触达这些科创实体。例如，我们与上海交通大学、哈尔滨工业大学等全国近 10 所著名高校建立了深度合作关系。通过共同举办活动，我们把学术科研资源与企业服务中的“产业链”资源对接起来。目前也在进一步探索通过母基金出资等形式，进一步培育高校中的原创性科研成果，从“0 到 1”成长到百千甚至无穷，进发出更多新质生产力。

二是发挥股权投资平台功能，联动“股贷债保”赋能科创企业发展。海通证券拥有海通开元等多个投资平台和直投公司，围绕集成电路、生物医药、人工智能等重点科创产业全面布局。在2023年IPO中，海通开元以15个IPO项目荣获全市场各类投资机构第二名，深度参与了晶合集成、芯联集成等一流科技企业的投资。同时，我们通过母基金与市场上众多头部股权投资机构形成了良好的投资项目互推机制，共享双方产业布局和已投企业库，深度开展互相引流合作，对双方服务的客户进行了良好的产业赋能。

海通证券还与银行、保险建立了对公融合工作机制，确定“营业部＋支行”“营业部＋支公司”一对一结对模式，联合举办专场活动，通过互相推介各类科创企业，建立“点、线、面”全方位合作关系，融合券商、银行、保险三方资源搭建科创企业服务平台，不断联动“股贷债保”各方资源。将来，券商、银行、险资、园区，再加上征信平台，各司其职，共同打造生态圈，扶持科创企业发展壮大。

三是打造“基金＋基地”模式，加速科创企业成果转化。据不完全统计，自2019年科创板启动以来，全国科创板上市企业中，国家级高新区培育的企业占比达67.1%。来海通证券工作以后，通过全国走访调研、研讨经济转型，近三年来我们主动优化了公司的营业网点布局，把过往三十年注重传统经纪业务的“社区型网点”向服务产业的“园区型网点”迁移。我们已先后在上海布局了张江、临港、大零号湾、虹桥商务区、南外滩、前滩等几处各有特色的“试验田”，并逐步扩展到广州南沙、深圳前海、北京亦庄、武汉光谷等地方。目前已覆盖全国省级以上的重点园区百余家，并摸索出一套创新的服务方案和模式。

配合网点“从社区到园区”，2023年，我们加大与各地政府、产业园区、行业龙头等的合作力度，这两年共同发起设立基金总规模超百亿元。在上海，我们协助浦东新区政府共同发起设立引领区产业引导母基金，与临港投控共同发起临港海通焕新基金。在长三角，我们发起设立安徽海螺海通工业互联网母基金、扬州海通产业投资基金。在珠三角，我们发起设立广州海科新基金。此外，我们贯彻落实党中央、国务院及国家金融管理部门关于缓解民营企业及股东流动性困境的要求，以海通支持民企高质量发展基金为依托，加快与地方政府、国资平台合作，帮助科技企业化解流动性风险，助力企业做大做强。

四是加强科创政策研究，努力成为政府的“智囊”和“智库”，当好科创企业的“助手”和“推手”。海通证券充分发挥研究团队优势，为科创企业提供全行业、多领域、综合性的研究咨询服务。近年来，我们着重从各类科研单位吸收各领域的专家，目前研究所内部专职研究员有200多位，还有很多聘请咨询的外部专家。同时，我也对研究员们建议，我们科技研究不能“闭门造车”，要走到企业身边去，要到张江去、到亦庄去、到科技企业的身边去，这样一二级市场的投资人也会跟着我们到企业去。

2023年以来，我们已发布服务上海大都市圈、粤港澳大湾区等地高质量发展若干措施，成功组织长三角科创金融大会、湘江论坛、雄安论坛等20余场论坛活动，相关方案和活动深受地方政府、科创企业欢迎。

来海通证券工作之前，我没想到做企业会比原来在政府机关还要忙得多，以上所有这些条块的重要活动我都积极参与。而且现在我们推的很多工作、在园区等各个层面布的局，可能都要等若干年后才能显出成效。但作为总部在沪的一家全国性、综合型、国际化的金融国企，我们肩负着支持科技创新、促进产业升级的新使命，也迎来了行业发展新机遇。我能有机会将30余年来金融职业生涯中的经验和思考，在企业一线再进行一个深入的实践和创新的探索，为资本市场助力科技金融高质量发展贡献海通力量，这也是一种可贵的经历。相信随着我国资本市场改革持续推进，全面注册制走深走实，多层次资本市场体系将不断完善，更多优质科创企业直接融资空间也会逐步打开和提升。

# 科创板：助力国家高水平科技自立自强

【口述前记】

王泊，1977年8月生。历任上海证券交易所技术开发部总监，上交所技术有限责任公司总经理兼CTO，上海证券交易所数字化专业委员会副主任，上交所技术有限责任公司、上证数据服务有限责任公司董事长等职务。现任上海证券交易所党委委员、副总经理。

口述：王泊
采访：年士萍、唐旻红、曹典
整理：曹典
时间：2024 年 2 月 7 日

在上海证券交易所设立科创板并试点注册制，是习近平总书记亲自宣布、亲自推动的一项重大任务。2018 年 11 月 5 日，习近平主席在首届中国国际进口博览会上宣布在上海证券交易所设立科创板并试点注册制。这是党中央、国务院基于国家经济发展全局、基于资本市场内在需要作出的战略性安排，也是支持上海国际金融中心和国际科技创新中心建设的重大举措。设立科创板并试点注册制实现了资本与科技的对接，有助于推动破解“卡脖子”难题，支持一批科创企业上市，更好地助力国家高水平科技自立自强。五年来，科创板积极发挥资本市场改革“试验田”功能，依托创新制度促进各类创新要素合理配置、有序流动和高效循环，初步形成了支持科技创新的市场生态。我长期在上交所工作，有幸参与了这项资本市场重大改革任务，为上海金融、科创两个中心建设略尽绵力。

## 从零开始　参与搭建规则制定体系

习近平总书记 2019 年 11 月 3 日在上海考察时强调：“设立科创板并试点注册制要坚守定位，提高上市公司质量，支持和鼓励‘硬科技’企业上市，强化信息披露，合理引导预期，加强监管。”坚持面向世界科技前沿、面向经济主战场、面向国家重大需求和面向人民生命健康是国家重大发展战略，也是科创板的初心使命。通俗地说，属于“硬、卡、替”类企业就具备了来科创板上市的基本条件。“硬”指的是“硬科技”，“卡”是指“卡脖子”，“替”是指“进口替代”。

2018 年 11 月 5 日发令枪响，科创板注册制改革成为证监系统的头号工程，证监会和上交所展开了紧锣密鼓的筹备工作。2019 年 1 月 28 日，证监会发布《关于在上海证券交易所设立科创板并试点注册制的实施意见》。3 月初证监会和上交所发布科创板注册制核心制度的正式文件，6 月 13 日科创板开板，7 月 22 日 25 家科创板公司在上交所鸣锣上市。在短短的 259 天的时间中，科创板注册制改革火速推进，见证了中国资本市场基础制度建设和改革进入新阶段。

在组织保障方面，上交所党委成立了改革领导小组，并下设科创板筹备、注册制筹备、公司监管、制度协调、技术运行筹备、综合保障 6 个工作组，

2019 年 7 月 22 日，科创板正式开启交易

以明确责任、各司其职、分工合作，全力将改革创新要求落实到业务方案与配套制度的设计执行中。首批规则发布后，我们调整了部门组织架构并成立了科创板上市审核中心、科创板公司监管部和企业培训部3个一级部门。新设部门的主要职能包括材料受理，项目审核，科创板上市公司持续监管、并购重组监管，科创企业以及投行等中介机构的培训工作等。同时，我们按照制度设计，组建科创板股票上市委员会、科技创新咨询委员会、公开发行自律委员会，切实发挥三委在推进科创板建设和试点注册制工作中的重要作用。

在制度规则体系方面，我们按照党中央、国务院关于设立科创板并试点注册制的基本要求，在整体制度框架下，搭建交易所层面业务规则体系。具体而言，我们在发行上市审核、发行承销、持续监管、交易行为4个方面制定了6项主要业务规则，明确了科创板股票发行、上市、交易、信息披露、退市和投资者保护等各个环节的主要制度安排，确立了交易所试点注册制下发行上市审核的基本理念、标准、机制和程序。此外，在业务系统、廉政建设、科创企业市场服务、科创资源储备、人力资源保障、新闻宣传引导、投资者教育等方面，也予以落实保障。

在中国证监会统一领导下，在各方大力支持下，上交所全力贯彻落实科创板注册制这项重大改革要求。在注册制筹备过程中，我们对注册制的内涵和理念的认识不断深化。在此前证券发行核准制下，由监管者负责筛选好的公司上市。但问题的关键在于监管者很难选定哪家是好公司。尤其是科创企业，具有高技术、高风险、投入大、周期长等特点，监管者很难判断这类企业未来发展方向，所以核准制下科创企业上市很难。而实施注册制使市场力量能发挥决定性作用，从而有效提升资本市场服务实体经济的能力和效率，推动资本市场的健康发展。注册制在全球没有统一模式，改革过程中，我们坚持围绕信息披露这个核心，将核准制下发行条件中可以由投资者判断的事项转化为充分信息披露要求，压实发行人信息披露第一责任人责任、中介机构“看门人”责任。同时，发挥市场在资源配置中的决定性作用，绝不是放松监管，实际上，强化监管是发挥市场在资源配置中的决定性作用的必要前提。实践中，我们切实承担起审核主体责任，强化审核监管，坚守科创板定位，坚持支持“硬科技”企业，坚持实质重于形式的审核原则，通过严格问询、严格审核、现场督导等方式，切实把好“入口关”，推动实现有效市场和有为政府的更好结合。

科创板的定位是应当坚守的原则性和方向性要求，但如何评价具体企业的科创属性、判断企业“科创成色”和“科创含量”的高低却十分复杂，也没有可供借鉴的经验，我们需要从零突破。开板初期，我们有针对性地作出制度安排，要求发行人就是否符合科创板定位进行自我评估，保荐机构进行核查把关，同时也明确了发行上市审核中有关科创板定位问询和相关信息披露要求。这些机制总体上是有效的，对科创板定位的把握符合中国科技创新发展阶段，符合各方预期。2020 年 3 月，证监会和上交所在总结科创板审核经验基础上，制定了相关规则。证监会发布了《科创属性评价指引（试行）》，上交所发布了《科创板企业发行上市申报及推荐暂行规定》，提出了具体的科创属性评价指标体系。其后，2021 年 4 月、2022 年 12 月及 2023 年 8 月，我们又进一步对制度安排进行了修订完善。

注册制改革是一项系统工程，在为资本市场把好“入口关”的同时，也需要畅通“出口关”。我们充分借鉴原有退市实践和市场共识，对科创板退市制度进行了严格规范。聚焦存在财务欺诈等重大违法行为以及丧失持续经营能力且恢复无望的主业“空心化”这两类公司，同时丰富和优化退市指标体系，使退市程序更加快捷、简明。这项制度创新其后也推广拓展到了其他板块。退市制度的改革完善贯彻了证监会依法从严监管市场，特别是对重点领域的重大违法行为、触碰底线的造假欺诈进行重点严打的决心。同时，试点注册制要解决资本市场违法成本过低的问题，建立良好的法治、市场和诚信环境。在科创板开板期间，最高人民法院发布《关于为设立科创板并试点注册制改革提供司法保障的若干意见》。该《意见》是最高人民法院历史上首次为资本市场基础性制度改革安排而专门制定的系统性、综合性司法文件，从司法保障方面进一步加强了对科创板投资人利益的保护。

## 多措并举　解决科创公司“急难愁盼”问题

设立科创板并试点注册制改革以来，上交所在中国证监会的领导下，深刻理解注册制改革的实质要义，围绕打造“硬科技”企业上市首选地，聚焦企业“急难愁盼”问题，及时回应企业关切问题，依托制度创新，为不同类型、不同发展阶段的“硬科技”企业上市融资提供了“量身定制”的选择，为这些新兴产业开辟一条新的融资渠道，不断提升科创板的吸引力、影响力。

首先，建立多元包容的发行上市制度，坚定支持“硬科技”企业上市。科创板更看重的是企业内在的科技创新能力和未来竞争力，而不是既有成绩，允许符合条件的未盈利企业、红筹企业、特殊股权架构企业上市。一些科创企业按照以前主板标准没有办法上市，现在受益于科创板的包容性，成功实现了境内上市。目前，科创板已有 54 家上市时未盈利企业、8 家特殊股权架构企业、7 家红筹企业、20 家第五套上市标准企业。被称为“中国第一大硅晶圆厂”的沪硅产业，掌握包含 300 mm 在内的半导体硅片生产核心技术，属于上市时未盈利企业。公司 2020 年在科创板成功上市，募资 25 亿元用于产线扩产。在科创板助力下，沪硅产业全球市场份额由上市前的 1.76% 上升到 2022 年的 3.5%，并在 2022 年度实现盈利。

地处浦东陆家嘴金融贸易区的上海证券交易所大楼

其次，优化完善再融资和并购重组制度，持续提升企业市场竞争力。在再融资制度方面，科创板的设立进一步畅通了上市公司融资渠道，精简优化了发行条件、缩短审核及注册时限、建立小额快速融资制度，提高了融资的便利性。并购重组实际上就是企业之间的强强联手，能够实现 $1+1>2$ 的效益，这也是提高上市公司质量的重要途径。科创板助力企业通过战略整合做大做强，在并购重组条件及标准、股票发行价格、审核程序与时限等方面作出针对性安排，强调标的资产应当符合科创板定位，且具有协同效应。

同时，科创板充分发挥改革“试验田”功能，在集中竞价、大宗交易、协议转让等传统退出方式基础上，于 2020 年 7 月创造性地推出科创板询价转让制度。询价转让采用批发的方式将早期投资者股份出售给有大宗股票需求的专业机构，如创投机构、基金公司或者合格境外机构投资者等，拓宽了首发前股东的退出渠道，退出的资金可用于孵化更多候选企业，从而实现创投资本的良性高效循环。这项制度在促进早期投资人和长期投资者有序“接力”、缓解二级市场压力、优化上市公司投资者结构、维护科创板市场稳定等方面具有积极意义。行业“募投管退”机制进一步理顺，“投早、投小、投科技”的生态初步形成，社会资本向科技创新领域加速聚集。2022 年 10 月，上交所结合制度运行效果和市场意见建议，进一步完善询价转让制度，优化业务流程和信息披露等安排。截至 2023 年底，累计已有 55 家科创板公司 93 批股东完成询价转让，总成交金额超过 400 亿元。

在解决科创公司“急难愁盼”的问题上，股权激励制度的改进和创新对支持公司发展同样起到突出作用。对于科技型企业，企业未盈利或者盈利较低时，通过高工资、高奖金满足人才诉求有相当难度。科创板采用现代企业管理方式，优化完善了把科研人才和公司发展绑定在一起的股权激励制度，并率先推出第二类限制性股票激励工具，帮助科创企业解决了吸引人才、留住人才的问题。科创板 373 家公司上市后推出了 551 单股权激励计划，板块覆盖率达到 66%，覆盖员工超过 7 万人。踏实做科研也能实现比较好的回报，这对促进人才培养也起到了促进示范作用。科技人才不断向科创板聚集，创新精神及创业热情得到进一步激发。

上交所在完善审核制度机制方面还在持续发力。我们始终坚持“公开透明可预期”的审核机制，审核的标准、程序、问询内容、过程、结果全部在网站公开，其他企业、中介机构、市场主体都可以方便地看到这些信息。同时，交易所推出“三开门”服务，即开门办审核、开门办服务、开门办监管。在企业提交发行上市申请后第一时间发送倡议信、建立审核各环节的咨询沟通机制，切实做到“应见尽见”，提升市场获得感。我们持续推动审核标准公开，通过定期梳理发布审核动态、市场培训等多种方式，及时回应市场诉求。

## 示范引领　科创板“试验田”初显成效

五年来，上交所引导督促科创板公司立足科技创新，深耕主营主业，加大研发投入，在关键核心领域推出了一批具备较强竞争力的研发成果和产品，科创板公司已成为支持我国科技高水平自立自强的重要生力军。

科创板始终坚守“硬科技”定位，鼓励和支持“硬科技”企业上市，在引导资本、人才、产业集聚方面发挥了重要作用。截至2023年底，科创板累计支持566家科创企业上市，IPO筹资额超过9000亿元，再融资筹资额超1500亿元，合计融资总额超过1万亿元。例如，全球第四、中国大陆第一的晶圆代工龙头中芯国际的IPO募资额达532.3亿元，这是创科创板开板以来最大IPO，在资本市场的助力下，中芯国际稳步推进募投项目实施，产能快速扩充，并持续带动了上游半导体设备、材料国产化验证，以及下游芯片设计企业新产品研发上市，形成了协同发展的产业格局，加快推进我国集成电路产业自主可控的进程。同时，科创板畅通风险投资退出机制，使得私募基金、创投基金愿意在初创阶段投资于科创企业。接近九成科创板公司在上市前获得创投机构投资，合计超过6000亿元，科创板板块撬动投资资本高达1.5万亿—2万亿元。

经过五年发展，科创板在集成电路、生物医药、新能源等重点产业链的示范效应和集聚效应愈发显著，推动构建以行业龙头为引领、上下游企业协同的矩阵式产业集群。以浦东新区科创板上市公司为例，在集成电路产业领域，浦东新区科创板上市公司汇聚晶圆代工龙头中芯国际、国产刻蚀设备龙头中微公司等多家代表性企业，形成了产业链协同发展的格局。在生物医药领域，浦东新区科创板上市公司汇集君实生物等创新药第一梯队企业。就整个上海来说，生物医药产业科创板上市企业数量占全国总数四分之一。科创板在整个中国资本市场积聚了品牌效应，已经成为“硬科技”企业上市首选地。

整体来看，科创板为企业自主创新添加了资本助燃剂，为核心技术突破提供了更充足的底气，科创板企业“硬科技”成色日益凸显。科创板公司上市后，坚持创新驱动发展，持续加大创新要素投入力度，企业研发投入强度比较高。2022 年，科创板公司研发投入规模突破 1000 亿元，同比增长 28%。2023 年前三季度，研发投入规模达到 1104 亿元，同比增长 24%，研发投入占营业收入比例为 13%，远高于其他板块。科创板公司在多个面向科技前沿的新兴领域取得重大科研突破，形成一批代表国内甚至国际先进水平的重要成果。平均每家科创板公司拥有发明专利数量达到 168 项，累计 119 家次公司牵头或者参与的项目获得国家科学技术奖等重大奖项，六成公司的核心产品或技术正在推动实现进口替代，三成公司持续推出行业内具有首创性的技术或产品。近几年，科创板创新药企获批的国家 1 类新药的品种在所有创新药中占比超过 10%。与其他板块相比，科创板另一个鲜明特色是聚集了一批国家级专精特新小巨人企业，360 家公司获得这一称号，占比近六成。

科创板公司在聚焦科技创新、深耕主业的基础上，保持业绩稳定较快增长。2022 年，科创板公司营业收入突破 1 万亿元、净利润突破 1000 亿元。以 2019 年为基数，科创板公司近 3 年的营业收入和净利润的复合增长率分别达到 29%和 56%，位居 A 股各板块之首，有超 100 家公司净利润 3 年复合增长率超过 50%，整体发展势头良好，持续为中国经济注入新发展动能。2023 年前三季度，科创板公司顶住多重压力，实现营业收入稳健增长，新能源、高端装备制造等先导产业增长领先，板块整体毛利率保持高位，展现了科技创新企业的活力与韧性。

科创板的板块定位与上海市重点支持的集成电路、生物医药、人工智能三大先导产业发展方向高度契合。科创板作为连接上海国际金融中心和科技创新中心建设的重要纽带，在推动金融赋能科技创新方面发挥着示范引领作用。上海也协力推动设立科创板并试点注册制改革试点工作顺利实施，推荐优质企业上市科创板。截至目前，上海地区共有89家企业成功登陆科创板，上市企业数量稳居前三，首发融资金额超过2285亿元。随着科技、产业与资本循环互通格局的深化，上海已形成具有全球影响力的科创中心基本框架，逐步展现出地域集中、产业集群和资本集聚的强大合力。作为上海王牌的浦东新区，50家科创板上市公司中23家属于集成电路行业、18家属于生物医药行业，合计占浦东新区科创板上市公司的比重达82%。同时，浦东新区域内企业已具有较强的知识产权综合优势。据统计，浦东科创板上市企业累计获得高价值发明专利11069件，占科创板上市企业高价值发明专利总拥有量的43%。从排名来看，有6家浦东企业列入全国科创板上市企业发明专利授权量排名的前50位，其中中芯国际、华虹半导体两家企业拔得头筹，分别位列全国科创板上市企业第一名、第二名。张江作为上海科创中心建设的核心承载区，目前已有23家企业成功登陆科创板，集聚了一批“中国芯”和“创新药”等“硬科技”企业。科创板对促进浦东新区综合改革试点，对上海两个中心建设，对打造上海作为科技创新策源地都发挥了显著促进作用。

上海证券交易所将继续发挥“试验田”的作用，健全支持科技创新的制度体系，提升科技创新综合服务、精准服务能力，营造支持科技创新的良好生态，继续助力上海增强全球资源配置功能和科技创新策源功能，继续为这座城市的“双中心”建设添砖加瓦。

# 上海科创集团：忠诚国资　追求卓越

【口述前记】

傅红岩，曾任浦东新区区委委员、财政局副局长、国资委主任、审计局局长、经信委主任等职。2021 年 8 月至 2022 年 8 月，任上海科技创业投资（集团）有限公司总经理。2022 年 8 月至今，任上海科技创业投资（集团）有限公司党委书记、董事长。

口述：傅红岩

采访：严爱云、马婉、胡迎

整理：胡迎

时间：2024 年 2 月 21 日

上海是外向型经济的高地，是全球各种要素集聚的地方，最有条件吸纳海内外资源。许多跨国公司把上海作为来中国发展的桥头堡，许多海归人士归国创业也把上海作为首选地。从美国硅谷飞上海浦东只需要一个晚上，白天从那里上飞机，睡一夜到我们这儿，还是白天。从浦东机场开车 20 分钟就到我们公司，可以说“上海科创”和硅谷是无缝衔接的。因此，在整合全球创新资源方面，我们有独特的优势。

## 服务国家战略　打造国资品牌优势

上海科创集团公司成立于 1992 年，是上海唯一以早期创投为主业的国有核心投资平台，截至 2023 年，总资产已超过 1000 亿，认缴的管理资本达到 1800 亿。从上面的数字也能看出，现在上海的科技创新正蓬勃发展。与此同时，我们运营集团资产的核心人员不超过 100 人，人均管理规模非常高；每一年我们人均利润超过 500 万，甚至达到 1000 万，这在行业里面都是名列前茅的。

究其原因，首先是因为我们集团在投资和投资服务过程中，始终把贯彻国家战略以及市委、市政府交办的任务放在首位。我们公司是市属国企里面极少数没有固定进项的公司之一，完全依靠资本和团队力量去投资。我们主要投资高科技领域的企业。这些企业大多处于培育、投入阶段，很多还是亏损企业。亏损企业是不可能分红的，即便部分企业经过一段时间积累，产生了一些利润，但一般都用来再研发，或者去资本市场进行二次竞争等，基本不会给股东分红。但因为这是国家战略，所以哪怕没有一分钱进账，我们也要扛下来，这是国资的担当。我们敢于和市场第一线的外资、民营投资机构同台竞争，在高科技投资领域，显示出国资也是一股独特的力量。高科技行业的企业是非常欢迎国资的，因为他们需要的是长期的、有耐心的资本，不能太急功近利。

企业希望国资投资不要像一些民营资本那样，最好今年投资明年就能上市，后年套现离场。真正的科技创新企业，是希望投资方能长期坚守，十年如一日。因为高科技行业如果要跟上世界最前沿潮流，必须持续迭代更新研发，所以需要长时间积累和不断投入，这对资方的要求是很高的。有相当一部分企业，我们对其的投资时间都已经在 10 年以上，像中微公司，时间超过 15 年，复旦张江超过 20 年。

位于浦东新区的中微半导体设备（上海）股份有限公司

另外，相对来说高科技（初创）企业对政府的政策，对各种各样的规则可能搞不太明白。企业员工往往专注于科研、产品的研发，在专业领域精耕细作，少有时间去研究投资、税收、工商等政策。国家对留学生、海归创业人员给予了很多政策，但他们无暇去顾及这些事情。我们就是他们的服务员、守夜人，我们展示的耐心也是他们所看重的。

很多时候，企业不知道未来发展会面临什么，不少创业者是第一次创业，会遇到各种各样的问题，比方说核心团队的稳定性、知识产权的保护、融资方案、估值高低等。企业作为一个经济组织，需要关注管理、信息、战略、团队、文化还有财务、法务的规范，上市前的股改，上市辅导，以及上市变成一个公共公司后怎么和广大投资者、政府有关部门、证券监管部门沟通，企业需要的是一整套服务。所以，我们就发挥国资的优势，通过多年耕耘、梳理，把集团打造成一个“投、贷、孵、保、引、合”一体化、综合性的科创服务平台，平台涉及投资、贷款、创新孵化、担保、知识技术引进、人才项目资金汇合，扮演着创新资源整合者、产业发展塑造者的角色，帮助企业解决各种问题。

时间久了，被投资企业也会有所选择。企业认可我们经过长期积累以后形成的对行业的理解，认可了国资在科技创新领域里面的重要作用，大家有共同的信念、语言、生态，我们的品牌优势就形成了。

## 注重两端发力　增强“微笑曲线”吸引力

这些年我们做的最重要的工作，就是在投资培育产业项目、推动项目落地发展过程中，弥补市场力量的不足。发展高科技产业需要品牌，需要生态，需要服务能力和耐心，需要投资方能帮助企业去解决很多问题，所以我们就做“微笑曲线”两端的事情。

曲线一端是早期的、需要长期培育的项目，由于社会资本一般不会参与投资10年甚至20年无法退出的项目，这时就需要我们国有创投公司去研究和投资。曲线另一端就是产业发展到后期，需要行业之间重组整合，按照市场基本规律，达到效益最大化。由于行业整合需要大量资源，需要协调方方面面，而国有创投资源多、能力强，更容易被信任，所以，我们就能够运用国资的力量，会同产业资本、行业龙头进行行业整合，减少无序竞争、行业内卷和浪费，也减少人才分流。归纳起来，就是两端发力，早期弥补市场不足，后期牵头进行行业整合，让创新资源和要素能够自由配置。

民营资本有敏锐的商业嗅觉，可以在中间VC（风险投资）和PE（私募股权投资）阶段发挥长处。在企业需要高速成长、发展的时候，民营资本还会想尽一切办法提升企业的经营管理水平，甚至帮企业找订单、找人才。在高新技术的市场化、推广应用方面，民营资本应该发挥更多作用，这样就能与国资形成互补。

品牌生态的创造不是那么容易的。我们有一些很优秀的投资经理，一旦离开了集团的生态环境，投资项目就没有那么轻松了。在对接工商、税务以及比较顺畅地向经信委、科委等政府部门争取相关政策方面，都需要依靠长期营造良好的品牌生态所积累的口碑。高科技企业不会随便接受投资，企业会看投资方背后的生态。我们投了上千家企业，还是上海市创投引导基金的管理人，也是很多民营基金的股东之一，也就是说资本调动性很强，高科技企业对我们掌握的资源还是很看重的。我们发起的每一个基金，集团都是基石投资人。其他资本一看集团都愿意投资，那他们也就愿意投入，再看我们的历史业绩，就更愿意帮助我们。

## 聚焦硬核科技　发挥国资带动引领作用

这十年来，我感受到的最大变化，就是科技创新投资已经深入人心。十年前，我受命组建“浦东科创”的时候，整个社会的投资热点还在房地产领域，大家热衷建各种园区，以及投资互联网、团购、网约车、共享单车等。但十年以后，对半导体稍微有了解的人没有不知道光刻机的。所有的投资人，现在都从以前专注的领域转向高科技领域。尤其是2019年科创板上市后，让全社会的关注点和资源迅速聚焦到硬科技领域。以至于现在到任何一个主流的投资论坛、年会，无人不谈高科技，无人不谈硬科技，无人不谈科创板。甚至过去不擅长做科创投资、没有积累底蕴的公司或资本，也在进入这个领域。

未来，“上海科创”将按照国家战略，在市委、市政府的指导下，坚定不移地坚持自己的定位。我们制定了“2 + 2”战略，打造上海科创和浦东科创两个国资平台，另外还要打造两个市场化品牌：上海科创层面成立市场化母基金平台——海兴资本，浦东科创层面成立市场化直投平台——海望资本。

行业的发展需要我们国资做一些引导，国资天生更容易得到信任，资源多、资本实力相对雄厚。我们也将尽力促成一个科学的、符合产业发展基本经济规律的产业格局。加快建设国际经济中心、金融中心、贸易中心、航运中心、科技创新中心，是党中央赋予上海的重要使命，“上海科创”将继续依托平台资源，对产业进行深度的重组融合。

除了在我们擅长的人工智能、半导体和生物医药三大创新领域持续发力外，我们还要继续做好人才、项目的服务。比如“海聚英才”全球创新创业大赛，我们是承办单位，每年总决赛都由我们组织。海望创新联盟，涵盖了

2023 年 4 月，“上海科创”杯第三届“海聚英才”全球创新创业大赛总决赛在上海举行

国内几百家优秀的链主企业，从生物医药、半导体、人工智能到其他的先进新兴行业，各行各业都有涉及。我们作为东道主、股东，尽所能地为他们创造良好的人才环境、投资环境、金融服务环境。

另外，未来我们还会在全国甚至全球领域展开更多的筹划。要建设具有国际影响力的科创中心，应该放眼长三角，乃至全国。比方说大飞机，C929 有 400 多万个零部件，这就需要全国高效协作，分工配套，以上海为链主单位，在全国形成一个好的生态布局。协作企业不一定都在上海发展，我们帮他们做大之后，他们可以给上海本土的龙头企业提供支撑，这就保证了供应链、产业链的安全。随着人工智能时代的到来，我们还要走国际化、市场化、品牌化、专业化路线，要把全球最有影响力的人才、技术、项目吸引到上海来。如果谁有好的想法，我们就可以利用我们的生态去支持其实现。进行全球化资源配置是我们对于将来的设想。

未来我们肯定还会面临各种挑战，时代环境的变化有很多不确定性，高科技投资尤其如此。我们要以一种奋进积极的姿态去应对，既要提高自身的辨识能力、服务能力、投资水平，做好国资的守护人，同时还要培养出具有创造性思维的优秀人才，面对更为复杂的投资环境和市场竞争，充分发挥国资的长处。

如今，我们正聚焦于投资引领性项目，简单来说就是三个“最”。首先是“产业链最上游”的项目，上游产业是带头大哥，就像舞龙队的龙头，龙头一动，龙身、龙尾都跟着转。第二个是“价值链的最顶端”，上游项目占据行业利润的大部分，从投资安全角度出发，最上游的利润最丰厚，即便外部竞争者进入，上游产业的利润被侵蚀也需要一个过程，这就给我们的资金出入留下腾挪空间。第三个是“技术体系的最底层”，目标企业要有深厚的技术支撑体系，要有原创意识，具备基石作用，比如芯片行业最上游的 IP 设计、移动通信的指令集、开源的 RISC-V，还有 EDA 设计软件等，这些是整个设计产业的逻辑框架，它们具有支撑产业框架体系的底层技术。紧盯着这些领域做投资是我们未来的方向。

今后，上海科创集团将继续以股权投资撬动社会资本，集聚各类科创资源，探索符合企业需求特点的科技金融新模式，扶持本土的科技型龙头企业和独角兽企业发展，推动科技成果转化，全力以赴推进上海科创中心建设。

# 顶科论坛：一个促进国际科学界高端对话的重要平台

【口述前记】

马兴发，1962 年 10 月生。曾任上海市科委副主任，2018 年至 2023 年任上海市科学技术协会党组书记、专职副主席。现为上海市政协科技和教育委员会常务副主任。

口述：马兴发
采访：王旭杰、郭继、孙宝席
整理：郭继
时间：2024 年 1 月 8 日

2014 年，习近平总书记在考察上海时提出“加快向具有全球影响力的科技创新中心进军”，上海的发展定位由此从“四个中心”拓展为“五个中心”。我 1989 年进入市科委，先后担任过处长、秘书长、副主任，在科委共干了 30 多年，2018 年调市科协，主持全面工作，现在到市政协科教委。我亲身经历和见证了上海科创中心建设从提出概念、到形成基本框架、再到现在进入核心功能提升的全过程。其中，2018 年创办的世界顶尖科学家论坛，是在上海科创中心建设中应运而生的一张标志性“名片”。市科协作为大会主要承办单位之一，积极参与该论坛的筹办，并成功完成至今连续六届的举办工作。回顾这段工作经历，我觉得对于今天我们更好地推动国际交流合作具有十分积极的现实意义。

## 缘起：上海科创中心建设的需要

一个民族、一个国家、一个城市的发展关键靠科技，而科技的引领靠人才。从国际上看，人才永远是第一资源。谁拥有了顶尖人才，谁就能掌握发展的先机。上海是一座国际化、开放化程度很高的城市，科技、人才方面的优势非常突出。十年来，随着上海科创中心建设不断推进，涌现出一批高水平的研究成果，形成了一批国际化、专业化的创新平台和创新人才，呈现

“高原崛起、高峰凸显”之势，但在国际竞争日趋激烈的今天，仍需要汇聚更多全球顶尖人才、搭建更多的合作平台，以争取更多全球性的科技资源，了解科技的最前沿的领域。

2015年出台的《关于加快建设具有全球影响力的科技创新中心的意见》指出，“用好国家会展中心和上交会、工博会、浦江创新论坛等载体，打造具有国际影响力的科技创新成果展示、发布、交易、研讨一体化的合作平台”。其中的浦江创新论坛，创设于2008年，由国家科技部和上海市人民政府共同主办，历经十多年的发展，已经很有国际影响力。但我们讲开放是人类文明进步的重要动力，科学技术是世界性的、时代性的，从某种意义上说，国际科创中心应该向全世界展现一种开放、融合、创新的生态环境，因此还需要更多类似于浦江创新论坛的高端交流合作平台，从而进一步提升上海的城市能级和核心竞争力。2018年，时任临港管委会党组书记、常务副主任的陈杰找到我，提出与市科协一起共同举办顶尖科学家论坛的想法。我觉得，一方面，科协作为科技工作者的学术共同体，在推动国际科技交流方面本身就积累了丰富的资源，比如2004年成功举办首届世界工程师大会，与美欧日以及中国港澳台地区的科技组织和机构也保持密切联系；另一方面，科协不同于政府部门，更加带有民间色彩，在科技外交方面优势独特，多做些这方面的工作，对于科创中心建设是很有意义的。

世界顶尖科学家论坛的主要策划方是世界顶尖科学家协会（简称“顶科协”）。我们了解到，顶科协总部注册在中国香港，主席是诺贝尔化学奖获得者罗杰·科恩伯格，协会拥有100位科学家会员，在国际上影响很大。市科协也是与科学家、科技人才打交道的组织，与顶科协在性质和功能上有不少相似的地方。因此，市科协参与其中，并与顶科协交流是有自身优势的。当时，顶科协主席罗杰·科恩伯格给上海方面有关领导写信，表达了想在上海举办论坛的意愿，希望上海能给予支持。上海从加快建设科创中心的角度出发，给予了回应，赞同把论坛放在上海举办。

在表明态度以后，上海对此非常重视，专门开会研究。论坛举办定于2018年10月底。随着时间的推进，需要相关部门大力支持，相关工作也提上日程。举办国际性的科学家论坛，涉及的不只是一两个部门，临港管委会、临港集团、顶科协等作为支撑单位，做了大量卓有成效的工作，海关、外办、检验检疫等部门积极支持我们的工作，大家齐心协力、共同推进。

市科协主要承担邀请国内和上海科学家的联络邀请工作。看似简单，实非易事，大会规格层次高，而时间紧迫，工作量也很大。在中国科协和其他方面的帮助下，我们积极开展与会院士专家的联络邀请工作，科学家们非常理解和支持我们的工作，把档期排出来参加活动。市科协主席、陈赛娟院士主持了大会开幕式。我们还邀请到中国本土第一位获得自然科学方面诺贝尔奖的科学家屠呦呦女士为大会致贺信，并开展选拔优秀青少年代表参加青年科学家论坛，与世界顶尖科学家面对面交流等一系列活动。

2018年10月29日至10月31日，首届世界顶尖科学家论坛在上海滴水湖畔成功举办。26位诺贝尔奖得主，9位沃尔夫奖、拉斯克奖、图灵奖、麦克阿瑟奖等世界著名学术奖项获得者，以及近40位中国两院院士、中外杰出青年科学，200多位高校优秀青年教师参加论坛，他们的研究领域覆盖了化学、物理学、医学、计算机科学等主要科学研究领域，代表了各自领域内世界高水准的学术成就和社会影响。

## “四个一”：举办顶科不仅仅是开个会

随着第一届顶科论坛的成功举办，着眼于扩大国际科技交流合作的现实需要，我们对举办这项活动、特别是在如何发挥大会的“溢出效应”方面考虑得更深远。

在第一届大会成功举办的基础上，第二届顶科论坛于2019年10月如期举办。习近平总书记为论坛发来了贺信，强调“科学技术是人类的伟大创造性活动，发展科学技术必须具有全球视野、把握时代脉搏”，并提出“推动基础科学、倡导国际合作、扶持青年成长”三点倡议，展现了中国开放包容、互惠共享的国际科技合作战略。时任市委书记李强出席开幕式表示上海将坚定走科技创新共赢、多赢之路，把开放的门打得更开、把创新的火点得更旺、把包容的生态建得更好，让科技创新焕发出更加蓬勃的生机。

与第一届不同的是，第二届会议得到了中国科协的关注和支持。其实早在2018年11月，时任中国科协党组书记的怀进鹏在上海调研时，就认为顶科论坛科协发挥作用的很好载体，表示中国科协将全力支持顶科论坛，并要求上海市科协主动作为、积极配合。从第二届开始，中国科协作为指导单位加入进来。有了中国科协的加入，国际科技组织和科学家参与得更多了，论坛内容也更加丰富，层次和效果显著提升。

为了办好第二届顶科论坛，市科协积极落实领导要求，主动跨前、发挥作用，做了大量工作。我们依托中国科协的网络渠道和智库资源，协调国际性、全国性科技组织，引入全球的科学家和青年优秀科技人才；组织国内科学家参与论坛系列活动，陈赛娟主席主持了青年科学家论坛、“创新药研发与转化医学”高峰论坛，联系和邀请了丁奎岭、蒲慕明、贺林、金力、孙鑫、毛军发等20余位科学家参会交流，他们都是科协人才品牌“上海科技精英”“青年科技英才”获得者，参加了“莫比乌斯论坛”等主体论坛活动。我们还推荐国际科学与工程大赛、青少年科技创新大赛获奖者，以及“英才计划”等一批优秀青少年参加了“与科学家对话”“桌布论坛”等活动。华师大

第二届顶尖科学家论坛主论坛——莫比乌斯论坛

二附中的 15 岁女生谈方琳连续两次参加顶科大会，其“邻家女孩”的形象在网上引起热议，这对于在社会层面传播科技知识、激发创新意识起到了很好的造势作用。

更具有开创性的是在第二届顶科论坛上成立了世界顶尖科学家协会（WLA）上海中心，并在市科协的办公所在地——上海科学会堂挂牌，既为顶科协在上海的日常运作提供条件支撑，同时也为国内外科学家提供了交流的场所，我们也想用好这块“金字招牌”和科学会堂的物理空间，打造富有国际风范、科技特色、人文底蕴的“全球科技工作者之家”。因此，我们为 WLA 上海中心打造了专题展厅，陈列展示协会主要成员的“手印”模型和个人简介，同时，在南昌路沿街的“时尚科技窗”中专门挑选两扇橱窗，用来介绍顶科大会有关情况。

2020 年，新冠肺炎疫情突如其来，但阻挡不了国际科技界加强交流、增进联系的热情期盼，第三届世界顶尖科学家论坛如期举办。习近平总书记向论坛作视频讲话。习近平总书记强调，中国高度重视科技创新工作，坚持把创新作为引领发展的第一动力。中国将实施更加开放包容、互惠共享的国际科技合作战略，愿同全球顶尖科学家、国际科技组织一道，加强重大科学问题研究，加大共性科学技术破解，加深重点战略科学项目协作。中国科协党组书记怀进鹏专程来上海出席论坛开幕式并致辞，表达了对于论坛的希望，“期待论坛开辟更多合作平台，鼓励开源开拓，以开放的知识分享，弥合知识鸿沟、数字鸿沟、发展鸿沟，让科学成为社会文明之桥，嫁接文明断裂带和文明断层，让开放、包容成为一种信仰”。

为贯彻落实习近平总书记对科技创新工作的重要论述，特别是关于国际科技交流合作方面的论述精神，为更好发挥世界顶尖科学家论坛作用、提升国际科技合作层次和水平，在第三届论坛期间，市委领导与中国科协领导会晤时讲到，我们不仅要开好顶科大会，而且要发挥“溢出效应”，积极推进“四个一”，即引进一流国际科技组织、设立具有国际影响力的科学大奖、主办权威国际科技期刊、建成最高水平的国际科学家社区。

市科协根据上级要求，积极配合做好“四个一”的推进工作。在引进一流国际科技组织方面，指导成立世界顶尖科学家发展基金会，成立 WLA 上海中心。按照中国科协要求，推进国际科技组织集聚区建设，2023 年 11 月上海国际科技组织集聚区在临港揭牌，采取“1 + 1 + N”建设模式，即以临港新片区作为国际科技组织注册入驻区，以上海科学会堂作为国际科技组织服务支持区，各国际科技组织结合自身特点分设日常运营区，形成多点布局、互为支撑的工作网络。联合发起筹建国际表型组学会、国际先进纤维材料学会，协助国际材料研究学会联盟（新加坡）在上海设立代表处，更好支持国际科技组织在上海发展。在设立具有国际影响力的科学大奖方面，2022 年论坛主办方宣布创设“世界顶尖科学家协会奖”，定位为面向全球科学家评选和颁发的国际性科学大奖，首设“数学与智能科学奖”和“医学与生命科学奖”两个单项奖，每年评选一次，每个单项奖奖励金额为1000万元人民币。在建设高水平的国际科学家社区方面，支持推动临港的“顶尖科学家社区”建设。2022年10月顶尖科学家论坛永久会址建成，占地2.5平方公里的“顶尖科学家社区”也在加快建设。我们市科协则积极物色、挑选、推荐国际科研团队和专家跟WLA国际联合实验室进行接洽，加快实验室的建设发展步伐。同时，我们大力邀请国内外院士和科学家，尤其是青年人才到临港开展学术交流、科技成果转化、产学研对接、人才交流等活动，吸引更多优秀人才到临港工作生活，为科学家社区进一步集聚人气发挥作用。在推动一流科技期刊建设方面，我们与相关部门加大支持培育力度，努力提升上海科技期刊的学术发表力、创新引领力和智库服务力。2023年，我们策划举办了上海科技期刊高质量发展大会，陈赛娟、裴钢、朱美芳、李堂生等10余位担任期刊主编的院士专家参加圆桌讨论。在这次大会上，我们发布《上海科技期刊概览（2023）》《上海科技期刊发展报告（2023）》，成立“上海卓越科技期刊联盟”，为一流科技期刊发展营造良好环境氛围。

2021年起，为进一步发挥顶尖科学家论坛作为民间性中外科学家的交流平台作用，经市委专题会议研究决定，由世界顶尖科学家协会和中国科协共同作为主办单位，中国科学院和工程院作为指导单位，同时明确了“国际化、民间性、专业化和开放性”的办会方向。也是从第四届论坛开始，市政府逐步淡出不再作为论坛的主办单位。全国政协副主席、中国科协主席万钢出席了开幕式并作主旨演讲。第四届论坛的步子往前又迈大了一些，做了很多首创性工作，如创设首届青科委员会，发挥青年科学家们活跃的思维、专业能力及对科学的热情；为论坛议题设置、活动组织及各类延伸活动的开展等提供科学建议和指导；首次成立分领域专业科学委员会——WLF 心理学科学委员会；首次推出“议题大会”系列；首次推出“年度主题”，等等。

2022 年召开的第五届顶尖科学家论坛，开幕式暨颁奖典礼活动在刚落成的上海临港世界顶尖科学家论坛永久会场（临港中心）和东郊宾馆会场同步举行。上海市委书记陈吉宁、中国科学技术协会主席万钢出席并致辞。由三位诺贝尔奖得主作为基石科学家分别领衔的国际联合实验室在开幕式上宣布启动，聚焦生命科学，重点围绕生命起源最底层最核心的基因调控研究、揭示生命活动规律的细胞生物学研究，以及将合成化学与生物学实现前沿交叉的“点击化学”研究等三个领域。

2023 年第六届顶尖科学家论坛全面恢复线下举办，更是成为自创设以来规模最大、规格最高的一届。来自 25 个国家和地区，包括 27 位诺奖得主在内的 100 余位海外顶尖科学家、40 余位中国两院院士、120 余位中外优秀青

世界顶尖科学家小科学家论坛现场

年科学家等300余位全球科学家齐聚上海，其中首次亮相论坛的“新面孔”有近100位。上海市委书记陈吉宁在致辞时说，科学技术是推动人类社会向前发展的重要驱动力量，融入全球创新网络、扩大国际创新协同已成为不可阻挡的时代大势。我们将继续秉持开放包容的理念，同全球顶尖科学家、国际科技组织增进互信、加强合作，让科技创新更好造福人类。中国科学技术协会主席万钢表示，世界顶尖科学家论坛已成为连接世界顶尖科学家的重要纽带和促进国际科学界高端对话的重要平台。

## 传递传承：让科学精神永放光芒

回首过去，顶科论坛已经成功连续举办六届。论坛的举办表明了我们对科学技术开放的态度、倡导科技合作无国界的立场。论坛的举办，打破了国家及地区之间的界限，以推动人类命运共同体建设为愿景目标，以科学家为主体，邀请包括诺贝尔奖获得者在内的全球顶尖科学奖项得主以及中国两院院士、世界优秀青年科学家等出席，为人类面临的共同挑战、共性问题寻求科学答案，有利于加强对话交流，消除隔阂障碍，凝聚发展共识，同时也让世界更好地了解上海、了解中国。此外，举办顶尖科学家论坛对全社会崇尚科学、爱好科学，特别是对培养青少年的科学素养起到了很好的推动作用，有着深远的意义。

弘扬科学精神，普及科学知识，推广先进技术，传播科学思想和科学方法，捍卫科学尊严，提高公民科学素质，是我们市科协的重要任务之一。多年来，我们市科协也借助举办顶尖科学家论坛这一平台，充分发挥科协组织人才汇聚优势和平台枢纽作用，积极开展具有特色的工作。

我们积极参加世界顶尖科学家论坛等国际大会，打造长三角科技论坛、市科协学术年会、院士圆桌会议等高端学术品牌，助力提升创新策源能力。一直以来，工程师队伍建设是上海科创中心建设的重要内容。在2022年顶科大会期间，我们科协牵头创办了“卓越工程师论坛”，作为顶科大会的重要分论坛之一，全国总工会副主席马璐，上海市委常委陈金山，市人大常委会副主任、市总工会主席莫负春等出席论坛，并为首届“上海杰出工程师”代表颁奖。论坛上，国内外顶尖科学家、卓越工程师围绕工程人才培养、专业技能培育等展开讨论，为工程师文化传承与发展、科学思想与工程思维交叉融合、复合型科技人才培养、高水平国际科技合作提供了有益的借鉴和思路。此外，科学T大会、“她”论坛等十多场专场活动也在科学会堂成功举办。2022年，我们还利用顶科大会契机，积极推动中国科协与上海市政府签署全面战略合作协议，双方将在推动高质量发展、推动国际科技创新中心建设、推动高水平人才高地建设、着力提升公民科学文化素质等四方面开展深入合作。

我们与市委组织部联合开展党建引领基层科协建设，在全市打造社区书院100多家，推动优质科普资源和服务向基层下沉；依托全国科普日，年均组织科普活动2500项，提供特色科普服务，助力科学普及大众化。按照中国科协要求，积极推进“科创中国”建设，组建一批科技服务团，打造“科创服务直通车”“创新集市”“金融伙伴”等新型协同创新服务载体；推动杨浦、长宁创建首批全国创新示范市，突出“一区一特”打造“科创街区”，营造科技经济融合发展的良好生态。研究制定《市科协加强科技人才工作实施方案》22条，组织“上海市科技精英”“青年科技英才”“杰出工程师”“大众科学传播人物”等人才举荐表彰和选树宣传活动，历届获奖者中已有96人当选两院院士，打响科协人才工作品牌。创建市科协集成电路、人工智能、生物医药、新材料专委会，发挥院士专家聪明才智，为上海重点产业发展提供引领支撑。

打造“国际科技会客厅”品牌，发挥好科协民间国际交流主渠道的独特优势，与一批国际企业建立交往合作，围绕碳达峰碳中和、企业数字化转型、防疫健康等热点举办系列活动。

在国际局势发生深刻复杂变化的今天，上海要代表国家参与全球科技合作与竞争，越是面临封锁打压，我们越是要坚持开放合作，要更好发挥世界顶尖科学家论坛的集聚和带动效应，正如市十二次党代会报告指出的“持续打响虹桥国际经济论坛、陆家嘴金融论坛、世界顶尖科学家论坛等品牌，发挥展形象、聚资源、领潮流的作用”。祝愿世界顶尖科学家论坛行稳致远，越办越好。

# 打造“科普之翼”助力“两翼齐飞”

【口述前记】

干频，1962 年 7 月生。曾任上海大众发动机二厂厂长，上海大众汽车二厂厂长，上海客车制造有限公司总经理，上海申沃客车有限公司执行副总，上海汽车乘用车分公司副总经理，上汽工程院、上汽技术中心副院长，上海汽车集团股份有限公司新能源汽车事业部总经理，上海汽车集团股份有限公司新能源和技术管理部执行总监。2014 年 7 月至 2021 年 4 月，任上海市科学技术委员会副主任、一级巡视员。2021 年 4 月至 2022 年 11 月，任上海电气集团股份有限公司副董事长。现任上海微电子装备（集团）股份有限公司董事长、党委书记。

口述：干频
采访：王旭杰、年士萍、郭莹
整理：郭莹
时间：2024 年 1 月 24 日

2014 年 8 月 18 日，组织把我从上海汽车集团股份有限公司调到了上海市科委，分管高新和科普工作，让我有幸参与和见证了上海科技创新中心建设的辉煌历程。党的十八大以来，习近平总书记多次对科普工作作出重要指示批示，尤其是在 2016 年“科技三会”上，强调科技创新、科学普及是实现创新发展的两翼，要把科学普及放在与科技创新同等重要的位置。由此，我认识到科学普及是一门大学问，它的重要性在于打基础、利长远。要做好科普工作，把基础打牢，把步子迈实，让更多科研工作者成为科学事业的播种人，让更多公民享受到科学普及的果实，让更多科学梦想在人民心中生根发芽，加快推进上海形成与具有全球影响力的科技创新中心相匹配的科普工作格局，为上海加快建设具有全球影响力的科技创新中心奠定更加坚实的基础。

## 规划先行　推进上海科普工作“四化”发展

我当时在科委主要分管高新技术处和科普工作处，高新技术处负责高新技术发展和科技促进社会发展、组织开展重点领域技术发展需求分析及科技创新等工作。科普工作处负责拟定科普工作规划、计划和政策，组织实施科普项目管理、大型科普活动，推动科普工作创新发展。与高新技术处相比，科普工作处力量相对薄弱，在人员配备、工作资金上都比较少。所以，我当时特别呼吁要加大对科普工作的投入。

我认为科普对人的影响不是短期的，而是一个非常长期的过程。那上海如何开展与具有全球影响力科技创新中心相匹配的科普工作？我认为，首先要做一个我们上海的地方规划，有章可循地把方方面面的积极性充分调动起来，并通过加大投入、组织保障、资源协同等一系列措施，有力支持各委办局、各社会团体、各条战线等在不同领域开展科普工作的差异化发展，从而把上海科普工作纳入体系化轨道。结合《全民科学素质行动计划纲要实施方案（2016—2020 年）》、《上海市委、市政府关于加快建设具有全球影响力的科技创新中心的意见》和《上海市科技创新“十三五”规划》，我们编制了《上海市科普事业“十三五”发展规划》。规划提出，“十三五”期间，上海科普发展要以能力建设为主线，以提升公民科学素质为导向，按照“大科普”的思路，加快推进科普工作的社会化、市场化、国际化、品牌化，不断满足人民群众日益增长的科技文化需求。

为给社会公众提供更加优质的科普服务，我们实施面向职前、职中和职后三类不同目标人群的全面覆盖，帮助培育具有较好科学素质的新型社会公民。职前主要是各级学生，职中是职场上的中青年，职后是退休的银发人群。传统观念往往觉得科普只面向孩子，我认为是不完全这样的，科普对象与职前、职中、职后人群都有关系。面向职前人群，做好教育“双减”下的科学教育“加法”，把科学素养纳入上海教育战略规划及中小学生综合素质评价，让科普成为孩子们的第二课堂。面向职中人群，高新技术公司的研发设计实际上对他们非常有益。我们争取让每个区都有一个重点发展的高新技术产业领域，把它打造成相应的产业科普基地，把科技园区和科普基地结合起来，例如将青浦的北斗产业园区打造成企事业单位的科普培训基地，把宝山智慧湾科创园打造成上海首座科普公园，白天白领在里面上班，晚上周边居民可以散步休息，周末家长带着孩子去游玩学习。这是我们上海比较大的创新。面向职后人群，为更好满足老年人的健康科普需要，提高银发人群的科学素质水平，老年群体自身科学素养的提升也有利于对子孙的教育培养。科普要改变的不仅是我们培养孩子的方式，而是我们培养人的方式。

根据中国科协公布的中国公民科学素质水平调查表明，上海公民科学素质水平连续多年领跑全国。上海公民具备科学素质比例从2010年的13.74%到2015年的18.71%、2018年的21.88%，再到2020年的24.30%，连续位居全国第一，已经接近欧美发达国家公民具备的科学素质水平。总体来说，上海科普工作在全国遥遥领先，全国其他地方也一直在对标上海，这一点还是让我们比较自豪的。

## 创新拓展　培育彰显城市品格的品牌活动

上海科普不断强化品牌培育，持续提升优质科普资源供给能力，在设施建设、活动举办、内容创制、渠道拓展等方面培育形成了一批具有鲜明特色的科普品牌，上海科普的社会影响和社会效益持续提升。其中，第一个响亮的品牌就是上海科技节。我们常说，上海有四大节——上海旅游节、上海国际电影节、上海国际艺术节、上海科技节。我觉得要把上海科技节打造成上海科技工作者的节日、全民科普的节日。按照这个方向，我们创新发展了具有上海特色的品牌化、国际化的科技节。

上海科技节是中国第一个、世界第二个由政府主办的科技节，创办于1991年，旨在普及科学知识、弘扬科学精神、传播科学思想、倡导科学方法，提高公民科学素养，营造爱科学、爱创新的良好社会氛围。一开始，是每两年举办一届，从2016年开始，我们进行了全面升级，由每两年调整为每年

5 月份举办一届，与全国科技活动周同步，横跨两个周末共一周左右的时间，并在本市各区县设立分会场。另外，还新设了上海科技节组委会，由全市 32 家委办局组成组委会成员单位，办公室设在市科委。

上海市委、市政府领导对上海科技节非常重视，并来到现场。在活动内容上，我们加强谋划和顶层设计，积极稳妥打造开幕式、科学之夜、院士讲座、青少年科技世界、绿色消费行动、闭幕式等子品牌活动，其中开幕式“科学家红毯秀”是我们在全国首创的。我们邀请一批优秀的科技工作者代表踏上红毯，吸引媒体的“长枪短炮”和众多市民的目光，借此鼓励更多年轻人“追星”科学家，让科学家成为青少年的偶像，让崇尚科学成为引领社会的一种风尚。可以说，类似“科学家走红毯”等活动已成为我们上海弘扬科学精神、彰显城市创新品格的特色品牌活动。我们还有面向未来科学家的“少年爱迪生”活动，邀请国内外优秀的青少年参加创意比赛。在闭幕晚会上，我们面向全国筛选优秀的科普节目。科技节的国际论坛上邀请国内外科普场馆馆长、科普大咖、知名人士来召开研讨会或者专题讲座。科学家、院士及社会知名人士对我们也是积极响应，像航天英雄聂海胜、王亚平等都走过红毯、开过讲座，人气爆棚、深受喜爱。各个区、各个分会场也会因地制宜地开展一系列活动。一般来说，整个科技节在各个不同的层面共有一千多场次活动，除线下市民外还有上千万的网上观众参与。总体而言，在上海市委、市政府的领导下，上海科技节经过多年组织实施和成长发展，近年来体现了品牌化、社会化、国际化的特点，社会影响力加速提升，已经成为全方位展示上海科技创新中心建设新成就、体现全市科学普及工作新成效的重要平台，成为上海全力打响“四大品牌”的重要活动载体。

除上海科技节外，全国科普日、上海青少年科技节、上海卫生科技活动

自 2015 年起，上海科技节已连续九年举办“科学家走红毯”活动

周、上海职工科技节、文化科技卫生“三下乡”、百万青少年争创明日科技之星、上海国际科技艺术展演、上海国际自然保护周、上海市民修身行动等品牌科普活动也形成了较好的社会影响。上海科技馆连续入选全球最受欢迎博物馆前十。世界上规模最大的天文馆——上海天文馆于 2016 年开工建设并于 2021 年正式开馆，上海科技馆、上海自然博物馆、上海天文馆“三馆合一”的世界一流科学技术博物馆集群建设加快形成。上海（中国）航海博物馆、上海辰山植物园、上海动物园等场馆的科普服务能力不断提升，上海 300 多家科普场馆为科创之城建设不断培育创新沃土。上海创作的科普读物、科普微视频、电视节目、纪录片等也在国内外屡获佳绩。通过形成以年、周、节、日为核心，主题突出、层次分明、富有特色、有机统一的科普活动体系，上海打造了一批具有国际知名度的科普活动品牌，以创新的科学传播模式、特色的科普品牌项目，在公众和科学教育之间搭建了一座座“科普之桥”。

## 开放联动　构建社会化“大科普”工作格局

上海科创中心建设总体上是一项综合性强、需要多部门协同推进的工作。作为其中的关键一环，上海科普工作主动适应新形势、新需求，持续完善科普社会化工作格局，建立健全政府推动、社会参与的科普发展模式。“十三五”期间，在市委、市政府的推动下，进一步明确上海市科普工作联席会议的组织架构和工作职能，联席会议新吸纳了市公安局、市应急局、市政府外办、市绿化市容局、上海科创办、市地震局、市气象局等 7 家成员单位。

近年来，除了科普的主要供给对象科普场馆外，上海的高校、科研院所、医疗卫生机构、学会协会等各类型社会组织也积极参与科普事业，社会组织的作用进一步发挥。我们要求有条件的科研院所、高校、机构等要尽可能多数量、多时间地面向公众开放，做到应开尽开。一开始，我们开发开放的场次也不是很多，后来发现公众对于科普的需求是很强烈的，一般开放后的票都是被迅速抢光，所以渐渐将开发开放的场次活动延伸到全年，要求有条件的单位在全年有规律地举办一些面向公众的科普活动。

与此同时，我们积极探索上海科普的市场化发展机制，让企业、机构参与科普工作的主动性和积极性进一步提高。基于市场规模和发展环境，我们着眼培育专业化科普服务机构，以满足人民群众日益增长的品质化、个性化的科普需求。在虹口区、徐汇区，先后建立了科普产业孵化基地，通过政策引导、资源对接、搭建平台等方式，吸引、培育了一批致力于提供科普服务的创业企业。在宝山区，集聚各方资源打造了上海科普公园，布局建设科普设施，定期开展科普活动，利用创业园区优势集聚了一批科普企业，探索形成了科普与科技产业、文化、旅游、体育等相互融合的社会化、市场化发展模式，全市科普工作力量进一步壮大。

着力促进科普服务的普惠与公平，促进自然科学和人文社会科学的融合，促进科普与艺术、旅游、体育、卫生等有机结合，形成科技知识、科学方法、科学思想、科学精神相互融合的科普内容体系。在科委负责科普工作期间，我们要求所有政府支持的科研项目主体将其成果作为科普宣传的一项重要任务，这样就使得我们的科普资源来源更加多样、普及范围更加广泛。面对突如其来的新冠肺炎疫情，上海科普迅速应对、协同联动、资源共享，第一时间构建了防疫科普矩阵，及时将正确的防疫知识和信息向公众普及宣传，社会化的“大科普”工作格局在防疫科普中也发挥了重要作用。

## 绩优高效　汇聚科普资源集约利用协同发展

上海科普在设施建设、人才培养、传播网络拓展等方面持续推进，科普资源不断汇集汇聚。至2020年底，上海共有示范性科普场馆57座，基础性科普基地257家，青少年科学创新实践工作站32个，基本形成数量充足、类型多样、功能齐全的科普设施框架体系。全市平均每42万人拥有一个科普场馆。科普信息化工作也在持续推进，搭建了上海科普公共服务平台，促进提升资源整合能力、优质资源共享共用能力和信息精准传播能力。

上海科普人才队伍逐步壮大，形成了一支由科技管理者、科技工作者、高校教师、离退休老科技工作者、大众传媒编创人员等组成的专兼职科普工作者队伍。上海率先在科学技术奖中单独设立科学技术普及奖，发挥科技奖励的引导作用，优秀科普作品不断涌现。还有酝酿多年的《上海市科学技术普及条例》，于2022年正式通过了市人大立法，吸纳了上海本土科普工作的有益经验，也从法律上确立了科普事业的地位。

围绕“长三角一体化”发展战略，沪苏浙皖三省一市签署《长三角科普发展战略合作协议》。上海科技馆、上海（中国）航海博物馆联合江苏省科学技术馆、南京科技馆、浙江省科技馆、浙江自然博物馆、安徽省科学技术馆、合肥市科技馆等长三角区域科普场馆，发起成立“长三角科普场馆联盟”，合力推进优质科普资源共建共享，助推长三角地区科普事业协同发展。

围绕“一带一路”倡议，上海科普工作深化国际合作交流，推动优质科普资源“请进来”和“走出去”，不断拓展科普事业发展格局，服务人民群众科普新需求。“十三五”期间，以科普活动为载体，上海积极深化与沿线国家（地区）的科技文化交流，如原创展览“如何复活一只恐龙”在泰国、乌兹别克斯坦等国家地区展出，取得良好效果。举办“科技节国际沙龙”与国内外科普组织共同探讨城市科技活动发展，开展国际科学传播工作的常态化交流。举办“一带一路”国际科普乐园，邀请沿线国家和地区的科学家和科学传播

“如何复活一只恐龙”原创展

机构，为上海市民带来形式多样的科普互动体验。另外，我们与英国、葡萄牙、瑞士、澳大利亚等国也有很多交流合作，他们对我们的评价也很高。我们做的科普工作参与到了全球竞争中，科普国际化合作交流筑牢了开放合作纽带，对推动开展双边、多边高质量务实国际交流合作有着重要意义和深远影响。

科普工作是打基础、利长远的工作，是润物细无声且极其重要的工作。十年前，习近平总书记提出上海要加快向具有全球影响力的科技创新中心进军。八年前，习近平总书记提出了“两翼理论”，对科技创新与科学普及之间的关系作出了明确阐释，使上海从上到下对“科技创新、科学普及是实现创新发展的两翼，要把科学普及放在与科技创新同等重要的位置”有了深切共识。在分管上海科普工作差不多五年多的时间里，上海的科普工作经历了体系化发展。我从企业里走出来，养成了做事情前规划先行、结果导向的思维习惯，从最初计划设计到最后项目落地，只有上上下下统一思想，才能让各方力量尽可能地协同合作起来。对我自己来说，我非常珍惜组织给予我的平台。作为一个螺丝钉，每个人的力量是有限的，但又都是其中非常重要的一环。在上海肩负推进科创中心建设的光荣使命历程中，我能够有幸参与其中并真正乐在其中，感到非常值得、非常开心、非常有意义。

# “做出特色”是应用型高校服务科创中心建设的切入点

【口述前记】

李江，1965年8月生。曾任上海理工大学党委副书记、上海出版高等专科学校党委书记。2015年6月至今，任上海工程技术大学党委书记。

口述：李江

采访：严爱云、刘捷、周春燕

整理：刘捷

时间：2024 年 3 月 21 日

2014 年，习近平总书记在上海考察时提出“加快向具有全球影响力的科技创新中心进军”。上海工程技术大学这样的市属高校是非常高兴的，并且是由衷地赞同拥护的。习近平总书记对上海作出建设具有全球影响力的科创中心的重要指示的时候，我还在上海理工大学工作，当时我们就认为服务上海科创中心建设，是市属高校应尽的责任。2015 年根据组织安排，我调入上海工程技术大学后，愈发感到我们市属高校可以在某个点、某个方向上找准切入点，做出上海工程技术大学的特色。

## 坚持服务科创中心建设，打造高质量发展的“上工程样本”

高校是集教育、科技、人才培养于一身的共同体，既是教育功能的承载者，也是人才培养的中心和科技创新的高地，三者相互关联，相互促进。上海工程技术大学是一所市属公办高校，办学四十六年来，学校始终坚持应用型大学办学定位，主动融入国家和地区经济发展，努力打造“教育、科技、人才”三位一体高质量发展的“上工程样本”。

上海科创中心建设的目标提出后，学校根据新形势新任务，持续优化专业布局。截至目前，共有 44 个专业与“三大先导产业”“六大重点产业”密切相关，约占全部招生专业的 70%。新增设了非织造材料与工程、机器人工程、人工智能等新工科专业；将现代装备与控制技术、航空器械维修等传统工科专业改造升级为智能制造工程、飞行器制造工程等专业。面向集成电路先导产业，学校早在2006年就先行先试，在市属高校中前瞻性地开设电子封装技术专业（为芯片“筑巢安家”），至今已经创办17年，累计培养本硕学生600余人，且毕业三年后继续从事相关工作的人数比例达75%以上。面向人工智能先导产业，学校电子电气工程学院团队承接科技部科技创新2030—“新一代人工智能”重大项目——“工业领域知识自动构建与推理决策技术及应用”，无需海量数据训练，能更加广泛地应用到不同具体任务中，符合了工业知识总量多、细分专业知识量少、对知识应用可靠性要求高的要求。面向生物医药先导产业，由侯惠民院士、杨宝峰院士领衔的研究团队，成立了“医药前沿技术研究院”，打造“药-工-医”学科交叉的技术平台，具备医药产品与高端制剂智能制造装备研发的独特优势，为自主创建高技术医药产品奠定了坚实基础。其中，团队针对小口径人工血管移植后通畅率不佳的瓶颈难题，开发长效抗凝修饰核心工艺技术，极大地提高小口径人工血管通畅率。

要在专业设置上与科创中心建设更加契合，必然需要在师资力量上进一步匹配。师资是一所高校的立校之本，是最宝贵的智力资源和生产要素。教育工作和科技工作，都需要人才作为支撑。2018年，学校在第三次党代会上提出了“人才强校战略”、“特色发展战略”和“国际化战略”，而“人才强校战略”位列之首。六年来，学校重构了人才工作制度体系，先后出台40多项人才政策，持续加大人才经费投入力度。现有各类国家级人才25名，其中中国工程院院士4人，省部级及以上各类人才称号获得者逾145人，人才高地逐步凸显；专任教师队伍规模从1388人增加到1545人，博士率从48.70%提高到62.7%。以科创相关人才为例，我校建成了以侯惠民院士、杨宝峰院士为指导的药物制剂与工程化研究团队，以丁彬教授为指导的功能纤维材料成

学校教师现场指导温州市域铁路员工安装钢轨动力阻尼减振器

型理论和结构设计团队，以朱高峰院士为顾问的工程教育研究团队，以国家级人才王安斌教授为牵头人的轨道振动减振降噪系统设计和分析团队等。高层次人才团队紧密围绕产业亟需和学校发展需要，通过有组织的科研持续优化学校原有的学科发展生态，推动院队融合、学科交叉，培育发展新方向。

与顶尖高校更多侧重科技基础理论研究不同，我们应用型高校更侧重于解决实际问题，需要更多能在生产一线解决问题的师资力量。针对这个问题，我们一方面把新引进的老师“派出去”，让他们到生产一线去了解运行状况。另一方面，我们把企业里的人才“请进来”。随着改革开放事业的不断发展，国内已经有一大批接受过高等教育的优秀人才在企业中取得了显著成绩，既具有全面的理论知识又具有丰富的实践经验，学校就把他们聘请为校外导师、兼职导师，把他们在生产一线中遇到的许多问题，向老师和学生进行讲解。

比如，学校就聘请了上海申通地铁集团的许多高级工程师来轨道学院，专职为学生上课。这个事情以前很难做，但现在企业里有越来越多的人愿意到大学工作。

## 始终聚焦“校企合作、产教融合”，培养应用型技术人才

党的二十大报告指出，要“办好人民满意的教育”，“统筹职业教育、高等教育、继续教育协同创新，推进职普融通、产教融合、科教融汇，优化职业教育类型定位”。我们上海工程技术大学始终是朝此方向努力的，早在办学之初，学校就坚持“校企合作、产教融合”的产学合作教育，紧密与企业合作，为生产一线培养工程技术人才，为生产一线解决实际问题，至今已积累了四十多年的办学经验。这样的发展方式和历程在中国的高校中是非常少见的，也是学校的基因与深刻烙印，并在上海科创中心建设中得到了进一步夯实。

在科教融汇方面，校企协同创新，以高质量科技成果转化推进高水平科技自立自强。学校立足“三协同”办学模式（协同办学、协同育人、协同创新），紧紧依托学科特色和优势，聚焦“交通运输及智能制造”优势特色领域以及“先进材料”高峰学科，与交通运输、汽车、高端装备等行业产业协同，在办学模式和人才培养模式上不断升级，深度互动构筑强黏性共同体，共同培养与行业需求适配度高的优秀创新人才，共同攻关行业产业共性关键技术，有效提升人才自主培养质量和服务贡献能力。坚持以应用性科研和科技成果转化推动企业技术升级，聚焦轨道交通、航空航天、新能源汽车、邮轮等“陆海空”大交通行业关键领域共性和前沿技术研究，服务上海及长三角地区建设具有全球影响力的高端装备创新增长极与核心技术策源地。比如在轨道

交通领域，创新高铁减震降噪理论，建立国际领先的高铁轮轨噪声预测模型，研制了国际首套轨道动态检测及轮轨耦合特性实验装置，获上海市自然科学二等奖、中国机械工业科技进步二等奖。在攻关先进船型制造及船用材料加工方面，开展邮轮舱室单元流水线薄板复合焊、船用NAB铜合金表面激光熔覆与耐蚀性研究，引领邮轮旅游科技创新，连续9年发布年度《中国邮轮产业发展报告》中英文版，为文化和旅游部主持编制2020—2035全国邮轮旅游发展总体规划，牵头制定我国4项邮轮旅游行业标准中的3项。在航空航天领域，自主攻关大中型飞机飞行模拟系统关键技术及应用，攻克了飞机模型并联装备多轴运动协调控制、复杂环境精细建模难题，研制成功大中型飞机全任务飞行模拟机，达到国际先进水平，获得上海市科技进步一等奖。服务国家大型飞机数字化设计与制造重大需求，主持科技创新2030新一代人工智能重大项目、国家自然科学民航联合基金重点项目，解决了工业领域全产业链智能决策的关键共性问题，建立绕机大部件检测平台，获得上海市自然科学二等奖、科技进步二等奖。

在产教融合方面，校企协同办学，破解毕业生理论与实践脱节问题。学校与长三角近千家企业共建产学合作教育基地，与上汽、商飞、东航、申通、中船等行业头部企业协同联动共建现代产业学院。获批上海市重点产业学院2个（城市轨道交通、5G＋人工智能），认定校级现代产业学院5个。校企双方成立联合专业建设指导委员会，校企合作制定或修订人才培养方案，协同研究课程设置、教学内容，协同安排实践教学等，邀请企业专家走进课堂进行教学工作，逐步实现每一门专业核心课程均有行业企业参与授课。探索“微专业”校企协同育人模式，实现企业定向培养、行业用人前置的培养需求，已开展11个微专业建设，初步形成了“微专业”集群，实现人才培养的交叉性和开放性。

需要强调的是，近年来学校通过实施“一学年三学期五学段”创新制度，有效解决了人才培养与企业需求“错位”等问题。什么是“一学年三学期五学段”？假设一个学期有18周，绝大部分中国大学的学制安排是用15周来给学生授课，再用1周用于复习，剩余的1周或者2周安排考试。我们学校则选择了若干专业，在大三实行一学年三学期五学段的人才培养模式，要求采用前半学期进行理论教学、后半学期到企业实习的学期设置。学期结束后，如果企业对学生觉得满意，可以继续利用暑假延长实习时间。等到9月份开学，学生依然可以选择前半学期继续实习。这样理论上，学生最长可以在企业有将近半年的实习时间。目前许多高校很难推进校企合作，很大一部分原因是学生的实习时间太短。我们这样的学制调整，受到了许多科技企业的欢迎。据统计，学校每年大约30%的学生通过实习找到了工作岗位。

## 主动对接长三角G60科创走廊，促进区校合作发展

纵观全球，高校发展与地区经济发展密不可分，两者存在着高度的联动效应：一方面地方经济发展是高校建设的基础，地方高校的发展与本地区经济发展具有相应的依存和适应关系；另一方面高校建设为地方区域经济发展提供了智力支持，高校的发展和服务拉动了地方经济的发展，促进形成与发展了与之相关的产业或集群产业链，提升了区域经济的转型与升级。上海工程技术大学的发展与上海地方政府的支持密切相关。我们学校的前身是创建于1978年的上海交通大学机电分校（其中华东化工学院分院于1984年编入上海交通大学机电分校）和华东纺织工学院分院，1985年经教育部批准，在上海交通大学机电分校和华东纺织工学院分院的基础上，正式成立上海工程技术大学。由于经历了多次合并，因此学校现有松江、长宁、虹口、静安

等多个校区。其中，松江校区是主校区，坐落于松江大学城园区内，始建于2002年2月，2005年10月正式落成。学校当时是松江大学城唯一注册在松江的大学。为什么我们要迁到松江？其中一个重要的原因是我们看到了长三角G60科创走廊带来的重大发展机遇。

2007年，时任上海市委书记习近平在松江调研时，就提出"要大力发展先进制造业，大力发展生产性服务业，推动与长三角周边城市的分工合作"的要求。2016年5月24日，松江区贯彻落实创新驱动战略，按照"上海要建设具有全球影响力的科创中心"要求，对标国际先进产业地带，沿着G60高速公路松江段，启动建设面向长三角的G60上海松江科创走廊。经过这些年的发展，长三角G60科创走廊已从秉持新发展理念的基层生动实践上升为推动长三角一体化高质量发展国家战略重要平台，成为国家方案、国家行动。"产业+大学"是国际创新走廊的标准配置，松江大学城七所高校中只有两所是理工科大学，上海工程技术大学是其中之一。以前松江没有G60科创走廊时，高科技类企业较少，难得找到高水平的合作伙伴；现在G60科创走廊建立后，高水平科技伙伴多起来了，我们是距离最近、最便利的工程学校，有些企业距离我们只有一二十分钟的车程，有许多高科技企业主动与学校联系，希望开展合作，这对我们既有促进又有挑战。为此，我们要求学校、学院等各个层面要主动与长三角G60科创走廊的高精特新企业开展合作，强调要扎根松江、服务松江。

一方面，立足松江大学城融合发展。由学校牵头，联合松江七校共同组建了"松江大学园区产教融合协同育人工作办公室"，按照"优势互补、统筹资源、有效对接、协同推进"原则，助力政、校、企三方协同，统筹协调高等教育优质资源，主动对接长三角G60科创走廊产教融合建设目标，围绕域内重点产业、重大任务和紧缺人才需求，推动高校与域内行业企业深度融合，

学校牵头成立“长三角 G60 科创走廊高水平应用型高校协同创新联盟”

促进地区政府企业高校三方融合。充分发挥政府统筹、产业聚合、企业牵引、学校主体作用，2023 年 5 月，学校与上海松江经开区、正泰集团联合共建首批市域产教联合体获批立项建设。该市域产教联合体兼具人才培养、创新创业、促进产业经济高质量发展功能。另一方面，放眼长三角地区政产学研协同创新。在这个过程中，松江区委区政府对学校也给予了关心和支持。在长三角地区九城市政府及高校的共同努力下，2020 年 8 月，由长三角 G60 科创走廊联席会议办公室指导，由上海工程技术大学牵头的“长三角 G60 科创走廊高水平应用型高校协同创新联盟”正式成立。该联盟共有长三角地区 9 所高校共同参与，围绕打造“产教命运共同体”的目标，加强地校合作，在教育、科技、文化、创新等各方面多层次实现强强融合、优势互补、共赢发展。同时，学校还与长三角多地区政府打造了地校合作的样板案例，学校与滁州市政府签署专项行动协议，共同成立安徽轨道交通研究院，交通部检测中心分中心，以及我校国家大学科技园在长三角多地设立园区。

纵观人类历史进程，近代以来历经三次大的工业革命，推动人类社会相继迈入蒸汽时代、电气时代、信息时代，这些工业革命的浪潮无一例外都是高校在引领的，最先进的科技成果大都产生在高校的实验室里。当前，我们已进入第四次工业革命时代，很多颠覆性的技术都出自大学校园外。从长远来看，高校人才培养和高新科技发展，越来越离不开“校园之外”。希望上海工程技术大学这些年坚持走“校企合作、产教融合”的特色发展道路所取得经验与成果，能为上海科创中心的建设贡献一份智慧与力量。

# 赋能百业　智联世界：探索人工智能发展新机遇

【口述前记】

钟俊浩，曾任上海市金山区经济委员会副主任（挂职）、上海市经济和信息化系统议政建言专家委员会委员、上海市中小企业“专精特新”联谊会会长。2021 年起担任上海市人工智能行业协会秘书长、上海市人工智能标准化技术委员会秘书长。

口述：钟俊浩

采访：年士萍、程千里

整理：程千里

时间：2024 年 2 月 1 日

2018 年，首届世界人工智能大会在上海召开，习近平主席致信，贺信中指出："新一代人工智能正在全球范围内蓬勃兴起，为经济社会发展注入了新动能，正在深刻改变人们的生产生活方式。"了解上海 2018 年为什么要举办世界人工智能大会，以及大会如何助推上海人工智能产业的发展，不仅有助于我们了解上海人工智能产业的发展历程，更能够感受到上海建设科技创新中心的决心和勇气。

## 举国之力　打造人工智能"上海高地"

2016 年，谷歌开发的阿尔法围棋（AlphaGo）第一次打败了人类世界围棋冠军，人工智能（AI）从此成为全球科技界的焦点。2017 年，上海率先响应国家规划出台了《关于本市推动新一代人工智能发展的实施意见》，首次将发展人工智能上升为上海优先发展战略，成为国内最早布局人工智能产业的城市之一。2018 年 11 月，习近平总书记到上海考察后，上海将人工智能定为重点布局的三大先导产业之一。抢抓新一代人工智能发展机遇、加快打造世界级产业集群，也成为党中央交给上海的重大战略任务。在这关键的时间节点举办一场面向世界的人工智能大会，意义重大、影响深远。

举办世界人工智能大会的首要意义，就是在上海搭建起人工智能领域开放合作的交流平台。人工智能起步发展在欧美，要迎头赶上就势必要与海外保持密切沟通，加快交流学习。首届世界人工智能大会通过 1 场主论坛、33 场主题论坛、5 场高端对话、22 场发布活动，邀请了 335 位学术界领军人物、产业界领袖参会发表致辞、演讲，其中包含 50 位中外院士、100 余位人工智能青年领军专家，国外嘉宾占比达到 40%；还有 146 家国内外顶级科技企业在大会上展示了人工智能最新技术，令人耳目一新。2021 年世界人工智能大会宣布，国际人工智能联合会（IJCAI）落户中国上海，成立 IJCAI 中国办公室，成为其五十年来第一个也是唯一一个海外办公室。2023 年的世界人工智能大会更是硕果累累：电气与电子工程师协会（IEEE）标准协会在大会期间主办了“元宇宙和人工智能的协同加速发展”论坛暨 IEEE 全球元宇宙大会系列峰会之上海峰会；作为联合国信息与通信技术专属机构的国际电信联盟（ITU）在大会揭牌成立了“探元方阵 · ITU-T 元宇宙焦点组工作组”，这是其首次在中国举办的元宇宙相关活动，也是 ITU 元宇宙焦点组成立的首个工作方阵；IJCAI-SAIA 中国联合办公室也在大会上揭牌，进一步深化了 IJCAI 与上海市人工智能行业协会（SAIA）的合作。借助世界人工智能大会，上海人工智能产业的国际合作朋友圈正不断扩容。

举办大会的第二个意义是招才引智，具体来说就是通过大会面向全球敞开上海丰富的人工智能应用场景，吸引国内外的人工智能企业揭榜挂帅。人工智能技术只有赋能既有产业的发展，才能产生实际价值。2019 年、2020 年世界人工智能大会相继发布了上海市第二、三批人工智能应用场景需求，围绕 AI+ 医疗、教育、城市管理和产业发展等领域突出痛点问题，持续为人工智能企业提供广阔的应用场景，面向全球征集解决方案。到 2021 年，一共打开了 58 个市级重点应用场景、225 个具体点位的需求，对接了全球 280 多家企业，形成了 500 多个解决方案，让世界认识到了上海发展人工智能的决心。

在 2024 全球开发者先锋大会（2024 GDC）上，举办了首届“书生·浦源大模型挑战赛（春季赛）”

2023 年，第六届世界人工智能大会共对接 210 家上下游企业，达成 110 亿元意向采购金额，推动 32 个重大产业项目签约，项目投资总额 288 亿元，再创历史新高。

此外，大会也成为人工智能产业与上海这座国际金融中心对接的桥梁。在 2019 年第二届大会上，由上海国盛集团、临港集团联合发起设立了上海人工智能产业投资基金。出资人包括上海电气、申能集团、上港集团等市属国有企业，还有太保集团、云锋基金等金融投资机构。基金采用直接投资和配置子基金相结合的投资策略，首期目标规模是人民币 100 亿元，最终形成千亿元级基金群。2023 年世界人工智能大会透露，基金正式启动对外投资近三年来，共完成投资 27 个直投项目、11 个子基金项目，直投及子基金穿透组合中 11 个项目已上市，6 个已 IPO 过会，10 个已启动 IPO。通过子基金撬动社会资本 560 亿元，支持上海企业 200 余家，带动投资千亿元，促成了资本和产业的双赢发展。

世界人工智能大会已经举办到第六届，成为人工智能在中国最具影响力的国际盛会。无论是展现决心出政策、搭建平台促交流，还是开放场景推合作、撬动投资育产业，大会的举办对打造人工智能“上海高地”都功不可没。

## 共享机遇　办好人工智能“巴黎时装周”

在2018年9月，在首届世界人工智能大会上，一封来自习近平主席的贺信鼓舞了全场嘉宾。习近平主席在贺信中指出：“中国正致力于实现高质量发展，人工智能发展应用将有力提高经济社会发展智能化水平，有效增强公共服务和城市管理能力。中国愿意在技术交流、数据共享、应用市场等方面同各国开展交流合作，共享数字经济发展机遇。”这不仅深刻指出了人工智能发展应用对高质量发展的积极意义，更一针见血地指明了世界人工智能大会智联世界、交流合作的不变主题。

与进博会不同，世界人工智能大会的定位更像是人工智能行业的“巴黎时装周”，更侧重展示人工智能的前沿技术和发展趋势。比如在2019年世界人工智能大会上，到会演讲嘉宾有两位人工智能研究之父——机器学习之父汤姆·米切尔（Tom M. Mitchell）、递归神经网络之父于尔根·施密德胡伯（Jürgen Schmidhuber），两位图灵奖获得者拉吉·瑞迪（Raj Reddy）、曼纽尔·布卢姆（Manuel Blum），两位人工智能领域的诺贝尔奖获得者芬恩·基德兰德（Finn E. Kydland）、乔治·斯穆特（George Fitzgerald Smoot III）等，可以说是最高级别的人工智能学术研讨。2023年2月，脱胎于世界人工智能大会子品牌的首届全球人工智能开发者先锋大会（GAIDC）在上海自贸试验区临港新片区举办，吸引了全球5000余位人工智能开发者、100余家头部企业代表参会，“上海国际算法创新基地”与“上海市智能机器人制造业创新中心”在先锋大会开幕式上揭牌。作为聚焦科技和人才力量的重要板块，先锋大会一举成为全球开发者的嘉年华、顶尖技术的风向标。

2018年，时任上海市委书记李强在世界人工智能大会致辞时表示：“上海将依托科教资源、应用场景、海量数据、基础设施等优势，以面向全球、面向未来的视野，聚焦创新策源、应用示范、制度供给和人才集聚，加快建设人工智能发展的‘上海高地’。”2021年世界人工智能大会上，时任上海市委书记李强在致辞中进一步指出，要更加有力发挥人工智能的“头雁效应”，把人工智能作为全面推进城市数字化转型的重要驱动力，在打造智能经济、创造智享生活、塑造智慧治理上迈出更大步伐，加快建设更具国际影响力的人工智能“上海高地”，努力成为全球人工智能发展的最佳试验场和重要风向标，让智能时代的美好图景在上海这座城市得到充分演绎和生动展现。

从“加快建设人工智能发展的‘上海高地’”到“加快建设更具国际影响力的人工智能‘上海高地’”，上海正是通过世界人工智能大会这扇窗口，不断向整个产业发出积极信号。2018年世界人工智能大会前夕，上海市人工智能战略咨询专家委员会成立。此次大会召开期间，上海发布了《关于加快推进上海人工智能高质量发展的实施办法》，其中包含22条人才建设、数据开放与应用、产业协同、产业布局、政府引导及投融服务的政策支持。2019年，第二届大会正式发起设立了上海人工智能产业投资基金，发布《关于建设人工智能上海高地 构建一流创新生态的行动方案（2019—2021年）》，提出全力打响上海人工智能“一流创新生态”标志性品牌。在2020年、2021年大会上先后成立了上海市人工智能行业协会、上海市人工智能标准化技术委员会，为产业发展提供了坚实的组织保障。

最近几年的世界人工智能大会，不仅能体现人工智能行业的新趋势，也再次刷新了世人对上海人工智能产业发展和政策落地速度的认知。2023年世界人工智能大会以“智联世界　生成未来”为主题，站在舞台中央的自然是生成式人工智能浪潮下的人工智能大模型：除了华为盘古、阿里通义、讯飞星火、百度文心、复旦 moss 等通用大模型，商汤商量、云知声山海等对话模型，腾讯 X music 音乐模型等垂直行业的大模型应用也纷纷亮相，充分展示大模型对行业的颠覆性影响。大会闭幕式上公布了《上海市推动人工智能大模型创新发展若干措施（2023—2025 年）》，发布了“模”都倡议，成立上海人工智能开源生态产业集群。紧接着 9 月就揭牌了“模速空间”创新生态社区暨人工智能大模型产业生态集聚区，作为全国首个生成式人工智能专业孵化和加速载体，挂牌不到半年已经迅速集结起近 60 家大模型相关企业，令人叹为观止。

2023 年 10 月，习近平主席在第三届“一带一路”国际合作高峰论坛开幕式主旨演讲中提出全球人工智能治理倡议。《全球人工智能治理倡议》围绕人

2023 年世界人工智能大会人形智能机器人展示现场

工智能发展、安全、治理三方面系统阐述了人工智能治理中国方案，就世界普遍关切的人工智能发展与治理问题提出了建设性解决思路，为相关国际讨论和规则制定提供了蓝本。

## 全力以赴 给“AI大厨”当好“跑堂”

上海市人工智能行业协会（SAIA，以下简称“行业协会”）是在2020年第三届世界人工智能大会上成立的。行业协会作为市级人工智能产业创新平台，核心任务是协助打造人工智能产业生态，吸引全球的人工智能企业和人才来到上海，做好政府助手、企业帮手和行业推手。行业协会在短短三年多的时间里通过不断地沟通和协调，与政府部门、企业都建立起了牢固的信任关系。

行业协会的业务指导单位是市经信委，对口主管处室是2019年3月成立的人工智能产业发展处。行业协会的核心工作是参与人工智能以及元宇宙、人形机器人、开源开放等有关产业市级政策、法规、规划等编制。此外，世界人工智能大会组委会秘书处设在行业协会，全球人工智能开发者先锋大会也由行业协会主办。行业协会还承担一些职能性的协调工作，让我们成为“政府助手”。

比如在2021年世界人工智能大会闭幕式上，上海市人工智能标准化技术委员会（SAIS，以下简称“标准工作委”）成立。这个组织的主管单位是市市场监督管理局，负责牵头上海所有与人工智能相关的标准化工作，和行业协会其实是“两块牌子、一套人马”。标准工作为什么重要？以前开发人工智能就像裁缝铺，每件衣服都要根据腰围、身高量身定做，现在大模型的应用就进入了成衣厂时代，生产出来就分大中小号，背后是人工智能技术的体系化和标准化，大幅提升了效率。标准工作委除了参与人工智能国家和地方标准建设，更重要的是在国际标准领域，带领上海企业、并代表上海与国际对话。我们与 IEEE（电气电子工程师学会）、联合国的 ITU（国际电信联盟）、ISO（国际标准化组织）、IEC（国际电工委员会）这些国际标准化组织共同在上海落地合作机构，还推荐了约 30 多位企业专家进入到这些国际标准化组织去做牵头人、注册专家，逐步提升上海在人工智能标准上的影响力。此外，我们在市知识产权局指导下申报了上海市先导产业知识产权运营促进中心（人工智能），未来人工智能专利的申请、评定、确权、交易都会在这个平台上完成；在市市场监管局、经信委和科委等指导下，推荐上海计算机软件技术开发中心筹建成立了上海市生成式人工智能质量检验检测中心，负责人工智能的评测工作。

第二只“手”是“企业帮手”。行业协会的成员有以华为、阿里巴巴为代表的行业，商汤科技、科大讯飞等人工智能的领军企业，还有一些来自不同赛道的新锐和创新型人工智能技术类企业等，目前成员单位已有 400 多家。作为行业组织，我们会主动帮助这些技术企业解决问题，让企业将更多精力放在自己的产品和技术研发上。

在打开场景方面，我们通过主动邀请市属企事业单位加入行业协会，为人工智能技术企业打开人工智能的大场景。比如上海仪电集团，主要负责上海几乎所有的“新基建”；在基础设施方面有三大通信运营商，在医疗领域有管理全上海三甲医院的上海申康医院发展中心，在金融领域有浦发银行、太平洋保险、国泰君安、海通证券等市属金融机构。我们还在市工商联、经信委指导下成立了上海市民营企业人工智能赋能创新中心，通过在世界人工智能大会举办民营经济开放日，给民营企业讲人工智能如何赋能。这些角色的引入大大扩充了人工智能技术的应用场景，也可见上海推动人工智能产业发展的决心和力度。

在人才工作方面，我们对接市人力资源和社会保障局，成立了上海市人工智能专业中高级职称评定委员会、上海市人工智能职业技能等级认定中心，负责人工智能高级工程师评定、人工智能训练师的职业技能等级认定。从战略咨询专家委的院士专家到领军人才、企业家、开发者，从技术类、技能类人才评定到上海9所开设人工智能专业的高校学生培养，整个上海现在约有25.7万的人工智能从业者，核心的人才输送、人才培养、人才考评都在我们平台上，能够为企业解决行业里所有与人才相关的事情。

此外，我们还将与市金融局、上海证券交易所形成协同，成立人工智能上市促进工作委员会，解决优秀人工智能企业上市的"最后一公里"问题。像商汤科技、云从科技、星环科技这些跑在前面的"链主"企业，我们助推他们上市；对于优秀的初创企业，我们帮忙找人、找钱，对接政府部门。大企业发展带动小企业发展，就不会出现断层；政策制定充分结合企业实际，就不会落不了地；形成良性循环之后，人工智能的产业生态也就建立起来了，这就是"行业推手"。

我形容人工智能企业和实验室像是一个做菜做得特别牛的"大厨师"，而我们行业协会扮演的是饭店前面的"跑堂"，因为当最好的"菜"出来以后，我们为它构建起产业生态，让所有的人来"吃"，那才有意义。

陈吉宁书记在2023年世界人工智能大会开幕式上的致辞指出："新征程上，上海要努力推动高质量发展、创造高品质生活、实现高效能治理，比以往任何时候都更加需要发挥人工智能赋能百业的'头雁效应'、拉动发展的'乘数效应'。"其实现在人工智能技术的应用成果已经随处可见：智能手机刷一下脸，或者指纹摁一摁就开锁了，这是人工智能最基础的应用——生物特征识别。

我们还可以大胆想象一下未来的人工智能对我们日常生活的改变：具备大模型的人形智能机器人，不仅洗衣服、洗菜这些家务活都能干，而且擅长陪老人小孩聊天，上知天文下知地理；在家就能享受沉浸式的影音游戏娱乐体验，出门都是无人驾驶的交通工具……在人工智能技术跟大量实际场景结合的应用上，我们所有人都非常有信心。

# 后　记

2024年是习近平总书记向上海提出加快向具有全球影响力的科技创新中心进军10周年。十年来，上海在以习近平同志为核心的党中央的坚强领导下，以习近平总书记对上海科技创新工作作出的重要指示为指引，攻坚克难、久久为功，在2020年实现形成科创中心基本框架的目标后进入强功能的新阶段。为记录好、宣传好这十年的艰辛探索，发挥好党史资政育人作用，中共上海市委党史研究室与中共上海市科学技术工作委员会合作，组织编写了《口述上海科创中心建设》一书。

本书的口述者都是上海科创中心建设的重要参与者、亲历者和实践者，他们结合自身的工作经历，本着对历史负责的态度，围绕上海科创中心建设的重大节点、重要理念、重要探索，进行了细致的回顾。口述者们不仅讲述历史事实，还结合自身的思考努力展现历史背后的思想力量和精神力量。

本书在编写过程中得到了市人大、市政协，相关委办局、有关区的大力支持。参与编写的同志认真查阅相关资料，精心编写采访提纲，力求客观、准确记录历史。上海人民出版社的领导和编辑为本书的出版倾注了大量的心血，一并表示感谢！

由于时间仓促，书中难免存在疏漏和不足，恳请广大读者给予批评指正。

编者

2024年7月

**图书在版编目(CIP)数据**

口述上海科创中心建设 / 中共上海市委党史研究室，中共上海市科学技术工作委员会编. -- 上海 ：上海人民出版社，2024. -- ISBN 978-7-208-19026-9

Ⅰ. G322. 751

中国国家版本馆 CIP 数据核字第 20246QD293 号

**责任编辑** 吕桂萍
**封面设计** 汪 昊

**口述上海科创中心建设**

中共上海市委党史研究室
中共上海市科学技术工作委员会 编

**出　　版** 上海人民出版社
（201101　上海市闵行区号景路 159 弄 C 座）
**发　　行** 上海人民出版社发行中心
**印　　刷** 上海盛通时代印刷有限公司
**开　　本** 720×1000　1/16
**印　　张** 31.5
**字　　数** 390,000
**版　　次** 2024 年 8 月第 1 版
**印　　次** 2024 年 8 月第 1 次印刷
ISBN 978 - 7 - 208 - 19026 - 9/D・4361
**定　　价** 198.00 元